普通高等教育“十二五”规划教材
国家级精品资源共享课配套教材

VHDL 数字系统设计

主　编　徐向民
副主编　邢晓芬　王　前　姜小波

電子工業出版社
Publishing House of Electronics Industry
北京 • BEIJING

内 容 简 介

本书凝聚了编者十多年的教学及科研经验，全书分为基础篇、进阶篇与实践篇，同时兼顾基础理论与工程实践。基础篇共6章，第1章介绍了数字系统设计与EDA技术的发展趋势；第2章结合程序系统地介绍了VHDL硬件描述语言；第3章、第4章介绍了基于VHDL的组合逻辑电路、基本时序电路的建模方法；第5章介绍了基于ASM图的同步时序电路设计方法；第6章介绍了编者自主开发的EDA实验平台与基于可编程芯片的数字系统设计流程。进阶篇共3章，深入介绍了仿真、综合、数字系统设计方法。实践篇展示了2个工程实例的设计方法。

本书内容全面，层次递进，系统性强，结合寄存器传输级描述对语法及模块电路进行了详细讲解，可以帮助初学者快速入门，同时配合编者自主开发的EDA实验平台，可以对书中所有程序进行验证。

本书可作为大专院校电子类高年级本科生和研究生学习数字系统设计的教科书和参考书，也可作为这一领域工程技术人员的参考书。

图书在版编目（CIP）数据

VHDL数字系统设计 / 徐向民主编．—北京：电子工业出版社，2015.8
ISBN 978-7-121-26730-7

Ⅰ．①V…　Ⅱ．①徐…　Ⅲ．①VHDL语言－程序设计　Ⅳ．①TP312

中国版本图书馆CIP数据核字（2015）第166696号

策划编辑：赵玉山
责任编辑：赵玉山
印　　刷：北京虎彩文化传播有限公司
装　　订：北京虎彩文化传播有限公司
出版发行：电子工业出版社
　　　　　北京市海淀区万寿路173信箱　邮编 100036
开　　本：787×1 092　1/16　印张：16.5　字数：423千字
版　　次：2015年8月第1版
印　　次：2023年10月第9次印刷
定　　价：36.00元

凡所购买电子工业出版社图书有缺损问题，请向购买书店调换。若书店售缺，请与本社发行部联系，联系及邮购电话：（010）88254888，88258888。

质量投诉请发邮件至 zlts@phei.com.cn，盗版侵权举报请发邮件至 dbqq@phei.com.cn。

本书咨询联系方式：（010）88254556，zhaoys@phei.com.cn。

前　言

可编程器件的出现为用户自定义设计逻辑电路提供了解决方案，给数字系统的设计方法带来了革命性的变化。近年来EDA技术及可编程器件发展迅猛，使得用户可以开展更多复杂的设计，并进行基于通用可编程器件芯片设计的前端验证，大大减轻了电路图设计和电路板设计的工作量与难度，从而有效地增强了设计的灵活性，提高了工作效率。

为了全面地阐述现代数字系统设计方法，编者在参考国内外出版的有关硬件描述语言与EDA数字系统设计方面书籍的基础上，结合十多年的实际教学及相关科研工作经验，编写了这本书。本书包括基础篇、进阶篇和实践篇，涵盖了硬件描述语言VHDL、基本模块电路的设计、时序电路与数字系统的设计方法、仿真与综合、基于可编程器件的数字系统实现方法等知识，内容全面，系统性强。书中结合寄存器传输级描述对语法及模块电路进行了详细讲解，有助于初学者快速入门。此外，本书所有模块电路及工程实例均在自主开发的EDA实验平台上进行了验证。

现代电子设计已经进入数字化时代，社会对EDA方面的人才需求越来越大。本书的目的是引导电子类在校生建立自顶向下的现代数字系统设计理念，掌握数字系统设计的一般方法。本书可作为电子信息大类本科生、研究生的教材与专业参考书。

本书由徐向民主编，邢晓芬、王前、姜小波共同参与编写，在编写过程中还得到了吴育奋、彭玄、李旭琼、陈晓仕等同学的大力支持，感谢同学们的艰辛付出。另外在书中用到的部分资料来自同行的积累，在此一并表示感谢，在参考文献中若有遗漏，请批评指正。

本书在编写过程中，着眼于设计方法与实践的结合，力争做到知识点讲解深入浅出，层次递进。本书对应的华南理工大学的“数字系统设计”课程已在爱课程网站（http://www.icourses.cn/coursestatic/course_6252.html）上线，欢迎读者利用视频教学资源与多媒体课件进行学习。如果书中存在错误和不妥之处，敬请读者批评指正。

前 言

[illegible]

目 录

第一篇

基础篇

第 1 章　数字系统设计与 EDA 技术

传统的数字系统设计是基于电路板的，需选用大量的固定功能器件，再通过器件的配合，设计模拟系统功能，工作集中在器件的选用及电路板的设计上。随着计算机性价比的提高及可编程逻辑器件的出现，现代数字系统的设计，设计师可以通过设计芯片来实现电子系统的功能，将传统的固件选用及电路板设计工作放在芯片设计中进行。

20 世纪 90 年代初开始，电子产品设计系统日趋数字化、复杂化和大规模集成化，各种电子系统的设计软件应运而生。其中，EDA（电子设计自动化）有一定的代表性。它是基于芯片的设计，优势在于能运用 HDL（硬件描述语言）进行输入，基于 PLD（可编程器件）进行系统设计与仿真，实现系统设计自动化。EDA 技术一出现就显示出极大的优势，现在已经成为数字系统设计的主流技术。

1.1　数字系统概念

在电子技术飞速发展的今天，人类正跨入信息时代。从计算机到 GSM 移动电路，从家用娱乐使用的 VCD、HDTV 到军用雷达、医用 CT 仪器等设备，数字化技术比比皆是，涉及通信、国防、航天、医学、工业自动化、计算机应用、仪器仪表等领域。数字系统的使用已经成为构成现代电子系统的重要标志。

1．基本概念

数字系统是指对数字信息进行存储、传输、处理的电子系统，它的输入和输出都是数字量。在结构上分为数据处理单元和控制单元，如图 1-1 所示。

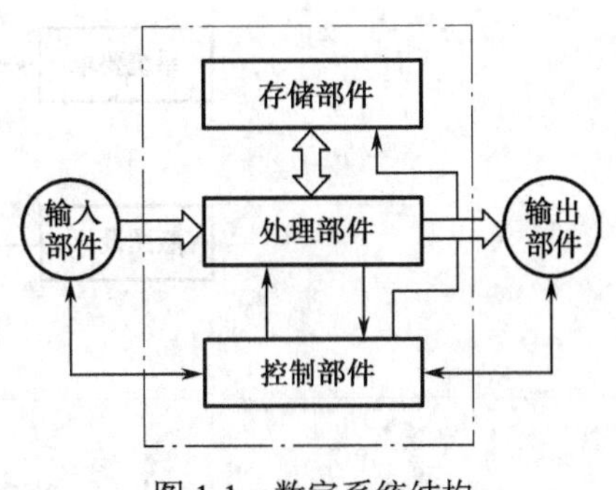

图 1-1　数字系统结构

符合上述结构的系统都可视为数字系统，从目前来看，数字系统的实现可以有多种方法，早期的数字电路是用中小规模元件构成的。随着数字系统复杂度提高，中小规模元件已经很难满足要求，芯片技术的发展提供了两种可能：微处理器（Micro Process Unit，MPU）和可编程逻辑器件（Programmable Logic Device，PLD）。

微处理器是具有运算器和控制器功能的大规模集成电路的芯片，主要包括嵌入式、单片机、DSP，具有体积小、开发方便、成本低的特点，但微处理器是通过执行程序来实现逻辑功能控制的，所以速度较慢；可编程逻辑器件虽然硬件成本和开发门槛较高，但因为用可编程逻辑实现的是硬件电路，所以非常适合于需高速处理的专用环境，如 3G 通信的基带处理。同时，数字系统用可编程逻辑器件实现后，很容易过渡到专用芯片，这样可以大大缩短芯片的开发周期和开发成本。

随着系统复杂性的进一步提高以及对开发成本的考虑，现在很多数字系统的实现往往既用微处理器又用可编程逻辑器件，而且随着可编程逻辑器件芯片的容量日益增大，使得在可编程逻辑芯片中实现微处理器成为可能（例如，Altium 有限公司对 FPGA 设计提供了丰富的 IP 内核，包括了各种处理器、存储器、外设、接口以及虚拟仪器）。因篇幅所限，本书只讨论用 VHDL 语言在常规的可编程器件设计数字系统的理论和方法。

2．设计方法

传统的数字系统设计是自下向上的，首先确定系统最底层的电路模块或元件的结构和功能，建立相应的数学模型，数值计算各项参数，在与设计目标反复比较过程中修改或完善模型，按要求写出输入、输出表达式或状态图，用真值表、卡诺图进行化简。然后根据主系统的功能要求，将它们组合成更大的功能模块，直到完成整个目标系统的设计。因此，只有在设计完成后才能进行仿真，存在的问题才能被发现。

同时，在系统进行细分时，必须考虑现有并能获得的器件（往往是标准的器件），而且必须对各种具体器件的功能、性能指标及连接方式非常熟悉。设计者往往需要较长时间的训练和经验积累，采用试凑的方法才能设计出满足要求的数字系统，有时甚至达不到系统设计的某些要求，所以适用于小规模的集成电路系统设计。

现代数字系统设计可以直接面向用户需求，根据系统的行为和功能要求，自上至下地逐步完成相应的描述、综合、优化、仿真与验证，直到把设计结果下载到器件中。上述设计过程除了系统行为和功能描述以外，其余所有的设计过程几乎都可以用计算机自动完成，即电子设计自动化（EDA）。这些设计方法大大缩短了系统的设计周期，适应当今电子市场品种多、批量小的需求，提高了产品的竞争能力。设计步骤如图 1-2 所示。

图 1-2 中，行为设计确定系统的功能、性能及允许的芯片面积和成本等；结构设计根据系统或芯片特点，将其分解为接口清晰、关系明确、尽可能简单的子系统，包括算术运算单元、控制单元、数据通道等；逻辑设计把结构转换成逻辑图，尽可能采用规则的单元或模块；电路设计将逻辑图转换成电路图，需仿真确定逻辑图的正确性。版图设计即芯片设计，把设计完的电路转换成集成电路制造厂家所需的相关物理信息数据。

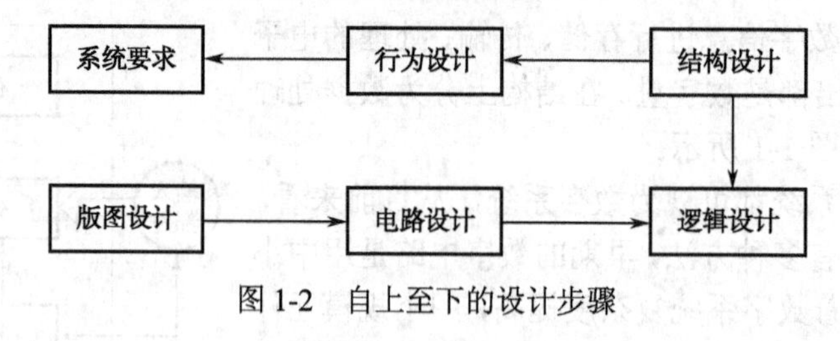

图 1-2　自上至下的设计步骤

1.2　电子设计发展历史

电子产品发展迅速，向着功能多样化、体积最小化、功耗最低化的方向前进，同时价格也呈下降趋势，主要原因是生产制造技术和电子设计技术的发展。前者以微电子加工技术为代表，已经达到了深亚微米的工艺水平，可以在几平方厘米的芯片上集成数千万个晶体管；后者的核心是电子设计自动化（Electronic Design Automation，EDA）技术。

根据电子设计的发展特征，EDA 的发展可分为三个阶段：

20 世纪 70 年代 CAD（Computer Assist Design，计算机辅助设计）的诞生，使计算机设计印制电路板（Printed Circuit Board，PCB）取代了纯手工操作，使设计简单易行，但成本高，功能有限，易仿制，可制造性差，数据不可重复。

20 世纪 80 年代 CAM（计算机辅助制造）、CAT（计算机辅助测试）、CAE（计算机辅助工程）的产生，主要用于电气原理图的输入、逻辑仿真、电路分析、布局布线和 PCB 设计。这些技术编程灵活，可制造性好，可重复使用数据。缺点是开发成本高，保密性差，不适用于高速和实时处理系统的应用。

20 世纪 90 年代开始，各类可编程半导体芯片的生产推动了芯片设计技术的发展，硬件描述语言的产生和完善使得大规模专用集成电路的设计和仿真得到保证，包括算法设计、芯片设计和电路设计。其开发周期短，保密性好，系统的总成本低。

集成电路设计技术和工艺水平的大大提高，使单片集成片能含上亿个晶体管，使得将原来由许多 IC 组成的电子系统集成在一个单片硅片上成为可能，构成所谓的片上系统（System on Chip，SoC）。它将信号采集、处理和输入/输出等完整的系统功能集成在一起，成为一个专用的电子系统芯片。随后出现了 SoPC（片上可编程系统），它是用 PLD 取代 ASIC 的更灵活、更高效的 SoC 技术，特点在于可编程性，所设计的电路系统在规模、可靠性、体积、功能、开发成本等方面实现了最优化。

例如，2000 年 Altera 发布了 Nios 处理器，这是 Altera Excalibur 嵌入处理器计划中的第一个产品，它成为业界第一款为可编程逻辑优化的可配置处理器。Alter 很清楚地意识到，如果把可编程逻辑的固有优势集成到嵌入处理器的开发流程中，就会拥有非常成功的产品。一旦定义了处理器，设计者就“具备”了某种体系机构，可马上开始设计软件原型。CPU 周边的专用硬件逻辑可以慢慢地集成进去，每个阶段软件都能够进行测试。这款芯片集成了传统的可编程逻辑器件的优势，又融合了微处理器的优点，能真正实现 SoPC 设计。

经过几十年的发展，EDA 技术如今已取得了巨大的进展。SoPC 已经进入了大规模应用阶段，嵌入 ARM 核已成为现实，使得可重构的嵌入式系统变得更加强大，同时 IP 核被广泛使用，使得设计开发进程进一步加快；基于 FPGA 的 DSP 已用于高速数字信号处理算法的实现，与传统的 DSP 相比具有独特的优势；系统级、行为验证级硬件描述语言（如 System C、SystemVerilog 等）的出现大大简化了复杂电子系统的设计与验证。

1.3 EDA 技术介绍

1.3.1 基本特征

电子设计自动化（EDA）汇集了计算机应用科学、电子系统科学、微电子科学等多学科的内容，它以计算机为工具，以 EDA 软件为开发环境，以硬件描述语言为设计语言，以可编程器件为实验载体，以专用集成电路（Application Specific Integrated Circuits，ASIC）、片上系统（SoC）芯片为目标器件，自动完成逻辑编译、逻辑化简、逻辑综合、结构综合（布局布线），以及逻辑优化和仿真测试，直至实现既定的电子系统功能。

利用 EDA 设计数字系统具有以下几个特点：①用软件的方法设计硬件；②用软件方式设计的系统到硬件系统的转换是由有关的开发软件自动完成的；③采用自顶向下的设计方法；④设计过程中可用有关软件进行各种仿真；⑤系统可现场编程，在线升级；⑥整个系统可集成在一个芯片上，体积小、功耗低、可靠性高。

1.3.2 主要内容

1. 大规模可编程逻辑器件

可编程逻辑器件（Programmable Logic Device，PLD）可直接从市场上购得，用户只要通过对器件编程就可实现所需要的逻辑功能。这种设计方法成本低、使用灵活、设计周期短、可靠性高、承担风险小。可编程逻辑器件发展到现在，规模越来越大，功能越来越强，价格越来越低，相配套的 EDA 软件越来越完善，因而受到广大设计人员的喜爱。目前，在电子系统开发阶段的硬件验证过程中，一般都采用可编程逻辑器件，以期尽快开发新产品。

随着可编程逻辑器件应用的日益广泛，许多 IC 制造厂家涉足 PLD/FPGA 领域。目前世界上有十几家生产 CPLD/FPGA 的公司，最大的三家是 Altera，Xilinx 和 Lattice，其中 Altera 和 Xilinx 占了 60%以上的市场份额。

随着微电子技术的发展，设计与制造集成电路的任务已不完全由半导体厂商来独立承担。系统设计师更愿意自己设计专用集成电路（ASIC）芯片，而且希望 ASIC 的设计周期尽可能短，最好是在实验室里就能设计出合适的 ASIC 芯片，并且立即投入实际应用之中，因而出现了现场可编程逻辑器件（Field Programmable Logic Device，FPLD），其中应用最广泛的当属现场可编程门阵列（Field Programmable Gate Array，FPGA）和复杂可编程逻辑器件（Complex Programmable Logic Device，CPLD）。

例如，Altera 公司的主流 FPGA 分为两大类：一类侧重于成本低，容量中等，性能可以满足一般的逻辑设计要求，如 Cyclone、Cyclone Ⅱ；另一类侧重于高性能，容量大，性能能满足各类高端应用，如 Startix、Stratix Ⅱ等，用户可以根据自己的实际应用要求进行选择。在性能可以满足要求的情况下，优先选择低成本器件。Xilinx 的主流 FPGA 也分为两大类，代表产品分别为 Spartan 系列和 Virtex 系列，其中 Spartan 系列主要应用于低成本设计，Virtex 系列主要应用于高端设计。

Lattice 在 PLD 领域发展多年，拥有众多产品系列，目前主流的产品是 ispMACH4000、MachXO 系列 CPLD 和 LatticeEC/ECP 系列 FPGA，此外，在混合信号芯片上，也有诸多建树，如可编程模拟芯片 ispPAC、可编程电源管理、时钟管理等。

当前电子产品市场需求以及生产制造技术的不断提高，标志着 EDA 技术发展成果的最新器件不断涌现，并且向着大规模、低功耗、多功能方向发展。例如，采用系统级性能复杂可编程逻辑技术（CPLD）和现场可编程门阵列（FPGA）实现可编程 SoC 已成为今后的一个发展方向。

2. 硬件描述语言

EDA 技术中多采用硬件描述语言（Hardware Description Language，HDL）描述电子系统的逻辑功能、电路结构和连接形式。HDL 可以在三个层次上进行电路描述，由高到低为系统行为级、寄存器传输级和逻辑门级，支持结构、数据流、行为三种描述形式的混合描述。常用的 HDL 有 VHDL、Verilog 和 AHDL 语言。VHDL 适用于行为级和寄存器传输级；Verilog 和 AHDL 适用于寄存器级和门电路级。现在 VHDL 和 Verilog 作为工业标准硬件描述语言，在电子工程领域已成为通用的 HDL，承担绝大部分的数字系统的设计任务。

用 VHDL 设计电子系统有以下优点：①更强的行为描述能力，避开具体的器件结构，从逻辑行为上描述和设计大规模电子系统；②具有丰富的仿真语句和库函数，使得在设计早期就能检查设计系统的功能可行性，并可以随时对系统仿真；③用 VHDL 完成的设计，可以用 EDA 工具进行逻辑综合和优化，根据不同的目标芯片自动把描述设计转化成门级网表，从而极大地减少了设计时间和可能发生的错误；④设计描述有相对独立性，可以在不懂硬件结构的情况下进行设计；⑤可以在不改变源程序的前提下，只改变类属参量或函数，就能很容易地改变设计规模和结构。

3．软件开发工具

集成的PLD/FPGA开发软件见表1-1，这类软件一般由芯片厂家提供，基本可以完成所有的设计输入、仿真、综合、布线、下载等工作。

Altera公司的集成开发环境QuartusⅡ提供了与结构无关的设计环境，能方便地进行设计输入、快速处理和器件编程。同时，QuartusⅡ还提供了可编程片上系统（SoPC）设计的一个综合开发环境，是进行SoPC设计的基础。新近推出的QuartusⅡ 13.0版支持面向Stratix V系列的设计，同时还增强了包括基于C的开发套件、基于系统IP以及基于模型的设计流程。

Xilinx是FPGA的发明者，产品种类较全，主要有XC9500，Coolrunner，Spartan，Virtex等。其推出的ISE系列软件支持公司的所有CPLD/FPGA产品。通常来说，全球60%以上的PLD/FPGA产品是由Altera和Xilinx提供的，可以说它们共同决定了PLD技术的发展方向。

表1-1 PLD/FPGA开发软件

供应商	开发软件	简介
Altera	MaxplusⅡ	曾经是最优秀的PLD开发平台之一，适合开发早期的中小规模PLD/FPGA，使用者众多
	QuartusⅡ	新一代PLD开发软件，适合大规模FPGA的开发
	SOPC Builder	配合QuartusⅡ，完成集成CPU的FPGA芯片的开发工作
	DSP Builder	QuartusⅡ与MATLAB的接口，利用IP核在MATLAB中快速完成数字信号处理的仿真和最终FPGA的实现
Xilinx	Foundation	早期开发软件，目前已停止开发，转向ISE
	ISE	新一代FPGA/PLD开发软件
	ISE Webpack	免费软件，可从公司网站下载
	System Generator For DSP	配合MATLAB，在FPGA中完成数字信号处理的工具
Lattice	Isp Design EXPERT	早期的PLD开发软件
	Isp LEVER	取代Isp EXPERT，成为FPGA和PLD设计的主要工具

Lattice是ISP（在系统编程）技术的发明者，ISP技术极大地促进了PLD产品的发展，与Altera和Xilinx相比，其开发工具略逊一筹，中小规模的PLD比较有特色。其他常见的EDA开发软件还有orCAD/PSPICE、Multisim、Protel等。

4．实验开发系统

提供芯片下载电路及EDA实验/开发的外围资源（类似于用于单片机开发的仿真器），供硬件验证用。一般包括：实验或开发所需的各类基本信号发生模块，如时钟、脉冲、高低电平等；FPGA/CPLD输出信息显示模块，如数据显示、发光管显示、声响指示等；监控程序模块，提供“电路重构软配置”；目标芯片适配座以及上面的芯片和编程下载电路。

1.3.3 EDA 设计流程

EDA 设计流程图如图 1-3 所示。

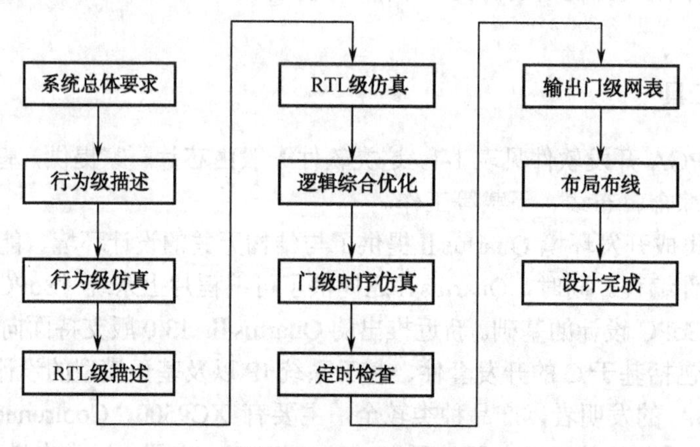

图 1-3 EDA 设计流程

首先从系统设计入手，在顶层进行功能框图的划分和结构设计，在框图一级进行仿真、纠错，并用硬件描述语言（HDL）对高层次的系统行为进行描述，在系统一级进行验证。然后用综合优化工具生成具体门电路的网表，其对应的物理实现可以是印制电路板或专用集成电路（ASIC）。由于设计的仿真和调试过程是在高层次上完成的，这不仅有利于早期发现结构设计的错误，避免设计工作中的浪费，而且也减少了逻辑功能仿真的工作量，提高了设计的成功率。设计流程主要分为 3 个步骤。

1．行为描述

目的是在系统设计的初始阶段，通过对行为描述的仿真发现设计中存在的问题。主要是考虑系统的结构及其工作过程是否能达到系统设计规格书的要求，并不考虑实际操作和算法的实现。它是对整个系统的数学建模的描述，与器件工艺无关。

2．寄存器传输描述 RTL（又称数据流描述）

描述行为方式的 HDL 程序，采用 RTL 方式，导出系统的逻辑表达式，再用仿真工具对 RTL 级描述进行仿真。

3．逻辑综合优化

利用逻辑综合工具，将 RTL 方式描述的程序转换成用基本逻辑元件表示的文件（门级网络表），也可以用逻辑原理图的方式输出。对逻辑综合结果在门电路级上仿真，并检查定时关系。

如果在某一层仿真发现问题，应该返回上一层，寻找和修改相应错误，再向下继续。输出网表后，有两种选择：一种是由自动布线程序将网表转换成相应的 ASIC 芯片的制造工艺，定制 ASIC 芯片；另一种是将网表转换成相应的 PLD 编程码点，利用 PLD 完成硬件电路的设计。

1.4 IP 核

如今集成电路的规模已经非常庞大，从头开始完完整整设计一块芯片需要花费越来越多的时间和精力，因此可重用设计变得越来越重要。IP 核，即知识产权核或知识产权模块，就是一种可重用设计的模块，在今天集成电路的开发中占据着非常重要的角色。根据美国 Dataquest 公司的定义，IP 核本质上是用于 ASIC 或 FPGA 的已预先设计的电路功能模块。设计人员在 IP 核的基础上进行开发，可以缩短设计周期。IP 核分为软 IP、固 IP 和硬 IP。

1.4.1 软 IP

软 IP 只是用 HDL 等硬件描述语言代码形式存在的电路功能块，只经过 RTL 级设计优化和功能验证，不包含实现这些功能的具体电路元件的信息。软 IP 通常以硬件描述语言 HDL 源文件或其他格式文件的形式出现，而且应用开发过程与普通的 HDL 设计十分相似，只是需要更加昂贵的开发硬、软件环境。软 IP 的设计周期比其他两种形式的周期更短，而且设计投入少。因为不涉及物理实现，可以为后续设计留下巨大的设计空间，从而增加了它的灵活性和适应性。但也因此在某种程度上存在使后续工序无法适应整体设计的缺点，为了提高整体设计的性能，往往需要对软 IP 进行一定程度的修正，但仍然不可能在性能上获得全面的优化。Altera 和 Xilinx 分别提供了 NiosⅡ和 MicroBlaze 两种软核，可以在某种程度上满足系统的需求。

1.4.2 固 IP

比起软 IP 来说，固 IP 还包含了门级电路综合和时序仿真等设计环节，灵活性稍差。比起硬 IP 来说，它仍有较大的设计空间。固 IP 一般以 RTL 代码和对应具体工艺网表的混合形式提供给客户使用。从某种程度上看，固 IP 是软 IP 和硬 IP 的折中，也是 IP 核的主流形式之一。

1.4.3 硬 IP

硬 IP 核是基于半导体工艺的物理设计，具有固定的拓扑布局和具体工艺，并经过了工艺验证，能够提供设计最终阶段的产品掩模，性能有保障。硬 IP 通常是以电路物理结构掩模版图和全套工艺文件形式提供给客户，是一种拿来即用的技术手段，进一步缩短了后续的设计周期。因为是以经过完全布局布线的网表形式提供的，所以该种硬核既具有可预见性，同时还可以有针对性地进行功耗和尺寸的优化。尽管硬核由于缺乏灵活性而可移植性差，但也易于实现 IP 保护。Xilinx 和 Altera 都已经推出了具有 ARM 硬核的 FPGA，从而提供了比软核更高的性能。

1.5 EDA 应用与发展趋势

EDA 在教学、科研、产品设计与制造等方面都发挥着巨大的作用。几乎所有理工科（特别是电子信息类）的高校都开设了 EDA 课程，目的是培养学生使用 HDL 语言、EDA 工具设计简单的系统。从应用领域看，EDA 已渗透到各行各业，包括在机械、电子、通信、航空航天、化工、矿产、生物、医学、军事等。从应用对象看，EDA 技术主要用于印制电路板（PCB）或集成电路的设计与实现。

随着 EDA 技术的迅猛发展，逐渐出现了如下几个发展趋势：

（1）硬件设计和软件设计的界限越来越模糊，这表现在软件设计才用到的 C 语言已经应用于硬件设计领域，甚至出现了 SystemC、SystemVerilog 等高级硬件描述语言，这些高级语言广泛应用于模块的仿真和验证。虽然现在还不能将这些高级语言自动转成 HDL 语言进行电路功能直接开发，但是已经成为各供应商努力的方向，比如 Altera 公司和 Xilinx 公司都提供了基于 C 的 IP 库支持，大大简化了系统的构建。

（2）ASIC 与 FPGA 逐渐融合，这是因为工艺水平的提高伴随着设计成本的提高，同时工艺线宽不断减少，进一步给 ASIC 的设计带来挑战，从而刺激了 FPGA 的应用持续提升。但是 FPGA 体积大、功耗高、功能有限。因此越来越多的集成电路商提供了介于 FPGA 和 ASIC 的电路产品，从而提供更具灵活性和功能性的产品。

（3）模拟与数字芯片逐渐融合，SoC（System on Chip）被大规模运用，同时也刺激了 SoPC 被大规模应用。SoC 的出现是集成电路发展的必然结果，使得电路系统的芯片减少，从而提高设计效率，事实上，英特尔移动芯片的一个弱点就是集成功能太少。SoPC 就是 ASIC 和 FPGA 的融合体，在嵌入式领域具有很好的应用前景。

（4）随着工艺水平的不断提高，工艺线宽的不断减少，对 EDA 软件的要求越来越高。同时设计开发的成本更高，这要求一次性流片成功的同时还要提高设计效率，这进一步说明了 EDA 软件的重要性，同时也促进了 IP 核的广泛应用。IP 核能大大提高芯片设计的效率，在如今的芯片设计业中占的比重也越来越高。以中国白牌平板电脑全志芯片系列为例，CPU 采用 ARM 核，GPU 采用 Imagination 核，三星猎户座芯片的 CPU、GPU 也采用了 ARM 提供的 IP 核。

第2章 VHDL语言基础

硬件描述语言VHDL，即超高速集成电路硬件描述语言（Very-High-Speed Integrated Circuit Hardware Description Language），诞生于1982年，由美国国防部在实施超高速集成电路（VHSIC）项目时开发。1987年年底，VHDL被IEEE和美国国防部确认为标准硬件描述语言。自IEEE公布了VHDL的标准版本IEEE—1076（简称87版）之后，各EDA公司相继推出了自己的VHDL设计环境，或宣布自己的设计工具可以和VHDL接口。此后VHDL在电子设计领域得到了广泛认同，并逐步取代了原有的非标准硬件描述语言。1993年，IEEE对VHDL进行了修订，从更高的抽象层次和系统描述能力上拓展了VHDL的内容，公布了新版本的VHDL，即IEEE标准的1076—1993版本（简称93版）。此后IEEE又发布了IEEE 1076—2000版本。VHDL在基于复杂可编程逻辑器件、现场可编程逻辑门阵列和专用集成电路的数字系统设计中有着广泛的应用。

2.1 硬件描述语言的特点

VHDL主要用于描述数字系统的结构、行为、功能和接口。VHDL的语言形式、描述风格和句法与计算机高级程序语言非常类似，不同的是，VHDL语言中的很多语句具有硬件特征。从执行方式上看，一般的程序语言是以顺序方式执行的，而VHDL语言是以并行方式执行的。用VHDL语言进行数字系统设计，具有以下突出优点：

（1）系统硬件描述能力强，适合大型项目与团队合作开发。

（2）强大的行为描述能力可以避开具体的底层器件结构的设计。

（3）设计具有独立性，设计者可以不懂硬件的结构，也不必理会最终设计实现的目标器件是什么，而进行独立的设计。

（4）VHDL语言符合IEEE工业标准，编写的模块容易实现共享和复用。

（5）丰富的仿真语句和库函数，使得任何大系统的设计在早期就能查验功能的可行性，随时可对设计进行仿真模拟。

（6）程序的可读性好，符合人类的思维习惯。

2.2 VHDL程序基本结构

下面通过一个简单的二路选择器例子来说明一般VHDL程序的基本结构。

图2-1所示的二路选择器，输入端为两个数据端口d0、d1和一个控制端口sel，输出端为q。这个二路选择器要完成的工作可以描述为“q输出端根据控制端口sel，选择相应的输入端数据进行输出”，要搭建这样一个多路选择器模块，在我们未接触VHDL语言前，可以用与门、非门、或门等具体的电路底层器件按照图2-2的连接方式组成，而硬件描述语言的出现，可以使我们彻

底摆脱具体的电路底层器件。

采用 VHDL 语言描述的二路选择器如例 2-1 所示。

【例 2-1】 二路选择器的 VHDL 程序（“--”在 EDA 工具中，表示注释）

```
LIBRARY IEEE;                                    --库的调用
USE IEEE.std_logic_1164.all;                     --程序包的调用
ENTITY MUX2 IS                                   --实体说明
  PORT (d0,d1:IN std_logic;
        sel:IN std_logic;
        q:OUT std_logic);
END ENTITY;
ARCHITECTURE behav OF MUX2 IS                    --结构体描述
BEGIN
  PROCESS (d0,d1,sel)
     BEGIN
        IF sel='0'   THEN
          q<=d0;
        ELSIF sel='1'   THEN
          q<=d1;
        ELSE q<='Z';
        END IF;
   END PROCESS;
END behav;
```

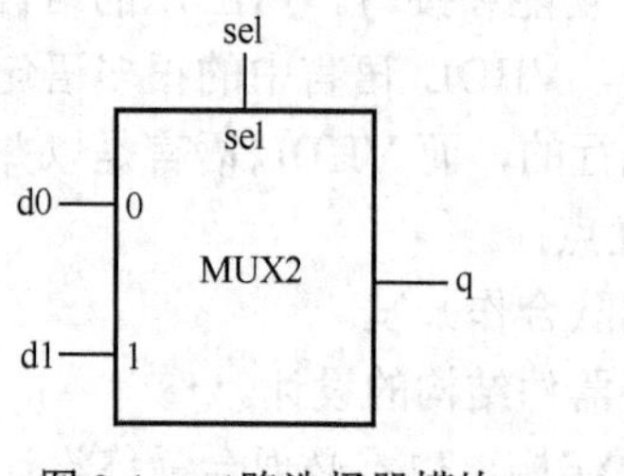

图 2-1　二路选择器模块

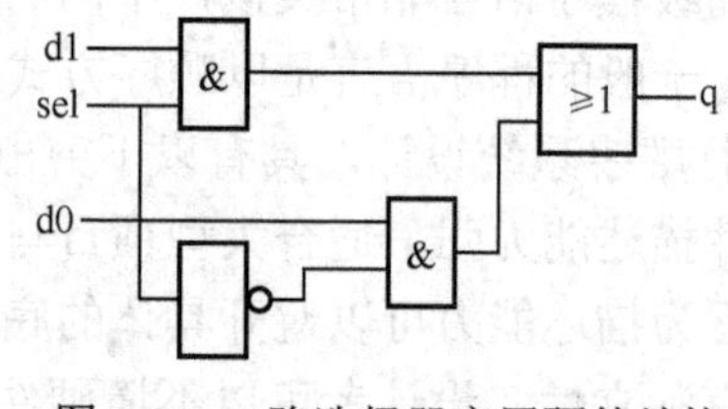

图 2-2　二路选择器底层硬件结构

用 VHDL 语言来描述的二路选择器不需要设计者具备底层的硬件知识，整个描述符合人的思维习惯。从例 2-1 可知，一个完整的 VHDL 程序包括库的调用、程序包的调用、实体说明和结构体描述 4 个部分，如图 2-3 所示。

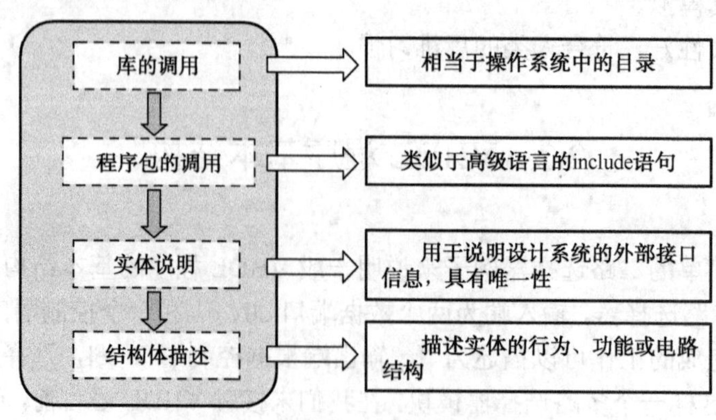

图 2-3　VHDL 程序的基本组成

库和库中程序包的调用类似于高级程序语言的文件头，程序中的函数及一些数据类型如std_logic 等都在库中的程序包中定义，因此程序要用到这些函数及数据类型时必须调用库和库的程序包。

实体是 VHDL 程序的基本单元，用于说明设计系统的外部接口信息，相当于提供了一个设计单元的公共信息。对于一个已经确定的系统，实体的描述是唯一的。

结构体用于描述相应实体的行为、功能或电路结构，特别要注意的是结构体与实体不是一一对应的，一个实体可以对应多个结构体，但一个结构体只能对应一个实体。当一个实体有多个结构体与其对应时，在仿真综合时，就需要对实体配置所需的结构体，在这种情况下，一个完整的 VHDL 程序就还应包括配置部分。

2.3 VHDL 程序主要构件

VHDL 程序的基本构件包括库、实体、结构体、块、子程序（包括函数和过程）、程序包等。其中实体、结构体、库、程序包是一个完整的 VHDL 程序所必需的，块和子程序并不一定在每个 VHDL 程序中都出现。另外，在本书中，虽然所有的标识符均以大写的形式出现，事实上，在 VHDL 中，EDA 工具一般对标识符不区分大小写，但对单引号和双引号中的字母是区分大小写的。下面先说明库、实体和结构体的使用及格式，其他构件将在 2.9 节中进行说明。

2.3.1 库

库（LIBRARY）是编译后数据的集合，是存放预先完成的程序包和数据集合体的仓库。一般常用的库有 IEEE 库、STD 库（VHDL 标准库）、WORK 库（作业库，调用时不需要说明）。

库调用的格式如下：

```
LIBRARY 库名;
```

例如：

```
LIBRARY IEEE;                              --使 IEEE 库可见
USE IEEE. std_logic_1164. ALL;             --调用 IEEE 库中的程序包
USE IEEE. std_logic_unsigned. ALL;
```

STD 库是默认库，库中的程序包包括 standard、textio。STD 库内定义了最基本的数据类型：Bit、bit_vector、 Boolean、Integer、Real、Time，并定义了支持这些数据类型的所有运算符函数。STD 库符合 VHDL 语言标准，是默认库，在应用中不必像 IEEE 库那样显式使用。

IEEE 库是 VHDL 设计中最常见的库，由于该库中的程序包并不符合 VHDL 语言标准，因此在使用时必须显式表达。IEEE 库内定义了 4 个常用的程序包，即

- std_logic_1164(std_logic types & related functions)
- std_logic_arith(arithmetic functions)
- std_logic_signed(signed arithmetic functions)
- std_logic_unsigned(unsigned arithmetic functions)

其中，std_logic_1164 包含了一些标准逻辑电平所需的数据类型和函数的定义。常用的两个数据类型是 STD_LOGIC 和 STD_LOGIC_VECTOR。而 std_logic_arith 扩展了三个数据类型：UNSIGNED，SIGNED 和 SMALL_INT，并为其定义了相关的算术运算符和转换函数。std_logic_ signed 和 std_logic_unsigned 重载了可用于 INTEGER 型和 STD_LOGIC 及 STD_LOGIC_ VECTOR 型混合运算的运算符，并定义了不同数据类型间的转换函数。

WORK 也是默认库，它是用户现行设计的工作库，用于存放用户定义的一些设计单元和程序包。用户可以将一些常用的子程序等定义到用户的自定义程序包中，用户自定义的程序包将由编译器默认归入 WORK 库中。自定义程序包的具体步骤将在 2.9.4 节中进行说明。WORK 库满足 VHDL 语言标准，在实际调用中不需要显式调用。

2.3.2 实体

实体（ENTITY）包括实体名、类属参数说明、端口说明三部分，由保留字“ENTITY”引导，格式如下：

```
ENTITY 实体名 IS
    [类属参数说明];
    [端口说明];
END  [ENTITY] [实体名];
```

实体名不能以数字开头，应尽可能表达功能上的含义，且不能与保留字相同。实体结束有两种格式，可以以“END ENTITY ;”结束，也可以以“END 实体名 ;”结束。

类属参数表通常用于说明时间参数（器件延迟）或总线宽度等静态信息，注意类属参数是常数，在实体中不是必需的，由保留字 GENERIC 引导，格式如下：

```
GENERIC（常数名:数据类型:=设定值）;
```

例如：

```
GENERIC(m: time:=1ns);
```

实体类属（GENERIC）主要用于行为描述方式，常用于不同层次间的信息传递。使用 GENERIC 语句易于使器件模块化和通用化，有利于高层次的仿真。

端口说明是一个设计实体界面的描述，提供外部接口信息（引脚名、方向等），在一般的 VHDL 程序中，端口说明是不可默认的（除了在测试基准 testbench 中，测试基准将在后面予以说明）。由关键字 PORT 引导，格式如下：

```
PORT（端口名: 端口方向   数据类型;
            …);
```

其中，端口方向有 4 种，如图 2-4 所示。

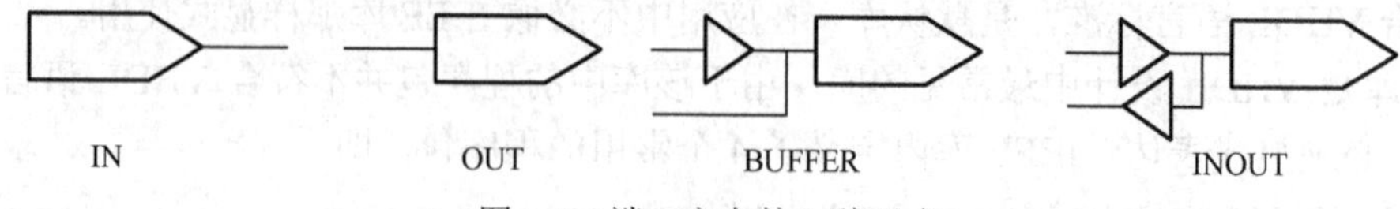

图 2-4　端口方向的 4 种形式

（1）IN 输入：信号进入实体；

（2）OUT 输出：信号离开实体，且不会在内部反馈使用；

（3）INOUT 双向：信号可离开或进入实体；

（4）BUFFER 输出缓冲：信号离开实体，但在内部有反馈。

下面通过一个 my_design 的实体例子，进一步说明实体的描述。图 2-5 是 my_design 的实体框图，具体端口信息说明如下：

d：16 位的输入总线

clk，oe，reset：输入位信号

q：16 位的三态输出总线

int：输出信号，但其内部有反馈

ad：双向 16 位总线

as：三态输出信号

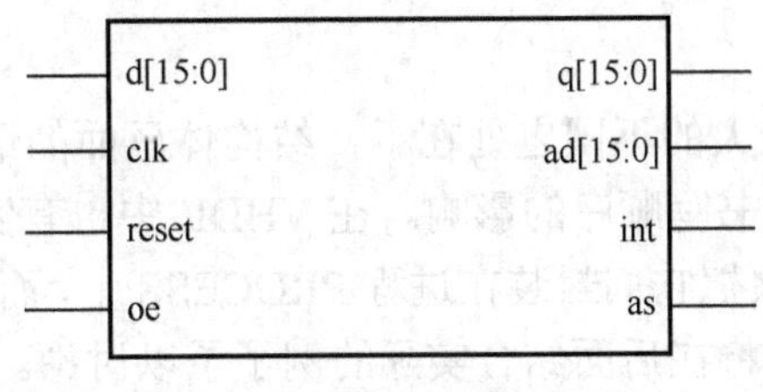

图 2-5　my_design 实体框图

根据实体说明的一般描述格式，图 2-5 的实体可以描述为

```
ENTITY my _ design IS
PORT(:d: IN std _ logic _ vector( 15 DOWNTO 0) ;
        clk, reset, oe: IN std _logic;
        q: OUT std _ logic _ vector(15 DOWNTO 0) ;
        ad: INOUT std _logic _ vector(15 DOWNTO 0) ;
        int:BUFFER std _ logic ;
        as: OUT std _logic) ;
END my _ design;
```

2.3.3　结构体

结构体（ARCHITECTURE）是设计实体的具体描述，指明设计实体具体行为、所用元件及其连接关系，即具体描述设计电路所具有的功能，由定义说明和具体功能描述两部分组成。格式如下：

```
ARCHITECTURE　结构体名　OF　实体号名　IS
[定义语句]　信号（signal）;
          常数（constant）;
          数据类型（type）;
          函数（ function）;
          元件（ component）等;
BEGIN
      [并行处理语句];
END 结构体名;
```

结构体中的定义语句对本结构体中要用到的信号、数据类型、常数、元件、函数、过程等进行定义，注意，该定义只对本结构体有效，而且结构体里面的语句是并行的。

下面举例说明结构体的格式。

【例 2-2】 半加器电路用于对两个输入数据位进行加法，输出一个结果和进位。半加器的一种实现程序如下：

```
LIBRARY IEEE;
```

```
USE IEEE. std_logic_1164. ALL;
ENTITY half_adder IS
   PORT(X,Y: in std_logic; sum, carry: out std_logic);
END   half_adder;
ARCHITECTURE dataflow OF half_adder IS
BEGIN
sum<=X xor Y;                                   --并行处理语句
carry <=X and Y;                                --并行处理语句
END dataflow;
```

和其他大多数编程语言最大的不同之处在于，结构体里面的语句是并行的，也就是说其程序所实现的功能不会受到语句书写顺序的影响。在 VHDL 中也有实现功能与书写顺序有关的顺序语句，若要使用它们，则必须把它们封装在进程 PROCESS 中，而进程本身也是一种并行语句。有关进程的使用格式与特点，将在后面结合实际的例子予以讨论。

2.4　VHDL 数据对象

在 VHDL 语言中，可以赋值的客体称为对象。VHDL 中的数据对象包括常量、变量和信号。

2.4.1　常量

常量是指人为定义的，并且在设计描述中不变化的值，是一个全局量，在实体、结构体、程序包、函数、过程、进程中保持静态数据，以改善程序的可读性，并使修改程序变得容易。实体中定义的类属参数就是常量，由保留字 CONSTANT 引导，格式如下：

```
CONSTANT 常数名:数据类型:=表达式;
```

例如：

```
CONSTANT   VCC: real: =5.0;                          --可用于指定电源电压
CONSTANT   delay: time: =10ns;                       --某信号的延迟
CONSTANT   fbus: std_logic_vector (3 DOWNTO 0): ="0101";     --总线上的数据向量
```

下面再以一个例子说明常量的使用。

【例 2-3】　带使能及清零端的寄存器。

```
LIBRARY IEEE;
USE IEEE. std_logic_1164. ALL;
ENTITY example IS
   PORT(rst,clk,en: IN std_logic;
         data: IN std_logic_vector(7 DOWNTO 0);
         q:BUFFER std_logic_vector(7 DOWNTO 0));
END example;
ARCHITECTURE behav OF example IS
BEGIN
PROCESS( rst,   clk,   en)
CONSTANT zero:std_logic_vector(7 DOWNTO 0):="00000000";
```

```
        --常数在进程说明中的应用
BEGIN
  IF clk'event AND clk='1' THEN
    IF( rst='1')   THEN q<=zero;
    ELSIF( en='1') THEN q<=data;
    ELSE q<=q;
    END IF;
  END IF;
END PROCESS;
END behav;
```

2.4.2 变量

变量是定义在进程或子程序（包括函数和过程）中的变化量，用于计算或暂存中间数据，是一个局部量。变量定义由保留字 VARIABLE 引导，格式为

```
VARIABLE 变量名: 数据类型:=初始值;
```

变量的代入赋值用“:=”表示，变量的赋值是立刻生效的。

下面用一个例子来说明变量的使用。

【例 2-4】 6 分频器（描述方式一）。

```
LIBRARY IEEE;
USE IEEE.std_logic_1164. ALL;
ENTITY frequencies IS
  PORT( clk: IN std_logic;
          q: OUT std_logic) ;
END frequencies;
ARCHITECTURE behav OF frequencies IS
BEGIN
  PROCESS ( clk)
      VARIABLE time: integer   RANGE 0 TO 6 ;      --变量必须在进程说明
BEGIN
     IF rising_edge(clk)   THEN
       time := time + 1;
       IF time = 6   THEN
         q<='1';                 --q 为 std_logic 类型，所以 1 应该加上单引号
         time := 0;              --time 为 integer 类型，所以 0 不用加上单引号
       ELSE
         q<='0';
       END IF;
     END IF;
END PROCESS;
END behav;
```

2.4.3 信号

信号对应着硬件内部实实在在的连线，在元件间起互连作用，或作为一种数据容器，以保

留历史值和当前值，用于实体、结构体、程序包的说明定义部分。实体中的描述端口就是信号。信号由保留字 SIGNAL 引导，格式如下：

```
SIGNAL 信号名: 数据类型 := 表达式;
```

其中，“:= 表达式;”表示对信号赋初值，此初始值只用于仿真，综合器一般不支持。

信号的代入赋值用“<=”表示，信号赋值有延时。另外，实体中的端口赋值也用“<=”表示，但注意端口是有方向的。

仍然用例 2-4 的题目，这次用信号来完成，请读者注意对比两段程序的不同点。

【例 2-5】 6 分频器（描述方式二）。

```
LIBRARY IEEE;
USE IEEE. std_logic_1164.ALL;
ENTITY frequencies IS
  PORT( clk:IN std_logic;
        q:OUT std_logic);
END frequencies;
ARCHITECTURE behav OF frequencies IS
SIGNAL time: integer RANGE 0 To 5;      --信号在结构体中说明
BEGIN
  PROCESS(clk)
  BEGIN
    IF rising_edge(clk)   THEN
      time<=time+1;
      IF time =5   THEN
        q<='1';
        time<=0;
      ELSE
        q<='0';
      END IF;
    END IF;
  END PROCESS;
END behav;
```

从上面的例子可以看出信号的赋值具有一定的延时性，每次时钟触发进程后，在进程结束时，信号的赋值才有效，而此时进程被挂起，直至第二次时钟信号的到来才再次执行进程内的语句。故当比较 time 和 5 的大小时，语句 time<=time+1 还未生效，time 的值是上次进程结束时的结果。

2.4.4 信号与变量的比较

信号与变量的不同点可以归纳为以下几点：

（1）信号可以是全局量，变量只能是局部量；如信号可以在进程间传递数据，而变量不行。信号是实体间动态交换数据的手段，用信号将实体连接在一起；信号在结构体中声明，变量在进程和子程序中声明，且用于中间数据的存储。

（2）信号赋值有延迟，变量赋值没有延迟，在描述中，信号的赋值不会立即生效，而是要等待一个 delta 延迟后才会变化，否则该信号的值在 delta 延迟之前仍是原来的值。

（3）信号除当前值外有许多信息（历史信息，波形值）；而变量只有当前值，所以信号可以仿真，变量不可以仿真。

（4）进程 PROCESS 对信号敏感，对变量不敏感，信号可以是多个进程的全局信号；而变量只在定义它的进程中可见。

（5）信号是硬件中连线的抽象描述，功能是保存变化的数据值和连接子元件；变量在硬件中不具有固定的对应关系，而是用于硬件特性的高层次建模所需要的计算中。

2.5 VHDL 数据类型

VHDL 数据类型包括标准数据类型和用户自定义数据类型。

2.5.1 标准数据类型

VHDL 中定义了 10 种标准数据类型，见表 2-1。

表 2-1 基本数据类型

数 据 类 型	含 义
整数	整数占 4B，范围为-2147483647～2147483647
实数	浮点数，范围为-1.0E +38～1.0E +38
自然数，正整数	整数的子集（自然数：大于等于 0 的整数；正整数：大于 0 的整数）
位	逻辑‘0’或者‘1’
位串	多个位串一起（也称位矢量）
字符	ASCII 码字符
字符串	字符数组（也称字符矢量）
布尔量	逻辑“真”或逻辑“假”
时间	时间单位，如 fs、ps、ns、μs、ms、sec、min、hr 等
错误等级	NOTE，WARNING，ERROR，FAILURE

（1）Integer（整数）不能按位操作，不能进行逻辑运算，常用于表示系统总线宽度。

（2）Real（实数）用于表现电源供电电压或算法研究，书写时加小数点，如-1.0、+2.15。但大多数 EDA 工具不支持浮点运算。

（3）Bit（位）通常用于表示一个信号的值，包括逻辑 0 和逻辑 1，用单引号括起来，如‘1’、‘0’。

（4）Bit_vector（位矢量）可以视为位的数组，用双引号括起来，如“001100”，常用来表示总线状态。

（5）std_logic（标准位）是一种工业位类型，包括‘X’（浮接不定）、‘0’、‘1’、‘Z’、‘W’（弱浮接）、‘L’（弱低电位）、‘H’（弱高电位）、‘－’（不必理会）。

（6）std_logic_vector（标准位矢量）是 std__logic 的数组形式。

（7）Boolean（布尔）存在两种值：TRUE 和 FALSE，表示真和假，常用于信号的状态，或总线上的控制权，仲裁情况等。

（8）Character（字符）用单引号括起来，如‘b’、‘B’，要注意的是，虽然 VHDL 语言对英文字母大小写不敏感，但字符是区分大小写的，比如高阻状态是‘Z’而不是‘z’。

（9）String（字符串）可视为字符的数组，用双引号括起来，如“study”，通常用于程序仿真的提示或结果的说明等场合。

（10）Time（时间）通常用于定义信号延时等场合，一般用于仿真，综合时会被忽略。

（11）Severity level（错误等级）在仿真中用于提示程序的状态，比如是存在 error，还是存在 warning 或 failure 等。

（12）Natural，positive（自然数、正整数）0，1，2，3，…；1，2，3，4，…。自然数和正整数是整数的子集，考虑到硬件资源的有限性，一般在定义自然数或正整数时，需要进行区间约束。例如：

```
integer   RANGE   100   DOWNTO   1;
```

其中 RANGE…DOWNTO…用于给定一个数值的范围，也可用 RANGE…TO…来表示，它们只是用不同的语句表达同等的信息，并无本质的区别。例如：

```
integer   RANGE   1   TO   100;
```

2.5.2 用户自定义数据类型

VHDL 语言允许用户定义自己的数据类型，格式如下：

```
TYPE 数据类型名   IS   数据类型定义  OF  基本数据类型
```

或

```
TYPE 数据类型名   IS  数据类型定义
```

（1）枚举类型　枚举类型就是把类型中的各个元素都罗列出来，例如：

```
TYPE week IS ( sun, mon, tue, wed, thu, fri, sat);
```

在后面的时序电路设计中，控制器可以由状态机描述，状态机中的状态一般采用枚举类型来定义。

（2）子类型 SUBTYPE　SUBTYPE 是由 TYPE 所定义的原数据类型的一个子集，例如：

```
SUBTYPE natural IS integer range 0 to integer' high;
```

（3）整数类型和实数类型　如果整数和实数的数据类型的取值范围太大，综合器将无法综合，因此需要给它们限定一个范围，例如：

```
TYPE percent IS INTEGER RANGE -100 TO 100;
```

（4）数组类型

```
TYPE   数组名   IS   ARRAY（数组范围）OF 数据类型;
```

例如：

```
TYPE   stb   IS   ARRAY (7   DOWNTO   0)   OF   std_logic;
```

又如：

```
TYPE   x   IS (low, high);
TYPE   data_bus   IS   ARRAY (O T0 7,x) OF   bit;
```

（5）记录类型

```
TYPE  记录类型名  IS  RECORD
      元素名：元素数据类型;
      元素名：元素数据类型;
      ⋮
END RECORD[记录类型名];
```

例如：

```
TYPE GlitchDataType  IS  RECORD
      schedtime : TIME;
      schedvalue : STD_LOGIC;
      ⋮
END RECORD;
```

2.5.3 数据类型转换

VHDL 中的数据类型可以通过 IEEE 库中的类型转换函数进行强制性转换，详见表 2-2。

表 2-2 类型转换函数

程 序 包	函 数 名	功 能
STD_LOGIC_1164	TO_STDLOGICVECTOR(A)	由 BIT_VECTOR 转换为 STD_LOGIC_VECTOR
	TO_BITVECTOR(A)	由 STD_LOGIC_VECTOR 转换为 BIT_VECTOR
	TO_STDLOGIC(A)	由 BIT 转换为 STD_LOGIC
	TO_BIT(A)	由 STD_LOGIC 转换为 BIT
STD_LOGIC_ARITH	CONV_STD_LOGIC_VECTOR(A,n)（n 为位长）	由 INTEGER，UNSIGNED，SIGNED 转换为 STD_LOGIC_VECTOR
	CONV_INTEGER(A)	由 UNSIGNED，SIGNED 转换为 INTEGER
STD_LOGIC_UNSIGNED	CONV_INTEGER(A)	由 STD_LOGIC_VECTOR 转换为 INTEGER

2.6 运算符

VHDL 中的运算符主要分为算术运算符、逻辑运算符、关系运算符和其他运算符 4 类。本节简要说明这些运算符，关于它们的具体应用将在后面的例子中说明。

2.6.1 算术运算符

算术运算符主要有加（+）、减（-）、乘（*）、除(（/）、乘方（**）、取模（MOD）、取余（REM）、取绝对值（ABS）、算术左移（SLA）和算术右移（SRA）等。

其中算术左移（SLA）和算术右移（SRA）的示意图如图 2-6 所示。

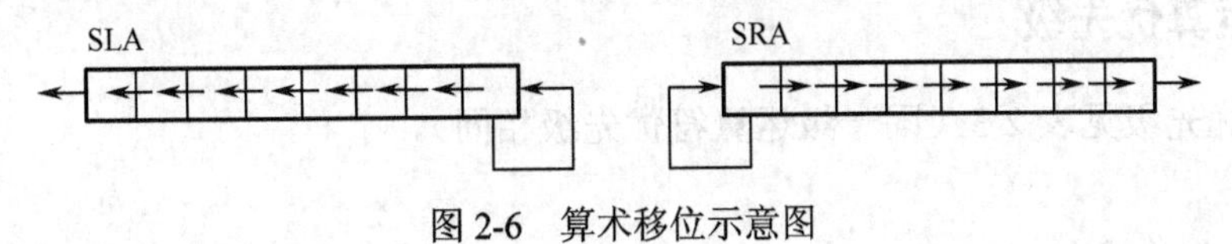

图 2-6 算术移位示意图

注意：

a REM b 所得运算结果的符号与 a 相同，其绝对值小于 b 的绝对值；a MOD b 所得的运算结果的符号与 b 相同，其绝对值小于 b 的绝对值。

例如：

```
a:=12 MOD（-5）        --  a 的值为-2
a:=12 REM（-5）        --  a 的值为 2
```

要注意的是，算术运算符中的加法、减法和乘法运算符可以被综合成电路。除法算法不一定能综合成电路，只有除数为 2 的 *n* 次幂时才有可能进行综合，因为除法操作对应的是将被除数向右进行 *n* 次移位。除此之外，其他运算都不能被综合器综合成电路。

2.6.2 逻辑运算符

主要的逻辑运算符有与（AND）、或（OR）、与非（NAND）、或非（NOR）、异或（XOR）、异或非（XNOR）、非（NOT）、逻辑左移（SLL）、逻辑右移（SRL）、逻辑循环左移（ROL）和逻辑循环右移（ROR）等。

其中逻辑左移（SLL）、逻辑右移（SRL）、逻辑循环左移（ROL）和逻辑循环右移（ROR）的示意图如图 2-7 所示。

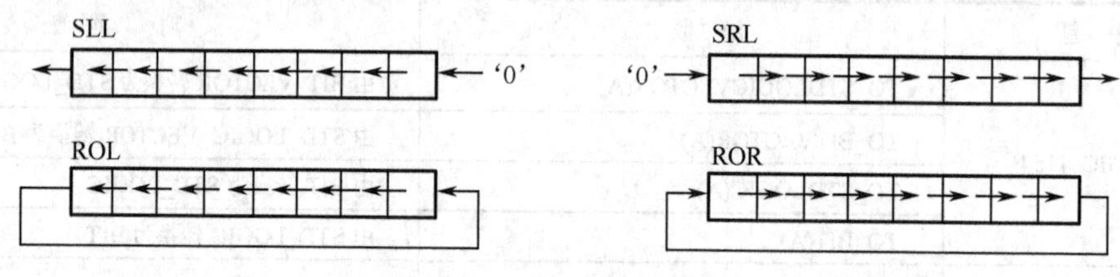

图 2-7　逻辑移位示意图

2.6.3 关系运算符

主要的关系运算符有相等（=）、不等（/=）、小于（<）、大于（>）、小于等于（<=）和大于等于（>=）等。使用关系运算符时需要注意确保运算符两边操作数的数据类型相同，否则会出错。

2.6.4 其他运算符

其他运算符有正（+）、负（-）和并置（&）等。

并置运算符可以用于位的拼接，其操作数可以是支持逻辑运算的任何数据类型。例如：

```
z<= x &"0100";              --如果 x <= '1'，那么 z <= "10100"
```

也可以表示为

```
z <= ('1', '0', '1', '0', '0');
```

2.6.5 运算优先级

VHDL 的优先级见表 2-3（同一级运算符优先级相同）。

表 2-3　运算符优先级

优 先 级	运 算 符
低	AND、 OR、NAND、NOR、XOR、 XNOR
	=、/=、 <、 >、 <=、 >=
	SLA、SRA、SLL、SRL、ROL、ROR
	+（加）、-（减）、&
	+（正）、-（负）
	*、/、MOD、REM
高	**、ABS、 NOT

2.7　VHDL 基本语句

VHDL 语言与高级程序语言最大的不同就是 VHDL 语句是并行执行的，但是 VHDL 的基本语句包括顺序语句和并行语句，正如前面所说的，并行语句可以直接放在 VHDL 程序的结构体中，顺序语句不能直接用在结构体中，需要加一件“外套”，即需要用 PROCESS 进程语句对其“封装”后才能在结构体中使用。

2.7.1　并行语句

VHDL 程序结构体内部的语句是并行执行的，其执行方式与书写顺序无关。注意每一并行语句内部的语句运行方式可以是并行执行方式，也可以是顺序执行方式。

常见的并行语句包括赋值语句、条件赋值语句、选择信号赋值语句、进程语句、元件例化语句、生成语句、子程序调用语句。以下将详细介绍。

1．赋值语句

赋值语句的功能是将一个值或一个表达式的运算结果传递给某一数据对象。赋值语句的格式为

赋值目标 赋值符号 赋值源

赋值语句可以分为信号赋值语句、变量赋值语句和常量赋值语句。信号赋值符号为“<=”，变量和常量的赋值符号为“:=”。除了变量赋值语句只能作为顺序语句外，其他赋值语句不能简单地归为顺序语句或并行语句，主要要看它使用的场合，如果用在进程中，就是顺序语句，如果直接用在结构体中，就是并行语句。类似的语句还有过程调用语句，既可作为顺序语句使用，又可作为并行语句使用。

例如，把“00100000”赋值给信号 q 的赋值语句为

```
q<="00100000";
```

也可以用下面的赋值语句：

```
q<=(5=>'1',others=>'0');
```

2. 条件赋值语句

条件信号赋值语句格式为

```
赋值目标<=表达式  WHEN  赋值条件 ELSE
              表达式  WHEN  赋值条件 ELSE
                  ⋮
              表达式;
```

在执行条件信号赋值语句时，每一赋值条件是按书写的先后关系逐项测定的，一旦发现赋值条件为 TRUE，立即将表达式的值赋给赋值目标，并结束该语句。所以，条件赋值语句具有顺序性。注意，条件赋值语句中的 ELSE 不可省。另外，条件信号语句的赋值条件还允许有重叠。

【例 2-6】 条件信号赋值语句描述的四选一多路选择器。

```
LIBRARY IEEE;
USE IEEE. std_logic_1164.ALL;
ENTITY mux4_1 IS
  PORT(input:IN std_logic_vector(3 DOWNTO 0);
  a,b: IN std_logic;
  y: OUT std_logic);
END mux4_1;
ARCHITECTURE behav OF mux4_1 IS
  SIGNAL sel : std_logic_vector(1 DOWNTO 0);
BEGIN
  sel<=b&a;                                          --位合并
  y<=input(0)   WHEN sel="00" ELSE
      input(1)   WHEN sel="01" ELSE
      input(2)   WHEN sel="10" ELSE
      input(3) ;
END behav ;
```

3. 选择信号赋值语句

选择信号赋值语句格式为

```
WITH   选择表达式       SELECT
赋值目标<=表达式  WHEN  选择值,
                    ⋮
          表达式  WHEN  选择值;
```

选择信号赋值语句的每一子句结尾是逗号，最后一句是分号。条件信号赋值语句与选择信号赋值语句不同，每一子句结尾没有任何标点，只有最后一句有分号。

选择信号赋值语句对选择值的测试具有同期性，不像条件信号赋值语句那样是按照子句的书写顺序进行测试的。所以，选择信号赋值语句不允许有条件重叠现象，也不允许存在条件涵盖不全的情况。

【例 2-7】 一个简化的指令译码器。

```
LIBRARY IEEE;
USE IEEE.std_logic_1164.ALL;
```

```
ENTITY encoder IS
PORT(a, b, c : IN std_logic;
        data1 , data2 : IN std_logic;
        dataout : OUT std_logic) ;
END encoder ;
ARCHITECTURE behav OF encoder IS
  SIGNAL instruction : std_logic_vector(2 DOWNTO 0) ;
BEGIN
  instruction<=c&b&a ;
    WITH instruction SELECT
    dataout <=data1   AND   data2   WHEN "000",
              data1   OR    data2    WHEN "001",
              data1   XOR   data2     WHEN"011",
              'Z'   WHEN OTHERS ;
END behav;
```

【例 2-8】 选择信号赋值语句描述的四选一多路选择器。

```
LIBRARY IEEE;
USE IEEE. std_logic_1164. ALL;
ENTITY mux4_1 IS
  PORT( input: IN std_logic_vector(3 DOWNTO 0);
      a, b : IN std_logic;
      y : OUT std_logic);
  END mux4_1;
  ARCHITECTURE behav OF mux4_1 IS
    SIGNAL sel : std_logic_vector (1 DOWNTO 0);
  BEGIN
    sel<=b&a ;
    WITH sel SELECT
    y<=input(0) WHEN "00",
       input(1) WHEN "01",
       input(2) WHEN "10",
       input(3) WHEN "11",
       UNAFFECTED WHEN OTHERS ;
       --UNAFFECTED 是保留字，表示不执行任何操作
  END behav ;
```

4．进程语句

进程语句是最具 VHDL 语言特色的语句，本身是一个并行语句，内部是由顺序语句组成的，代表着实体的部分逻辑行为。进程的启动有两种方式：敏感参数表和 WAIT 语句。

进程语句由保留字 PROCESS 引导，一般格式为

```
[标号] PROCESS
        内部变量的说明;
BEGIN
```

```
        顺序语句;
    END PROCESS;
```

【例 2-9】 D 触发器。

```
LIBRARY IEEE;
USE IEEE. std_logic_1164. ALL;
ENTITY D_FF IS
   PORT(reset,clk,d : IN std_logic ;
        q: OUT std_logic) ;
END D_FF;
ARCHITECTURE behav OF D_FF IS
BEGIN
      PROCESS(reset,clk,d)
      BEGIN
         IF reset='1' THEN q<='0';
         ElSIF clk'event and clk='1' THEN q<=d;
         END IF;
      END PROCESS;
END behav;
```

例 2-9 中是由敏感参数表来启动进程的，敏感参数表中一般包含所有能够引起进程变化的敏感信号，但在时序电路描述时只将时钟作为敏感信号也可。在上述例了中，敏感信号包括 reset、clk、d 三个，但在一般情况下，d 可以省略，因为 q <=d 是在时钟上升沿进行赋值的。关于 IF 语句的使用将在 2.7.2 节中予以说明。

【例 2-10】 由 WAIT 语句启动进程的例子。

```
LIBRARY IEEE;
USE IEEE. std_logic_1164. ALL;
ENTITY sample IS
PORT(in1,in2 : IN    std_logic;
       output : OUT std_logic);
END sample;
ARCHITECTURE behav OF sample IS
BEGIN
   PROCESS
   BEGIN
      output <=in1 OR in2;
      WAIT ON in1, in2;
   END PROCESS;
END behav;
```

例 2-10 中由 WAIT 语句启动进程，语句中列出了敏感信号 in1 和 in2，当敏感信号发生变化时，进程就会启动。不过 WAIT ON 不能被综合器综合，只能用于测试基准。

进程语句的特点总结如下：

（1）进程本身是并行语句，一个结构体可以包含多个进程。

（2）已列出敏感量的进程不能使用 WAIT 语句，也就是说使用敏感参数表和 WAIT 语句都可以启动进程，但两者不能并存。

（3）进程语句的启动只能是信号的变化，即敏感参数表和 WAIT 语句中的内容只能是信号。

（4）当一个进程执行结束后，便挂起来，一直到有新的启动信号变化为止。

5．元件例化语句

元件例化是指引入一种连接关系，将预先设计好的设计实体定义为一个元件，利用该语句将此元件与当前设计实体中的指定端口相连接。当前设计实体相当于一个较大的电路系统，所定义的例化元件相当于一个要插在这个电路系统板上的芯片，而当前设计实体中指定的端口相当于此芯片的插座。在结构体的结构描述法中常常要用到元件例化语句。

元件例化语句由两部分组成，前一部分是把一个现成的设计实体定义为一个元件，第二部分则是此元件与当前设计实体中的连接说明，格式如下：

```
COMPONENT   元件名   IS   --元件定义
        GENERIC（类属表）;
        PORT（端口名表）;
END COMPONENT;
例化名：元件名   GENERIC MAP (…);
                PORT MAP ([端口名=>]连接端口名,…);
```

端口连接方法有两种：一种是位置映射；一种是名称映射。所谓位置映射就是在元件端口说明中的信号与 PORT MAP( )中的实际信号按书写顺序一一对应连接；所谓名称映射就是直接将元件端口名用“=>”连接符与实际信号相连。

图 2-8 是由三个 and2 构成一个 and4 的电路连接图，元件例化语句的描述见例 2-11，其中元件例化采用位置映射方法。

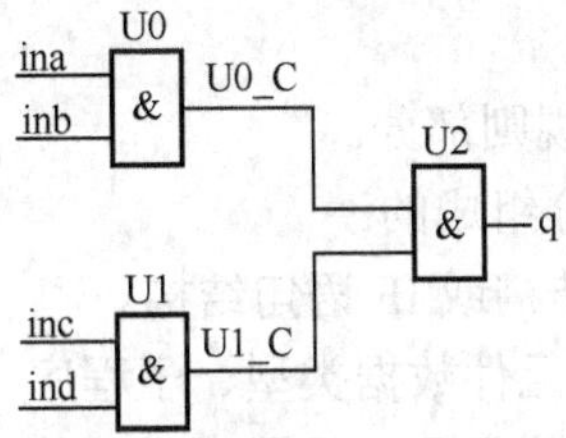

图 2-8　由三个 and2 构成一个 and4 的电路连接图

【例 2-11】　由三个 and2 构成一个 and4 的程序（假定已设计好“与门”实体）。

```
LIBRARY IEEE;
USE IEEE. std_logic_1164. ALL;
ENTITY and4 IS
  PORT(ina ,inb ,inc ,ind : IN std_logic;
              q: OUT std_logic);
END and4;
ARCHITECTURE stru OF and4 IS
  COMPONENT and2   IS      --定义一个已经描述好的元件
  PORT(a,b : IN std_logic;
          c : OUT std_logic);
  END COMPONENT;
  SIGNAL U0_C, U1_C: std_logic;
```

```
    BEGIN
    U0: and2   PORT MAP(ina, inb, U0_C);    --元件例化
    U1: and2   PORT MAP(inc, ind, U1_C);
    U2: and2   PORT MAP(U0_C, U1_C, q);
  END stru;
```

6．生成语句

生成语句是一种具有复制作用的语句，在设计中，只要根据某些条件，设计好某一元件或设计单元，就可以利用生成语句复制一组完全相同的并行元件。生成语句有 FOR…GENERATE 和 IF…GENERATE 两种格式。

FOR...GENERATE 格式如下：

```
  [标号: ]FOR  循环变量  IN  取值范围  GENEATE
          说明部分;
        BEGIN        --可省
            并行语句;
        END GENERATE[标号];
```

这种 FOR 格式语句主要用来描述电路内部的规则部分，循环变量不需要定义和说明。

IF…GENERATE 格式如下：

```
  [标号：]IF  条件  GENERATE
          说明部分;
    BEGIN     --可省
            并行语句;
       END GENERATE[标号];
```

IF 结构用来描述电路内部的不规则部分。

上面两种格式都是由如下 4 部分组成的：

（1）生成方式　有 FOR 语句结构或 IF 语句结构。

（2）说明部分　这部分包括对元件数据类型、子程序、数据对象做局部说明。

（3）并行语句　生成语句中的并行语句是用来循环使用的基本单元。

（4）标号　　　标号并非必需的，但在嵌套式生成语句中标号非常有用。

IF…GENERATE 语句在条件为“真”时才执行结构内部的语句，语句同样是并行处理的。与 IF 语句不同的是该结构中没有 ELSE 项。

这两个语句的典型应用场合是生成存储器阵列和寄存器阵列等。

图 2-9 是一个 4 位移位寄存器的例子，假设 D 触发器是已经设计好的实体。

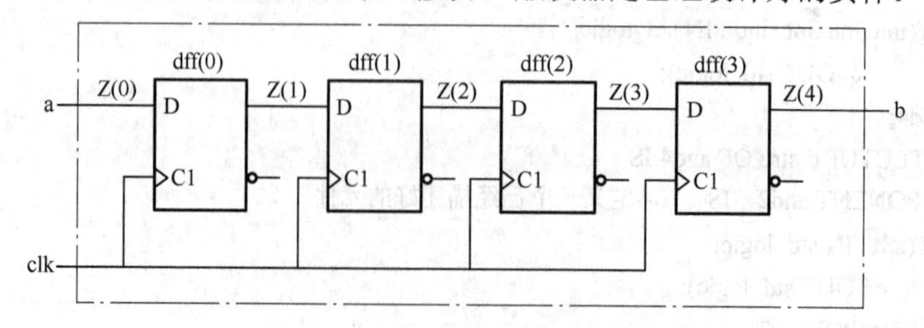

图 2-9　4 位移位寄存器的内部连接图

【例 2-12】 用生成语句描述的 4 位移位寄存器。

```
LIBRARY IEEE;
USE IEEE.std_logic_1164.ALL;
ENTITY shift4 IS
  PORT(a, clk : IN std_logic;
  B: OUT std_logic);
END shift4;
ARCHITECTURE gen OF shift4 IS
  COMPONENT d_ff   IS
        PORT(reset, clk, d: IN std_logic;
        q : OUT std_logic);
  END COMPONENT;
  SIGNAL z: std_logic_vector(0 TO 4);
BEGIN
  z(0) <= a;
  g1: FOR I IN 0 TO 3 GENERATE
        dffx:d_ff PORT MAP('0', clk, z(I), z(I+1));    --循环使用的单元单路
        END generate;
  b <=z(4);
END gen;
```

上述描述方法是对电路两端不规则的部分做了简单的处理，即 z(0) <= a 和 b <= z(4)，再使用 FOR…GENERATE 来实现的。本例也可以采用例 2-13 的描述方法。

【例 2-13】 4 位移位寄存器的另一种描述。

```
LIBRARY IEEE;
USE IEEE. std_logic_1164. ALL;
ENTITY shift4 IS
  PORT(a, clk : IN std_logic;
                b : OUT std_logic);
END shift4;
ARCHITECTURE gen OF shift4 IS
  COMPONENT d_ff   IS
        PORT(reset, clk, d: IN std_logic;
        q : OUT std_logic);
  END COMPONENT;
  SIGNAL z: std_logic_vector(0 TO 4);
  BEGIN
  G1: FOR I IN 0 TO 3 GENERATE
        T1: IF I=0 GENERATE
        Dffx0: d_ff PORT MAP('0', clk, a, z(0));
        END GENERATE T1;
        T2: IF I>0 AND I<3 GENERATE
              Dffx1: d_ff PORT MAP('0', clk, z(I-1),z(I));
        END GENERATE T2;
        T3: IF I=3 GENERATE
```

```
            Dffx2:d_ff PORT MAP('0', clk, z(2), b);
        END GENERATE T3;
    END GENERATE G1;
END gen;
```

7. 子程序调用语句

子程序调用语句包括过程调用语句和函数调用语句，这里只简单地说明过程调用语句的使用，子程序的具体格式和使用将在2.9节中详细说明。过程调用语句与前面所讲的简单赋值语句类似，既可作为顺序语句使用，又可作为并行语句使用。例如在PROCESS进程中使用，就可当作顺序语句，若直接放在结构体中使用，就应该视为并行语句。格式如下：

```
过程名([形参名=>]实参表达式,…);
```

形参名为当前预调用的过程中已说明的参数名，实参是当前调用过程形参的接收体，被调用的形参名与调用语句中的实参的对应关系有两种：一类是位置关联法（位置相对应），可以省去形参名；另一类是名字关联法（=>表示相关联）。

过程调用的步骤为：

（1）将IN和INOUT模式的实参值赋给预调用的过程中与它们对应的形参。

（2）执行这个过程。

（3）将过程中OUT和INOUT模式的形参值返回给对应的实参。

例如：

```
ARCHITECTURE behav OF example IS
  PROCEDURE adder (SIGNAL a,b:IN std_logic;SIGNAL sum:OUT std_logic);
    ⋮
  END PROCEDURE;
BEGIN
  adder(a1,b1,sum1);
    ⋮
END behav;
```

函数的调用与过程相似，将在例2-23中予以说明。

2.7.2 顺序语句

顺序语句是指执行（指仿真执行）顺序与书写顺序一致的语句。需要注意的是，所谓顺序，仅仅指语句执行的顺序，并不意味着顺序语句对应的硬件逻辑行为也具有相同的顺序。例如硬件中的组合逻辑具有典型的并行逻辑功能，但它也可以用顺序语句表达。

顺序语句只能出现在进程和子程序（包括函数和过程）中。

前面讲的赋值语句及子程序调用语句放在进程中则为顺序语句，需要注意的是，顺序赋值语句还包括变量赋值语句，本节不再赘述。

1. IF语句

IF语句是一种流程控制语句，判断条件有先后次序 ，而且允许条件涵盖不完整。它有下面3种方式：

1）IF 条件 THEN　顺序语句 ; END IF;

例如：

```
IF   en='1'   THEN   C<=B;   END IF;
```

2）IF 条件 THEN 顺序语句; ELSE 顺序语句; END IF;

例如一个简单的二路选择器：

```
IF sel='1'THEN C<=A;
ELSE C<=B;
END IF;
```

3）IF 条件 THEN 顺序语句;

ELSIF 条件 THEN 顺序语句;

ELSE 顺序语句;

END IF;

例如，带异步复位功能的 D 触发器：

```
IF reset ='0'   THEN   q<='0';
ELSIF   clk'event   AND   clk='1' THEN q<=d;
END IF;
```

【例 2-14】 用 IF 语句描述的四选一多路选择器。

```
LIBRARY IEEE;
USE IEEE.std_logic_1164.ALL;
ENTITY mux4_1 IS
  PORT(a, b, d0, d1, d2, d3: IN std_logic;
         y: OUT std_logic);
END mux4_1;
ARCHITECTURE behav OF mux4_1 IS
  SIGNAL sel:integer RANGE 0 TO 3;
BEGIN
  PROCESS(a, b, d0, d1, d2, d3, sel)
  BEGIN
        sel <= 0;
        IF(a = '1')   THEN   sel <= sel+1;   END IF;
        IF(b = '1')   THEN   sel <= sel+2;   END IF;
        IF sel = 0   THEN   y <= d0;
        ELSIF sel = 1 THEN y <= d1;
        ELSIF sel = 2 THEN y <= d2;
        ELSE y <= d3;
        END IF;
  END PROCESS;
END behav;
```

2．CASE 语句

CASE 语句与 IF 语句类似，也是一种流程控制语句。格式如下：

```
CASE 表达式 IS
```

```
WHEN 选择值=> 处理语句;
END CASE;
```

使用 CASE 语句要注意的是，选择值必须在表达式的取值范围内；除非所有条件句中的选择值能完全覆盖表达式的取值，否则最末一个条件句中的选择值必须用“OTHERS”，它代表所有未能列出的取值，且“OTHERS”只能出现一次，作为最后一种条件取值。如果在 WHEN OTHERS 条件下，不想执行任何操作，可用保留字“NULL”来描述。

CASE 语句与 IF 语句不同的是，CASE 语句的所有选择条件具有相同的优先权（把任意两个换一下位置，结果一样），所以 CASE 语句中每一种选择值只能出现一次，不能有相同选择值的条件句出现。

选择值有下面 4 种表达方式：

（1）单个普通数值，如 6。

（2）数值选择范围，如（2 TO 4），表示取值为 2、3 和 4。

（3）并列数值，如 3|5，表示取值为 3 或 5。

（4）混合方式，以上 3 种方式的混合。

【例 2-15】 用 CASE 语句描述的四选一多路选择器。

```
LIBRARY IEEE;
USE IEEE.std_logic_1164.ALL;
ENTITY mux4_1 IS
  PORT(a, b, d0, d1, d2, d3: IN std_logic;
          y: OUT std_logic);
END mux4_1;
ARCHITECTURE behav OF mux4_1 IS
  SIGNAL sel:integer RANGE 0 TO 3;
BEGIN
  PROCESS(a, b, d0, d1, d2, d3, sel)
  BEGIN
        sel <= 0;
        IF(a = '1')   THEN   sel <= sel+1;   END IF;
        IF(b = '1')   THEN   sel <= sel+2;   END IF;
        CASE sel IS
              WHEN 0 => y <=d0;
              WHEN 1 => y <=d1;
              WHEN 2 => y <=d2;
              WHEN 3 => y <=d3;
        END CASE;
  END PROCESS;
END behav;
```

至此，我们已分别在例 2-6、例 2-8、例 2-14 和例 2-15 中用不同的语句描述了四选一的多路选择器，请读者自行比较它们的异同。

3．LOOP 循环语句

一个语句集在某些情况下需要重复执行若干次，或者要重复执行直到满足退出循环条件为止。VHDL 提供了 LOOP 循环语句完成上述的迭代操作，LOOP 语句一共有 3 种情况，分别是简单的 LOOP 语句、FOR…LOOP 语句以及 WHILE…LOOP 语句。对于简单的 LOOP 语句，需要用到 EXIT 退出语句与其配合。要注意的是，LOOP 语句一般用来描述迭代电路的行为，在电路的逻辑描述中尽量不采用 LOOP 语句。

简单 LOOP 语句格式为

```
[标号]：LOOP
        顺序处理语句;
END LOOP[标号];
```

例如：

```
L1:LOOP
  a:=a+1;
   ⋮
  EXIT L1 WHEN a>10;
END LOOP L1;
```

FOR…LOOP 语句格式：

```
[标号]：FOR 循环变量 IN 离散范围 LOOP
        顺序处理语句;
END LOOP[标号];
```

值得注意的是，这里的循环变量也是不用定义和说明的。

例如：

```
ASUM: FOR i IN 1 TO 9 LOOP          -- i 变量不用定义和说明
  SUM:= i+SUM;
END LOOP ASUM;
```

WHILE…LOOP 语句格式：

```
[标号]：WHILE 条件 LOOP
          顺序处理语句;
END LOOP[标号];
```

【例 2-16】 8 位奇偶校验电路（偶校验）。

```
LIBRARY IEEE;
USE IEEE.std_logic_1164.ALL;
ENTITY check IS
  PORT(a: IN std_logic_vector(7 DOWNTO 0);
       y: OUT std_logic);
END check;
ARCHITECTURE behav OF check IS
BEGIN
  PROCESS(a)
        VARIABLE tmp:std_logic;
        VARIABLE I: integer RANGE 0 TO 10;
  BEGIN
        tmp:='0';
```

```
        I:= 0;
        WHILE(I<8) LOOP
            tmp:=tmp XOR a(I);
                I:=I+1;
        END LOOP;
        y<=tmp;
    END PROCESS;
END behav;
```

4．EXIT 语句

EXIT 语句是 LOOP 语句的内部循环控制语句，执行了 EXIT 语句后，立即退出循环。EXIT 的语句有下面 3 种格式：

```
EXIT;              -- 无条件终止循环，跳到本循环体结束处，即离开本循环
EXIT 标号;         -- 无条件终止循环，跳到标号指定的循环体结束处
EXIT 标号 when 条件;  -- 条件成立，跳到标号指定的循环结束处
```

例如：

```
LP1: FOR i IN 10 DOWNTO 1 LOOP
  LP2: FOR j IN 0  TO  i  LOOP
        EXIT LP2  WHEN  i=j;
        matrix(i, j) := i*(j+1);
  END LOOP LP2;
END LOOP LP1;
```

5．NEXT 语句

NEXT 语句与 EXIT 语句具有相似的语句格式和跳转功能，是另外一种用于 LOOP 内部循环控制的语句，有条件或无条件终止当前循环迭代并开始下一循环。它的语句格式有以下三种：

```
NEXT;            -- 无条件终止循环，跳回到当前循环开始处
NEXT 标号;  --无条件终止循环，跳到标号指定的循环语句开始处
NEXT 标号 WHEN 条件;  --条件成立，跳到标号指定的循环语句开始处
```

例如：

```
LP1: FOR I IN 1 TO 10 LOOP
  LP2: FOR J IN 10 DOWNTO 1 LOOP
        NEXT LP1 WHEN I=J;        --条件成立，跳到 LP1 处
        K:=I*J;                   --条件不成立，继续内循环 LP2 的执行
  END LOOP LP2;
END LOOP LP1;
  y <= k;
   ⋮
```

6．等待语句

等待语句由保留字 WAIT 引导，共有下面 4 种格式：

WAIT; 未设置停止挂起条件的表达式，表示永远挂起。

WAIT ON 信号表; 敏感信号等待语句，敏感信号的任何变化将结束挂起，重新启动进程。

WAIT UNTIL 条件表达式; 条件等待语句，当条件表达式中信号发生了改变，且满足 WAIT 语句所设的条件，将结束挂起。

WAIT FOR 时间表达式; 超时等待语句。

例如：

```
SIGNAL s1, s2 : std_logic;
 ⋮
PROCESS
BEGIN
   ⋮
  WAIT ON s1, s2;
END PROCESS;
```

另外：

```
WAIT UNTIL clock= '1';
WAIT UNTIL rising_edge(clock);
WAIT UNTIL NOT clock'stable AND clock = '1';
WAIT UNTIL clock'event AND clock = '1';
```

以上 4 条 WAIT 语句所设的进程启动条件都表示时钟上升沿，所以它们所对应的硬件结构是一样的。要注意的是，用 rising_edge()函数来检测时钟上升沿时，时钟信号必须定义为 std_logic 类型。

7. 返回语句 RETURN

返回语句只能用于子程序中。执行返回语句将结束子程序的执行，无条件地跳转到子程序的 END 处，有下面两种格式：

```
RETURN;    --只能用于过程（PROCEDURE），它只是结束过程，并不返回任何值。
RETURN 表达式; --只能用于函数，必须返回一个值。
```

8. 空操作语句 NULL

NULL 语句常用于 CASE 语句中，利用 NULL 来排除一些不用的条件。
例如：

```
CASE opcode IS
  WHEN "001"=> tmp := rega AND regb;
  WHEN "101"=> tmp := rega OR regb;
  WHEN "110"=> tmp := NOT regb;
  WHEN OTHERS => NULL;            --不作任何操作，跳到下一语句
END CASE;
```

2.7.3 属性描述语句

VHDL 中具有属性的项目包括类型、子类型、过程、函数、信号、变量、常量、实体、结构体、配置、程序包、元件和语句标号等，属性就是这些项目的特性。

某一项目的特定属性通常可以用一个值或一个表达式来表示，通过 VHDL 的预定义属性描述语句就可以加以访问，可以在结构体中直接使用，也可用在进程语句中。

常用综合器支持的属性有 LEFT、RIGHT、HIGH、LOW、RANGE、REVERSE_RANGE、LENGTH、EVENT、STABLE。

预定义描述语句格式：

```
属性对象'属性名
```

1．信号类属性

信号类属性用于产生一种特别的信号，这个特别的信号是以所加属性的信号为基础而形成的。信号类属性用于得到信号的行为信息。例如，信号的值是否发生变化；信号从最后一次变化到现在经过了多长时间等。常用的属性包括以下几种：

1）s'DELAYED(time)

该属性将产生一个延时的信号，这个新信号与原来的信号具有相同的数据类型。等效于（Transport after）传输延时的描述，例如：

```
b<= transport a after 5ns; --常用于仿真延时模型
b<=a' delayed (5ns);
```

2）s'STABLE(time)

该属性可建立一个布尔信号，在括号内的时间表达式所说明的时间内，若参考信号没有发生事件，则该属性可以得到“真”的结果。例如：

```
b<=a' stable (10ns); --当 a 在 10ns 内没有发生变化，则 b 为真。
b<=a' stable;        --当 a 发生改变，b 将在对应时刻产生一个低电平的脉冲
```

3）s'QUIET(time)

该属性可建立一个布尔信号，若所加属性的信号在 time 时间内没有发生转换，则返回“真”。类似属性 Stable，常用于描述较复杂的信号值的变化。

4）s'TRANSACTION

该属性可以建立一个 BIT 类型的信号，当属性所加的信号发生转换或事件时，其值都将发生改变。

上述的信号类属性不能用于子程序中，否则程序在编译时会出现编译错误信息。

5）EVENT

最常用的是 EVENT。EVENT 表示信号发生了动作，属性 EVENT 的测试功能恰与 STABLE 相反，它表示信号在 delta 时间内有事件发生，就返回 TRUE。例如：

```
clock'EVENT    AND    clock = '1';
NOT clock'STABLE    AND    clock = '1';
```

这两个语句的功能一样，都表示检测时钟的上升沿，在实际应用中，EVENT 比 STABLE 更常用。对于目前常用的 VHDL 综合器，EVENT 只能用于 IF 和 WAIT 语句。

2．数据区间类属性

数据区间类属性有 RANGE 和 REVERSE_RANGE。这类属性函数主要是对属性项目取值区间进行测试，返回的内容不是一个具体值，而是一个区间。

对于同一属性项目，'RANGE 和'REVERSE_RANGE 函数返回的区间次序相反，前者与原项目次序相同，后者相反。

例如：

```
SIGNAL vector : IN    std_logic_vector(0 TO 7);
 ⋮
FOR   I   IN    vector'RANGE    LOOP
--等同于 FOR I IN 0 TO 7 LOOP
FOR   I   IN    vector'REVERSE_RANGE    LOOP
```

3．数值类属性

'LEFT、'RIGHT、'HIGH 及'LOW 这些属性函数主要用于对属性测试目标的一些数值特性进行测试。

例如：

```
TYPE obj IS ARRAY(0 TO 15) OF bit;
SIGNAL ele1, ele2, ele3, ele4 : Integer;
BEGIN
  ele1 <= obj'RIGHT;      --ele1=15
  ele2 <= obj'LEFT;       --ele2=0
  ele3<= obj'HIGH;        --ele3=15
  ele4<= obj'LOW;         --ele4=0
END PROCESS
```

【例 2-17】 奇偶校验电路。

```
LIBRARY IEEE;
USE IEEE.std_logic_1164.ALL;
ENTITY parity IS
    GENERIC(bus_size:Integer :=8);
    PORT(input : IN std_logic_vector(bus_size-1    DOWNTO 0);
         even_numbits, odd_numbits : OUT std_logic);
END parity;
ARCHITECTURE behav OF parity IS
BEGIN
  PROCESS(input)
        VARIABLE temp:std_logic;
  BEGIN
        temp:='0';
        FOR i IN input'Low TO input'High LOOP
              temp:=temp XOR input(i);
        END LOOP;
        odd_numbits<=NOT temp;
        even_numbits<=temp;
   END PROCESS;
 END behav;
```

例 2-17 和例 2-16 都描述了奇偶校验电路，只是例 2-17 的校验位数可以通过改变 bus_size 的值进行改变，因此其与例 2-16 相比更具有一般性。

4．数组的数值属性

数组的数值属性只有一个，即 LENGTH。在给定数组类型后，用该属性将得到一个数组的长度值。该属性可用于任何标量类数组和多维的标量类区间的数组，例如：

```
PROCESS(a)
        TYPE bit4 IS ARRAY(0 TO 3)of BIT;
        TYPE bit_strange IS ARRAY(10 TO 20) OF BIT;
        VARIABLE 1enl,1en2: INTEGER;
        BEGIN
          1enl:= bit4'LENGTH;      -- len1＝4
          1en2:= bit_strange' LENGTH; -- 1en2 = 11
END PROCESS;
```

5．块的数值属性

块的数值属性有两种，即 STRUCTURE 和 BEHAVIOR。这两种属性用于块（BLOCK）和构造体，通过它们可以得到块和构造体信息。

如果块有标号说明，或者构造体有构造体名说明，而且在块和构造体中不存在 COMPONENT 语句，那么用属性'BEHAVIOR 将得到“TRUE”的信息。

如果在块和构造体中只有 COMPONENT 语句或被动进程，那么用属性 STRUCTUR 将得到“TRUE”的信息。

6．数据类型属性

'base 属性可以得到一个数据类型的基本类型。它仅仅是一种类型属性，而且必须使用数值类或函数类属性的值来表示。例如用 t'BASE 可以得到数据 t 的类型或子类型。

又如：

```
TYPE week IS (S0,S1,S2,S3,S4,S5,S6,S7);
SUBTYPE wk IS week RANGE S0 TO S3;
Variable x:week;
x:=wk'base' right;     --S7
```

7．函数类属性

函数类属性是指属性以函数的形式，给出有关数据类型、数组、信号的某些信息。具体有以下几种：

1）数据类型属性函数

```
pos(x) --返回 x 值的位置序号
val(x) --返回位置序号 x 的值
succ(x) --返回输入值 x 的下一个值
pred(x) --返回输入值 x 的前一个值
leftof(x) --返回邻接 x 值左边的值
```

rightof(x) --返回邻接 x 值左边的值

【例 2-18】 一个电阻值计算程序。

```
PACKAGE ohms_law IS
TYPE current IS RANGE 0 TO 1000000
--定义物理类型，用来表示像时间、电流、电压、电阻这样的物理量，下同
UNITS
  uA;
  mA = 1000uA;
  A   = 1000mA;
END UNITS;
TYPE voltage IS RANGE 0 TO 1000000
UNITS
  uV;
  mV = 1000uV;
  V   = 1000 mV;
END UNITS;
TYPE resistance IS RANGE 0 TO 1000000
UNITS
  ohm;
  kohm = 1000ohm;
  mohm = 1000kohm;
END UNITS;
END ohms_law;
USE work.ohms_law.ALL;
ENTITY calc_resistance IS
PORT(i:IN current; e: IN voltage;
      r:OUT resistance);
END calc_resistance;
ARCHITECTURE behav OF calc_resistance IS
BEGIN
ohm_proc:PROCESS(i,e)
    VARIABLE convi, conve, int_r: INTEGER;
    BEGIN
   convi:=current'pos(i);        --以微安为单位的电流值
   conve:=voltage'pos(e);        --以微伏为单位的电压值
   int_r:=conve/convi;           --以欧姆为单位的电阻值
    r<=resistance'VAL(int_r);
    END PROCESS;
    END behav;
```

2）数组属性函数

利用数组属性函数可得到数组的区间。在对数组的每一个元素进行操作时，必须知道数组的区间。数组属性函数可分为以下 4 种：

right(n) --返回 n 维区间的右端边界号

```
left(n) --返回 n 维区间的左端边界号
low(n) --返回 n 维区间的低端边界号
high(n) --返回 n 维区间的高端边界号
```

这里，n 实际上是多维数组中所定义的多维区间的序号。当 n 缺省时，就代表对一维区间进行操作，例如：

```
type m is array(0 to 7, 3 DOWNTO 0) of bit;
m'left(1)     --  0
m'left(2)     --  3
m'right(1)    --  7
m'high(2)     --  3
m'low(1)      --  0
```

上述属性与数值数据类属性一样，在递增区间和递减区间存在不同的对应关系。在递增区间，存在如下关系：

```
'LEFT='lOW        数组'LEFT=数组'LOW
'RIGHT='HIGHT    数组'RIGHT=数组'HIGHT
在递减区间，存在如下关系：
'LEFT = 'HIGHT'RIGHT = 'LOW
```

8．用户定义属性

属性与属性值的定义格式如下：

```
ATTRIBUTE 属性名: 数据类型;
ATTRIBUTE 属性名 OF 对象名: 对象类型 IS 值;
```

例如，枚举类型编码的语句为

```
TYPE state IS (S0,S1,S2,S3);
```

默认的编码方式为

```
S0="00",S1="01",S2="10",S3="11"
ATTRIBUTE encoding OF state : TYPE is "11 10 00 01";
```

又如：

```
ENTITY cntbuf IS
  PORT(dir, clk: IN std_logic;
         Q: INOUT std_logic_vector(3 DOWNTO 0));
  ATTRIBUTE pinnum: string;
  ATTRIBUTE pinnum OF dir: SIGNAL IS "1";
  ATTRIBUTE pinnum OF clk: SIGNAL IS "3";
  ATTRIBUTE pinnum OF Q: SIGNAL IS "17, 16, 15, 14";
END ENTITY;
```

上面这个例子用属性 pinnum 为端口锁定芯片引脚。

2.8 测试基准

一旦设计者描述了一个设计，就须对其进行验证，以检查是否符合设计规范。最常用的方法是在模拟时施加输入激励信号。另外一种方法是用 VHDL 写一个测试模型发生器和要检查的输出，称为测试基准（Testbench），它既提供输入信号，又测试设计的输出信号。

测试基准包含两部分：一部分是产生被测模型的测试激励信号，另一部分是要检查的输出信号。注意，测试基准通常不能被 VHDL 综合器综合。测试基准描述方法与其他实体完全一样，主要用信号赋值语句表示输入波形数据。被模拟的电路作为它的一个例化元件调用。

例如：

```
ENTITY testand2 IS
END testand2;
ARCHITECTURE test OF testand2 IS
  SIGNAL a, b, c: std_logic;
BEGIN
  G1: ENTITY work.and2(ex1) PORT MAP(a, b, c);
  a<='0', '1' AFTER 100ns;
  b<='0', '1' AFTER 150ns;
END test;
```

上面是一个简单的测试基准的例子，它提供了输入信号来运行仿真，但是在 Testbench 中没有对输出是否正确进行测试。另外值得注意的是，这里的元件例化采用的是直接例化形式，在结构体的说明部分没有声明元件 and2，但是明确定义了在哪里可以找到这个实体以及该实体所采用的结构体，work 库指当前的工作库，每个实体和结构体编译时，都被保存到 work 目录下。

测试基准的具体内容将在仿真一节详细介绍。

2.9 VHDL 程序的其他构件

2.9.1 块

块（BLOCK）是 VHDL 中的一种划分机制，它允许设计者将一个模块划分成数个区域。任何能在结构体的说明部分进行说明的对象都能在 BLOCK 说明部分进行说明（例如信号、数据类型、常量等）。BLOCK 的格式如下：

```
块标号:BLOCK   [(防护表达式)]
        接口说明        --BLOCK 的接口设置（PORT）
                        --与外界信号的连接（PORT MAP）
        类属说明
  <块说明部分>;
  BEGIN
        <并行语句>
```

```
END BLOCK [块标号];
```

元件例化也是将结构体的并行描述分成多个层次的方法，但与 BLOCK 本质上是完全不同的。元件例化涉及多个实体和结构体，且综合后硬件结构的逻辑层次有所增加。而 BLOCK 方式的划分结构只是形式上的，只是一种将结构体中的并行语句进行组合的方法，它的主要目的是改善并行语句及其结构的可读性，或是利用 BLOCK 的保护表达式关闭某些信号。

【例 2-19】 BLOCK 用法 1

```
LIBRARY IEEE;
USE IEEE.std_logic_1164.ALL;
ENTITY half IS
  PORT(a, b : IN bit; s, c: OUT bit);
END half;
ARCHITECTURE blo OF half IS
BEGIN
  b_half : BLOCK
   PORT(a1, b1 : IN bit;                    --BLOCK 的接口设置
            s1, c1: OUT bit);
   PORT MAP(a, b, s, c);                    --与外界信号的连接
  BEGIN
   P1:PROCESS(a1, b1)
   BEGIN
       s1<= a1 XOR b1;
   END PROCESS P1;
   P2:PROCESS(a1, b1)
       BEGIN
       c1<=a1 AND b1;
   END PROCESS P2;
  END BLOCK;
END blo;
```

【例 2-20】 BLOCK 用法 2

```
LIBRARY IEEE;
USE IEEE.std_logic_1164.ALL;
ENTITY example IS
        PORT ( d , clk : IN bit ;
                  q, qb: OUT bit);
END example;
ARCHITECTURE latch_bus OF example IS
BEGIN
   b1: BLOCK ( clk ='1')                      --()是防护表达式，为布尔型
   BEGIN
      q <= GUARDED d AFTER 5 ns;              --由保留字 guarded 引导防护语句
      qb <= NOT (d) AFTER 7 ns;
   END BLOCK b1;
END latch_bus;
```

只有防护条件为真时，防护表达式才起作用，而对非防护表达式不起作用。

2.9.2 函数

VHDL 语言允许用户自定义子程序，子程序包括函数（FUNCTION）和过程。

在 VHDL 中有多种函数形式，包括用户自定义的函数和库中现成的具有专用功能的预定义函数。用户预定义函数的格式如下：

```
FUNCTION 函数名（参数表）RETURN 数据类型;         --函数首
FUNCTION 函数名（参数表）RETURN 数据类型 IS       --以下函数体
[说明部分];                                    --各种定义只适用于函数内部
BEGIN
  顺序语句;                                    --具体函数的功能
END 函数名;
```

函数参数表中所有参数都是输入参数或称输入信号。如果没有特别说明，函数调用时参数按常数处理。

如果只在一个结构体中定义并调用函数，则仅在结构体的说明部分定义函数体即可。

【例 2-21】 函数的使用方法。

```
LIBRARY IEEE;
USE IEEE.std_logic_1164.ALL;
ENTITY func IS
  PORT(a : IN bit_vector(0 TO 2);
         m : OUT bit_vector(0 TO 2));
END func;
ARCHITECTURE demo OF func IS
  FUNCTION sam(x, y, z : bit) RETURN bit IS     --定义函数 sam，仅出现函数体
  BEGIN
        RETURN(x AND y)OR y;
  END sam;
  --以上为结构体的说明部分
BEGIN
  PROCESS(a)
  BEGIN
        m(0) <= sam(a(0), a(1), a(2));           --调用函数 SAM
        m(1) <= sam(a(2), a(0), a(1));
        m(2) <= sam(a(1), a(2), a(0));
  END PROCESS;
END demo;
```

如果将一个已定义好的函数并入程序包，函数首必须放在程序包的说明部分，而函数体则需放在程序包的包体内。

VHDL 允许以相同的函数名定义函数，但要求函数中定义的操作数具有不同的数据类型，以便调用时用以分辨不同功能的同名函数。这种函数为不同数据类型间的运算带来极大的方便，如运算符重载函数“+”。

例如：

```
FUNCTION "+"(L: std_logic_vector; R: integer) RETURN std_logic_vector;    --函数首
FUNCTION "+"(L: std_logic_vector; R: integer) RETURN std_logic_vector;    --函数体
  VARIABLE  result: std_logic_vector(L'range);
BEGIN
  result :=unsigned(L) + R;   --调用 unsigned 程序包中的 unsigned 类型转换函数
  RETURN std_logic_vector(result);
END "+";
```

如该函数已被打包，可以直接调用程序包，使其所有定义对程序可见。实际上该函数已在 IEEE 库中的 std_logic_unsigned 程序包中。

【例 2-22】 直接调用重载函数的用法。

```
LIBRARY IEEE;
USE IEEE.std_logic_1164.ALL;
USE IEEE.std_logic_unsigned.ALL;         --调用程序包
ENTITY sample IS
  PORT(clk:IN std_logic;
          q:BUFFER std_logic_vector(3 DOWNTO 0));
END sample;
ARCHITECTURE behav OF sample IS
BEGIN
  PROCESS(clk)
  BEGIN
        IF clk'event AND clk='1' THEN
              IF q=15 THEN q<= "0000";
              ELSE q<=q+1;            --直接调用重载函数"+"
              END IF;
        END IF;
  END PROCESS;
END behav;
```

2.9.3 过程

过程（PROCEDURE）与函数一样，也由两部分组成，过程首和过程体。同样，过程首也不是必需的，过程体也可以在结构体中独立存在和使用。具体格式如下：

```
PROCEDURE 过程名（参数表）;                    --过程首
PROCEDURE 过程名（参数表）IS                   --过程体
  [定义语句];     --变量等定义
BEGIN
  [顺序语句];     --过程语句
END 过程名;
```

参数表中的参量可以是信号或常数，与函数不同的是，过程参数表中的参数需用 IN、OUT、INOUT 定义其工作模式。IN 模式参量如果不加以说明，默以为常数类型。例如：

```
PROCEDURE and2(x, y: IN bit; SIGNAL O: OUT bit);     --过程首
```

```
PROCEDURE and2(x, y: IN bit; SIGNAL O: OUT bit) IS    --过程体
BEGIN
  IF x='1' AND y='1' THEN O<='1';
  ELSE O<='0';
  END IF;
END and2;
```

过程也可以重载，与重载函数类似。例如：

```
PROCEDURE calcu(v1, v2: IN real;    SIGNAL out1: INOUT real);         --过程(1)
PROCEDURE calcu(v1, v2: IN integer;  SIGNAL out1: INOUT integer);     --过程(2)
calcu(20.15, 1.42, sign1);                     --调用过程(1)
calcu(23, 320, sign2);                         --调用过程(2)
```

值得注意的是，如果一个过程是在进程中调用，且这个进程已列出敏感参数表，则不能在此过程中使用 WAIT 语句。

函数与过程的异同点有以下几点：

（1）函数与过程都可用于数值计算、类型转换或有关设计中的描述。

（2）函数和过程中都必须是顺序语句，并且不能在它们中说明信号。

（3）过程参数表一般要定义参量的流向模式，如果没有指定，默认为 IN。

（4）过程中可以有 WAIT 语句（但综合器一般不支持），函数中不能。

（5）过程有多个返回值，函数只有一个返回值。

2.9.4 程序包

程序包（PACKAGE）是一种使已定义的常数、数据类型、函数、过程等能被其他设计共享的一种数据结构。程序包也分为包首和包体，格式如下：

```
PACKAGE 程序包名 IS                    --程序包首
  程序包首说明;
END 程序包名;
PACKAGE BODY 程序包名 IS               --程序包体
      程序包体说明部分以及包体;
END 程序包名;
```

通常程序包的包首用于定义常数、用户自定义的数据类型、函数首、过程首等，而函数体、过程体等在程序包的包体中。

【例 2-23】 描述程序包 logic。

```
PACKAGE logic IS
        TYPE    three_level_logic    IS    ('0','1','Z');
        CONSTANT    unknown_value : three_level_logic := '0';
        FUNCTION    invert (input : three_level_logic) RETURN three_level_logic;
END logic ;
PACKAGE BODY logic IS
        FUNCTION invert (input : three_level_logic) RETURN three_level_logic IS
          BEGIN
                CASE input IS
```

```
            WHEN '0' => RETURN '1';
            WHEN '1' => RETURN '0';
            WHEN 'Z' => RETURN 'Z';
            END CASE;
        END invert;
END logic;
```

下面是一个应用已经定义好的程序包 logic 的例子。

【例 2-24】 直接在结构体中以并行语句调用。

```
USE work. logic. three_level_logic;       --使程序包相关定义可见
USE work. logic. invert;
--或 USE work.logic.all;   使程序包中的全部定义可见
ENTITY inverter IS
        PORT (x:   IN three_level_logic;   --采用程序包中定义的数据类型
             y : OUT three_level_logic);
END inverter;
ARCHITECTURE behav OF inverter IS
BEGIN
   y <= invert (x) AFTER 2ns;            --函数调用
END behav;
```

【例 2-25】 在进程中以顺序语句调用。

```
USE work. logic. three_level_logic;
USE work. logic. invert;
ENTITY inverter IS
        PORT (x:   IN three_level_logic;
             y : OUT three_level_logic);
END inverter;
ARCHITECTURE behav OF inverter IS
BEGIN
  PROCESS(x)
  BEGIN
      y <= invert (x) AFTER 2ns;          --函数调用，需要注意的是，after 只能用于测试基准，不能被综
合器综合
  END PROCESS;
END behav;
```

从例 2-24 和例 2-25 可知，函数若直接在结构体中调用则为并行语句，在进程中调用则是顺序语句。

VHDL93 版本 IEEE 库中包含了 std_logic_1164、std_logic_arith、std_logic_unsigned、std_logic_signed 等常用的程序包。

2.10 结构体的描述方法

在前面例题的结构体中的描述中，涵盖了结构体的 3 种描述方法，分别为行为描述法、数据流描述法和结构描述法。

行为描述法是指描述输入与输出之间的转换行为，包含内部的电路元件、电路的结构信息等。采用行为描述法时，一般将结构体的名字命名为“behave”。例 2-1 就属于行为描述法。

数据流描述法，又称为 RTL 方式，既表示行为，又隐含着结构，体现数据的流动路径和方向。采用数据流描述法时，一般将结构体命名为“dataflow”，结构体中没有 PROCESS（进程）语句，常用布尔方程表达。例 2-2 采用的就是数据流描述法。

结构描述法，常通过描述电路元件与它们之间的连接关系来实现新的电路。用结构法描述时，一般将结构体命名为“stru”，在结构体的说明部分需要将已经描述好的模块（如半加器或门）定义为元件，在结构体的功能描述部分再对元件进行调用，描述相互间的连线关系。例 2-11 的结构体描述方法采用便是结构描述法。

下面再以全加器为例，分别用上述三种描述方法实现，以便进一步体会这 3 种方法的不同。

【例 2-26】 全加器是用来实现两个二进制数相加并且求出和的组合电路，具体是将两个一位二进制数相加，并根据接收到的低位进位信号，输出和及进位。全加器的行为描述实现程序如下：

```
Library IEEE;
Use ieee.std_logic_1164.all;
Entity FA is
port (x, y, ci : in std_logic;
      s, co : out std_logic);
End FA;
Architecture behav of FA is
Begin
process ( x, y, ci)
      variable n: integer;
      constant sum_vector : std_logic_vector (0 to 3):="0101";
      constant carry_vector : std_logic_vector(0 to 3):="0011";
Begin
      n:=0;
      if x= '1'  then  n:=n+1; end if;
      if y= '1'  then  n:=n+1; end if;
      if ci='1'  then  n:=n+1; end if;
      s <= sum_vector (n);
      co <= carry_vector (n);
   End process;
End behav;
```

【例 2-27】 全加器的 RTL 方式。

```
Library IEEE;
```

```
Use ieee.std_logic_1164.all;
Entity FA is
        port (x, y, ci : in std_logic;
                s, co : out    std_logic);
End FA;
Architecture dataflow of FA is
Begin
        s <= x XOR y XOR ci;
        co <= (x AND y) OR (x AND ci) OR (y AND ci);
End dataflow;
```

【例 2-28】　全加器的结构描述方式。

```
Library IEEE;
Use ieee.std_logic_1164.all;
Entity full_adder is
    Port ( A,B, carry_in : in std_logic;
                AB, carry_out : out std_logic);
End full_adder;
Architecture structure of full_adder is
            Signal temp_sum: std_logic;                          --定义语句
            Signal temp_carry1: std_logic;
            Signal temp_carry2: std_logic;
            Component half_adder                                 --假设已经写好半加器的程序
                Port (X,Y: in std_logic; sum, carry: out std_logic);
            End component;
            Component or_gate                                    --假设已经写好或门的程序
                Port ( in1,in2: in std_logic; out1: out std_logic);
            End component;
Begin                                                            --并行语句
U0 :    half_adder
                Port map (X=>A, Y=>B, sum=>temp_sum, carry=>temp_carry1);
U1 : half_adder
                Port map (X=>temp_sum, Y=>carry_in, sum=>AB, carry=>temp_carry2);
U2 : or_gate
                Port map (in1=>temp_carry1, in2=>temp_carry2, out1=>carry_out);
End structure;
```

这里 or_gate 的代码比较简单，本书不再给出，请读者自己设计。

第 3 章　组合逻辑电路建模

常用的小规模组合逻辑器件包括编码器、译码器、数据选择器、数值比较器、加法器等。本章将介绍如何用 VHDL 语言来描述一些常用的组合逻辑电路。

3.1　组合逻辑电路的特点与组成

数字电路按其完成逻辑功能的不同特点，划分为组合逻辑电路和时序逻辑电路两大类。组合逻辑电路任意时刻的输出仅取决于该时刻的输入，与电路原来的状态无关。时序逻辑电路任意时刻的输出不仅取决于当时的输入信号，还与电路所处的状态有关，而电路的状态是由以前的输入决定的。

从逻辑上讲，组合电路在任一时刻的输出状态仅由该时刻的信号决定，而与电路原来的状态无关。从结构上讲，组合电路都是单纯由逻辑门组成的，且输出不存在反馈路径（不含存储单元）。组合逻辑电路的示意图如图 3-1 所示。

图 3-1　组合逻辑电路示意图

组合逻辑的输出 Y_1，Y_2，…，Y_n 可化简为输入 X_1，X_2，…，X_n 的与或表达式，从而用可编程逻辑器件中的与或阵列或查找表结构实现。组合逻辑电路传统的设计方法是采用标准组件进行设计的，可以分为 4 个步骤：（1）逻辑问题的描述，就是将设计问题转化为一个逻辑问题；（2）逻辑函数简化，就是将第一步的函数化简，求得描述设计问题的最简表达式；（3）逻辑函数转换，即根据使用的门电路类型，将表达式变换为所需形式；（4）画逻辑图，并考虑实际工程问题。

随着现代 EDA 技术的发展，数字电路的设计方法也发生了改变，可以使用 EDA 工具在行为层用硬件描述语言描述电路的功能，再通过 EDA 工具的自动综合优化，生成电路网表，最终下载到可编程逻辑器件，实现预定义的电路功能。比起传统的设计方法，现代 EDA 设计方法设计过程更简单，可读性高，移植性高，容易修正错误和进行正确性检验，因此被广泛使用。

3.2　基本逻辑门电路的设计

数字电路中的 4 种基本操作是与、或、非及触发器操作，前 3 种为组合电路，最后一种为时序电路。与非、或非和异或的操作仍然是与、或、非的基本操作。与、或、非、与非、或非和异或等基本逻辑门电路为常用的门电路。本节将以与非门和或非门为例，介绍如何使用 VHDL

语言进行简单的门电路设计。

【例 3-1】 二输入与非门。

```
LIBRARY IEEE;    --库
USE IEEE.std_logic_1164.ALL;      --程序包
ENTITY nand_2 IS         --实体
  PORT(a, b:IN std_logic;
               y:OUT std_logic);
END nand_2;
ARCHITECTURE dataflow OF nand_2 IS        --结构体
BEGIN
  y<=a NAND b;
END dataflow;
```

与非门 RTL 图如图 3-2 所示。

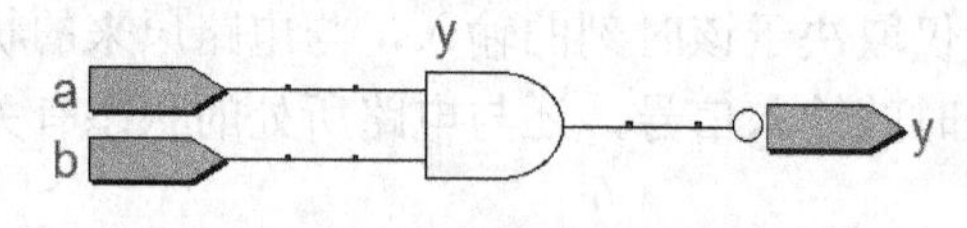

图 3-2 与非门 RTL 图

在上述例子中，与非门是用 std_logic_1164 程序包中的 nand 函数实现的，把 nand 替换为 nor 即可得到二输入或非门。

【例 3-2】 二输入或非门。

```
LIBRARY IEEE;     --库
USE IEEE.std_logic_1164.ALL;     --程序包
ENTITY nor_2 IS          --实体
  PORT(a, b:IN std_logic;
               y:OUT std_logic);
END nor_2;
ARCHITECTURE dataflow OF nor_2 IS      --结构体
BEGIN
  y<=a NOR b;
END dataflow;
```

或非门 RTL 图如图 3-3 所示。

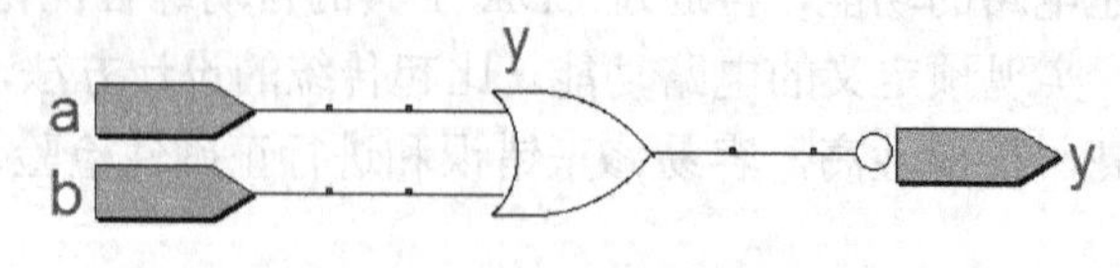

图 3-3 或非门 RTL 图

【例 3-3】 反相器。

```
LIBRARY IEEE;                           --库
USE IEEE.std_logic_1164.ALL;                  --程序包
ENTITY not1 IS                          --实体
  PORT(a:INstd_logic;
```

```
        y:OUT std_logic);
    END not1;
    ARCHITECTURE dataflow OF not1 IS        --结构体
    BEGIN
      y<=NOT a;
    END dataflow;
```

反相器 RTL 图如图 3-4 所示。

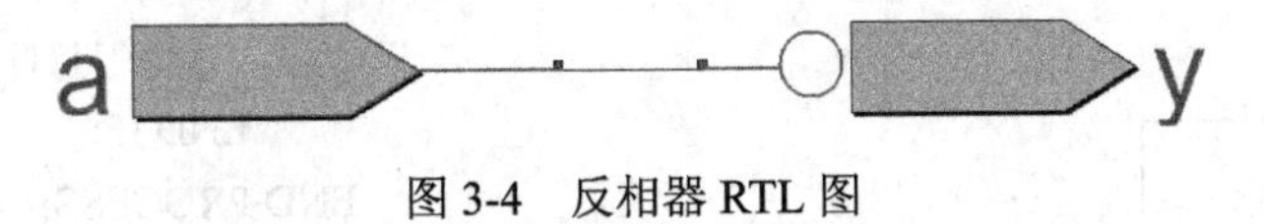

图 3-4 反相器 RTL 图

3.3 译码器

译码器和编码器是数字系统中广泛使用的多输入多输出组合逻辑部件。实现译码的组合逻辑电路称为译码器。它的输入是一组二进制代码，输出是一组高低电平信号。每输入一组不同的代码，只有一个输出呈有效状态。译码器能对具有特定含义的输入代码进行“翻译”，将其转换成相应的输出信号。译码器分为变量译码器，码制变换译码器，显示译码器和地址译码器 4 种。常用的译码器有双 2-4 线译码器，3-8 线译码器，4-16 线译码器和 4-10 线译码器等，其中 4-10 线译码器用于 BCD 码的译码。

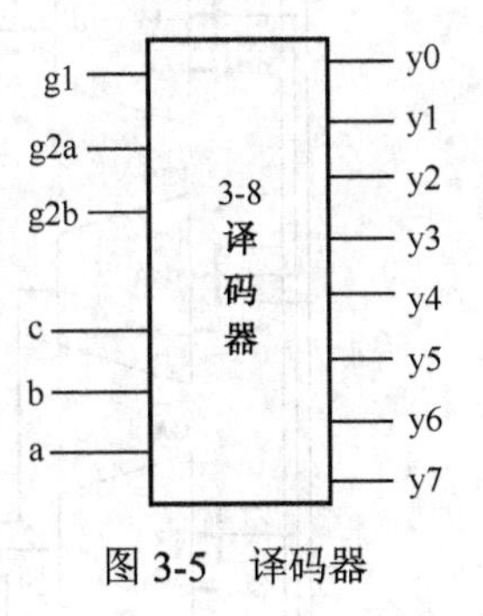

图 3-5 译码器

图 3-5 所示的 3-8 线译码器（74LS138），对输入 a、b、c 的值进行译码，就可以确定哪一个输出端变为有效（低电平）。g1、g2a、g2b 是选通信号，只有当 g1='1'、g2a='0'和 g2b='0'时，译码器才正常译码。

【例 3-4】 3-8 线译码器。

```
    LIBRARY IEEE;          --库
    USE IEEE.std_logic_1164.ALL;     --程序包
    ENTITY decoder_38 IS         --实体
    PORT(a,b,c,g1,g2a,g2b:IN std_logic;
              y:OUT std_logic_vector(7 DOWNTO 0));
    END decoder_38;
    ARCHITECTURE behav OF decoder_38 IS          --结构体
      SIGNAL indata:std_logic_vector(2 DOWNTO 0);
    BEGIN
      indata<=c&b&a;
      PROCESS(indata,g1,g2a,g2b)
      BEGIN
         IF(g1='1'and g2a='0' AND g2b='0')THEN
           CASE indata IS
               WHEN "000"=> y<="11111110";
               WHEN "001"=> y<="11111101";
               WHEN "010"=> y<="11111011";
```

```
                WHEN "011"=> y<="11110111";
                WHEN "100"=> y<="11101111";
                WHEN "101"=> y<="11011111";
                WHEN "110"=> y<="10111111";
                WHEN "111"=> y<="01111111";
                WHEN OTHERS => y<="XXXXXXXX";
            END CASE;
        ELSE
            y<="11111111";
        END IF;
    END PROCESS;
END behav;
```

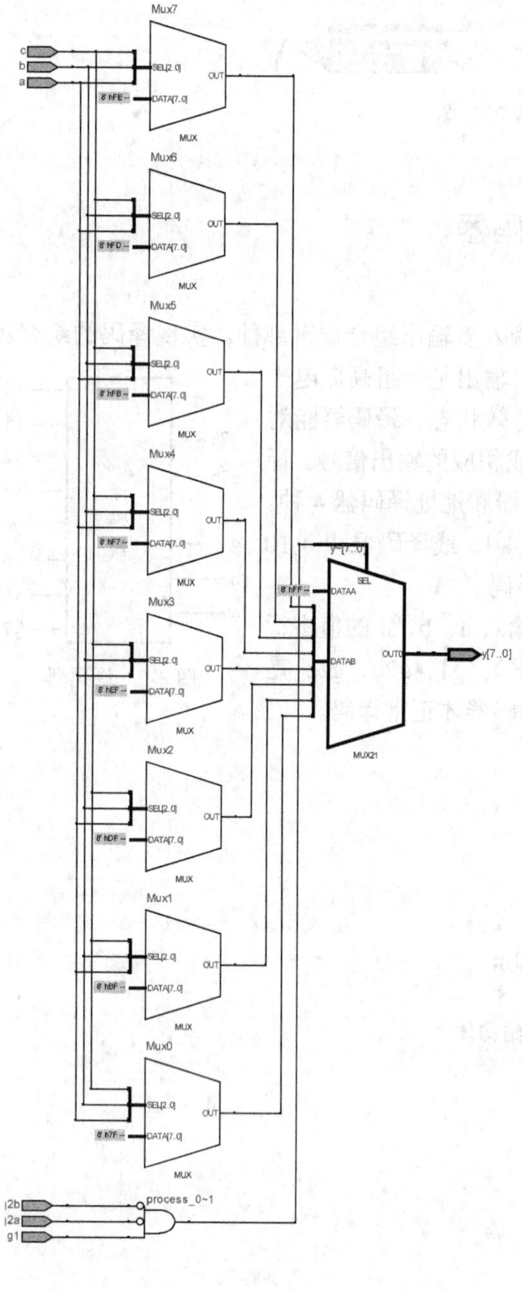

图 3-6　译码器 RTL 图

译码器 RTL 图如图 3-6 所示。

本例设计的是一个 3-8 线译码器，有使能端，低电平有效。在实体命名部分，需要注意：(1)实体命名需符合命名规则，且顶层实体名尽量与工程名保持一致；(2)不能用保留字及已存在的模块名字来命名。

这里需特别提醒“&”不是“相与”的意思，是位并接符号，“indata<=c & b & a”表示把 c、b、a 进行位合并后赋值给信号 indata。进程语句可以看成是结构体中的一种子程序，输入信号作为 process 的敏感信号，这些信号无论哪个发生变化，都将启动 process 语句。

3.4　编码器

与译码器类似，编码器同样是数字系统中广泛使用的多输入多输出组合逻辑部件。完成编码工作的组合逻辑电路称为编码器。它的输入是一组高低电平信号，输出是一组二进制代码。每输入一组高低电平信号，则输出不同的二进制代码。将信号（如比特流）或数据编制、转换成用于通信，传输和存储的信号形式。

如图 3-7 所示，74LS148 是一个 8 输入，3 位二进制码输出的优先级编码器。当某一个输入有效时（低电平），就可以输出一个对应的 3 位二进制编码。当同时有几个输入有效时，将输出优先级最高的那个输入对应的二进制编码。

【例 3-5】 优先级编码器。

```
LIBRARY IEEE;
USE IEEE.std_logic_1164.ALL;
ENTITY priorityencoder IS
PORT(input:INstd_logic_vector(7 DOWNTO 0);
        y:OUT std_logic_vector(2 DOWNTO 0));
END priorityencoder;
ARCHITECTURE behav OF priorityencoder IS
BEGIN
  PROCESS(input)
  BEGIN
    IF  (input(0)='0')THEN y<="111";
  ELSIF(input(1)='0')THEN y<="110";
  ELSIF(input(2)='0')THEN y<="101";
  ELSIF(input(3)='0')THEN y<="100";
  ELSIF(input(4)='0')THEN y<="011";
  ELSIF(input(5)='0')THEN y<="010";
  ELSIF(input(6)='0')THEN y<="001";
  ELSIF(input(7)='0')THEN y<="000";
    ELSE y<="XXX";
    END IF;
  END PROCESS;
END behav;
```

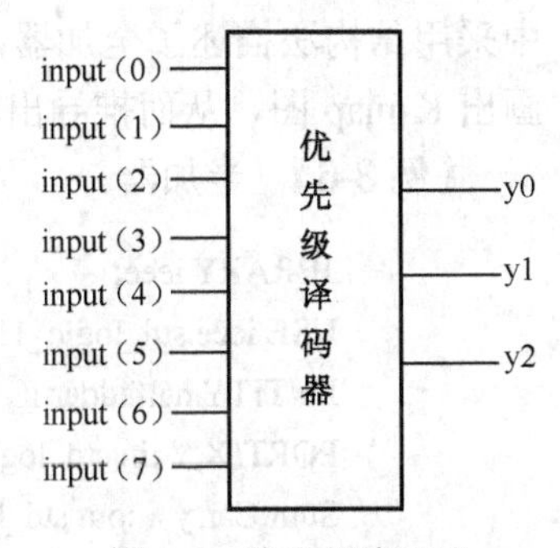

图 3-7 优先级编码器

优先级编码器的 RTL 图如图 3-8 所示。

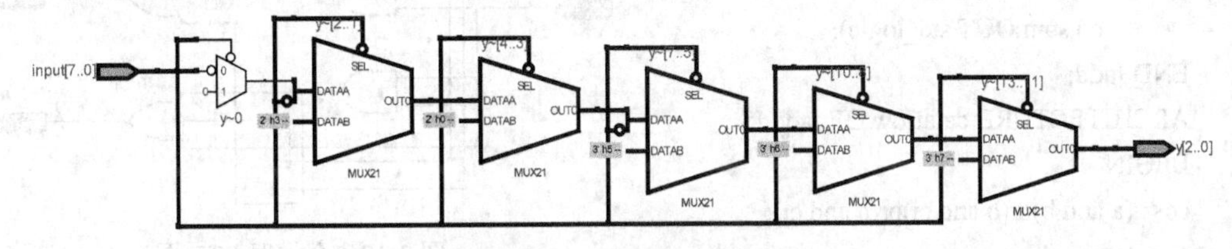

图 3-8 优先级编码器的 RTL 图

优先级编码器的 RTL 结构是通过多路选择器的级联实现的。根据程序可知：当 input = “01011111”时，编码成“010”。该优先级编码器也可以采用条件信号赋值语句进行改写，但不能用CASE语句或者WITH…SELECT语句进行改写，因为这两种语句的判断条件不具备优先级。

3.5 加法器的设计

3.5.1 半加器与全加器

在数字系统中，常需要进行加、减、乘、除等运算，而乘、除和减法运算均可变换为加法运算，故加法运算电路的应用十分广泛。另外，加法器还可用于码组变换、数值比较等，因此加法器是数字系统中最基本的运算单元。

加法在数字系统中分为全加和半加两种，所以加法器也分为全加器和半加器。半加器不考虑来自低位的进位，而全加器除本位两个数相加外，还要加上从低位来的进位信号。在第 2 章中采用结构法描述了全加器，这里采用数据流描述法来设计全加器。具体做法是通过真值表，画出 K-map 图，从而推导出输出与输入之间的逻辑关系。

【例 3-6】 半加器。

```
LIBRARY ieee;
USE ieee.std_logic_1164.all;
ENTITY halfadder IS
PORT(X,Y :in std_logic;
Sum,Carry    :out std_logic);
END halfadder;
ARCHITECTURE a OF halfadder IS
BEGIN
    Sum<=X xor Y;
    Carry<=X and Y;
END a;
```

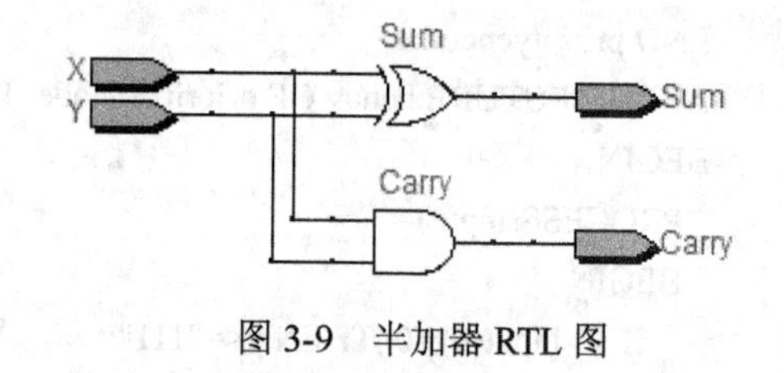

图 3-9 半加器 RTL 图

半加器不考虑低位向高位的进位，因此它只有两个输入端和两个输出端，它的 RTL 图如图 3-9 所示。

【例 3-7】 全加器。

```
LIBRARY IEEE;
USE IEEE.std_logic_1164.ALL;
ENTITY fadd IS
PORT(a,b,ci:IN std_logic;
     co,sum:OUT std_logic);
END fadd;
ARCHITECTURE dataflow OF fadd IS
BEGIN
co<=(a and b)or(b and ci)or(a and ci);
sum<=a xor b xor ci;
END dataflow;
```

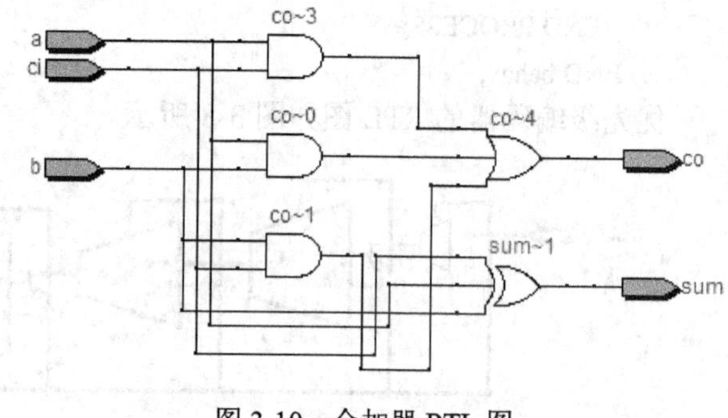

图 3-10 全加器 RTL 图

全加器考虑低位向高位的进位，所以它有三个输入端和两个输出端，它的 RTL 图如图 3-10 所示。

当全加器设计完成后，将全加器定义为组件（采用 COMPONENT 语句），放入命名为 components 的程序包中，在后续电路设计中就可将其作为模块直接调用，程序如下：

```
LIBRARY IEEE;
USE IEEE.std_logic_1164.ALL;
PACKAGE components IS
  COMPONENT fadd IS
      PORT(a,b,ci:IN std_logic;
           co,sum:OUT std_logic);
  END COMPONENT;
END components;
```

3.5.2　4位串行进位加法器

图3-11是根据模块化设计思想，将全加器作为一个基本组件级联构成的4位串行进位加法器。

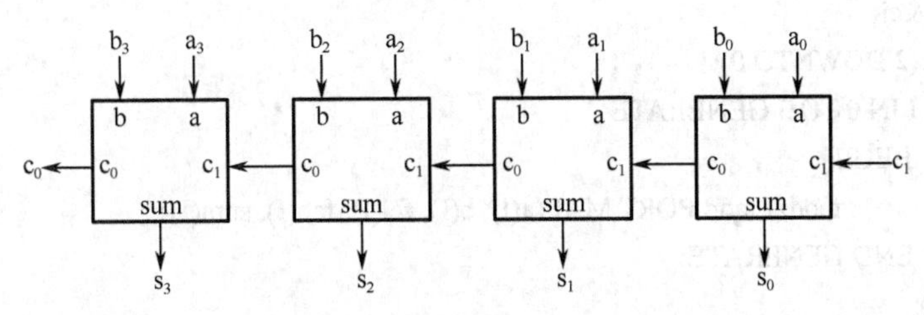

图3-11　4位串行进位加法器

在设计中，使用元件例化语句（Component）可以让我们像堆积木一样搭建出较为复杂的电路。

【例3-8】 4位串行进位加法器。

```
LIBRARY IEEE;
USE IEEE.std_logic_1164.ALL;
USE work.components.ALL;
ENTITY fadd4 IS
PORT(a,b:IN std_logic_vector(3 DOWNTO 0);
        ci:IN std_logic;
        co:OUT std_logic;
        sum:OUT std_logic_vector(3 DOWNTO 0));
END fadd4;
ARCHITECTURE stru OF fadd4 IS
SIGNAL ci_ns: std_logic_vector(2 DOWNTO 0);              --信号对应全加器之间的连线
BEGIN
  U0:fadd PORT map(a(0),b(0),ci,ci_ns(0),sum(0));
  U1:fadd PORT map(a(1),b(1),ci_ns(0),ci_ns(1),sum(1));
  U2:fadd PORT map(a(2),b(2),ci_ns(1),ci_ns(2),sum(2));
  U3:fadd PORT map(a(3),b(3),ci_ns(2),co,sum(3));
END stru;
```

4位全加器RTL图如图3-12所示。

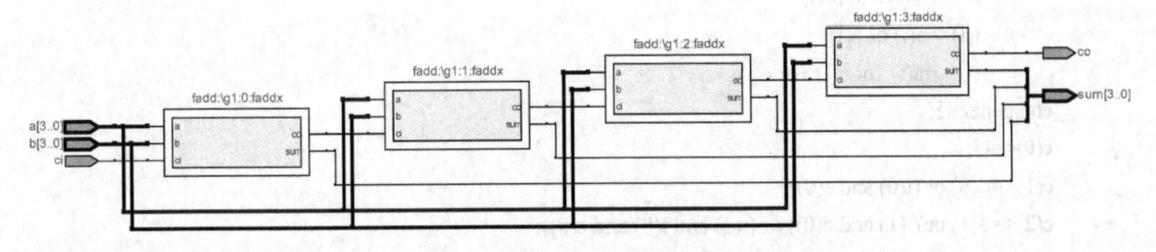

图3-12　4位全加器RTL图

上述程序也可以用生成语句（Generate）进行描述，例如：

```
ARCHITECTURE stru OF fadd4 IS
```

```
SIGNAL ci_ns:std_logic_vector(2 DOWNTO 0);
SIGNAL fci: std_logic_vector(3 DOWNTO 0);
SIGNAL fco: std_logic_vector(3 DOWNTO 0);
BEGIN
  fci<=ci_ns&ci;
  ci_ns<=fco(2 DOWNTO 0);
  g1:   FOR I IN 0 TO 3 GENERATE
              BEGIN
                    faddx: fadd PORT MAP(a(I), b(I), fci(I), fco(I), sum(I));
              END GENERATE;
  co<=fco(3);
END stru;
```

3.5.3 并行进位加法器

串行进位加法器，高位的计算需等待来自低位的进位信号，因此位数越多，速度越慢。如果利用并行进位的思想，使得各级进位信号同时产生，可以大大减少加法计算的时间。

【例 3-9】 4 位并行加法器。

```
LIBRARY IEEE;
USE IEEE.std_logic_1164.ALL;
USE IEEE.std_logic_unsigned.ALL;
ENTITY fadd4 IS
PORT ( a , b     : in std_logic_vector(3 DOWNTO 0) ;
ci: in std_logic;
co: out std_logic;
sum: out std_logic_vector ( 3 DOWNTO 0) );

END fadd4;
ARCHITECTURE   behav   OF   fadd4 IS
SIGNAL d, t, s :std_logic_vector ( 3 DOWNTO 0);
SIGNAL c: std_logic_vector( 4 DOWNTO 0);
BEGIN
as_add: FOR i IN 0 TO 3 generate
        begin
        d(i)<=a(i) and b(i);
        t(i)<=a(i) or b(i);
        s(i)<=a(i) xor b(i) xor c(i);
end generate;
c(0)<=ci;
c(1)<=d(0) or (t(0) and c(0));
c(2)<=d(1) or (t(1) and d(0)) or (t(1) and t(0) and c(0));
        c(3)<=d(2) or (t(2) and d(1)) or (t(1) and t(2) and d(0)) or
    (t(1) and t(2) and t(0) and c(0)) ;
        c(4)<=d(3) or (t(3) and d(2)) or (t(3) and t(2) and d(1)) or
    (t(1) and t(2) and t(3) and d(0)) or (t(3) and t(2)
```

```
and t(1) and t(0) and c(0));
sum<=s;
co<=c(4);
END behav;
```

4 位并行进位加法器 RTL 图如图 3-13 所示。

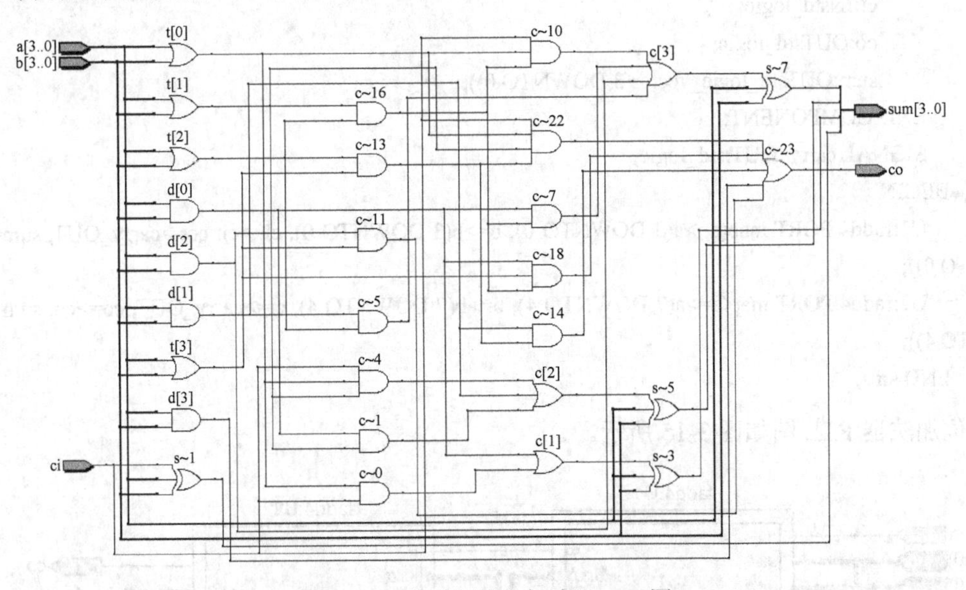

图 3-13　4 位并行进位加法器 RTL 图

下面就串行进位与并行进位加法器做简单的性能比较。并行进位加法器设有并行进位产生逻辑，优点是运算速度快，缺点是通常比串行级联加法器占用更多的资源，随着位数的增加，相同位数的并行加法器与串行加法器的资源占用差距快速增大。因此，在工程中使用加法器时，要在速度和占用资源间寻找平衡。实践表明，4 位并行加法器和串行级联加法器占用几乎相同的资源，所以多位加法器（例如 8 位）可以由 4 位并行加法器级联构成。图 3-14 是由两个 4 位加法器级联构成一个 8 位加法器的示意图。

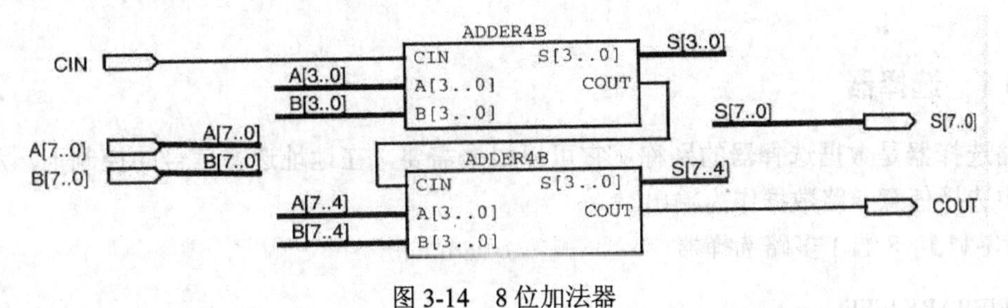

图 3-14　8 位加法器

【例 3-10】　8 位加法器。

```
LIBRARY IEEE;
USE IEEE.std_logic_1164.ALL;
USE IEEE.std_logic_unsigned.ALL;
ENTITY fadd8 IS
PORT(a,b:INstd_logic_vector(7 DOWNTO 0);
        ci:INstd_logic;
        co:OUTstd_logic;
```

```
            sum:OUTstd_logic_vector(7 DOWNTO 0));
    END fadd8;
    ARCHITECTURE stru OF fadd8 IS
      COMPONENT fadd4    IS
    PORT(a,b:INstd_logic_vector(3 DOWNTO 0);
            ci:INstd_logic;
            co:OUTstd_logic;
            sum:OUTstd_logic_vector(3 DOWNTO 0));
      END COMPONENT;
      SIGNAL carry_OUT:std_logic;
    BEGIN
      U1:fadd4 PORT map(a=>a(3 DOWNTO 0), b=>b(3 DOWNTO 0), ci=>ci, co=>carry_OUT, sum=>sum(3
DOWNTO 0));
      U2:fadd4 PORT map(a=>a(7 DOWNTO 4), b=>b(7 DOWNTO 4), ci=>carry_OUT, co=>co, sum=>sum(7
DOWNTO 4));
    END stru;
```

8 位加法器 RTL 图如图 3-15 所示。

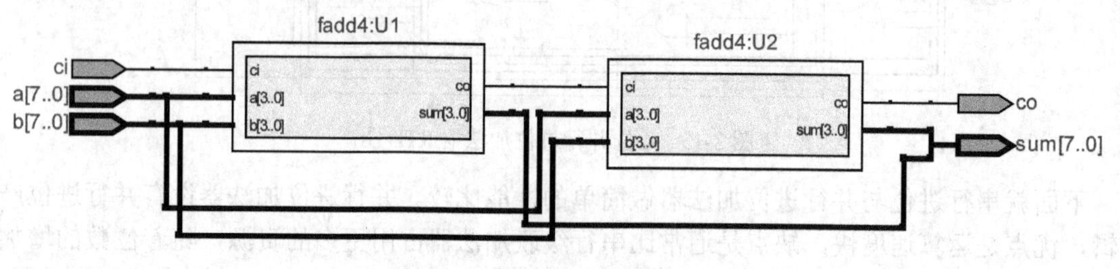

图 3-15　8 位加法器 RTL 图

3.6　其他组合逻辑模块

3.6.1　选择器

多路选择器是数据选择器的别称。它可以根据需要，在地址选择信号的控制下，从多路输入数据中选择任意一路数据作为输出。

【例 3-11】 8 选 1 多路选择器。

```
    LIBRARY IEEE;
    USE IEEE.std_logic_1164.ALL;
    ENTITY mux8_1 IS
      PORT(input:IN std_logic_vector(7 DOWNTO 0);
            a, b, c:IN std_logic;
                y:OUT std_logic);
    END mux8_1;
    ARCHITECTURE behav OF mux8_1 IS
      SIGNAL sel: std_logic_vector(2 DOWNTO 0);
```

```
BEGIN
  sel<= b&a&c;
  PROCESS(input, sel)
  BEGIN
        IF        (sel="000") THEN y<=input(0);
        ELSIF     (sel="001") THEN y<=input(1);
        ELSIF     (sel="010") THEN y<=input(2);
        ELSIF     (sel="011") THEN y<=input(3);
        ELSIF     (sel="100") THEN y<=input(4);
        ELSIF     (sel="101") THEN y<=input(5);
        ELSIF     (sel="110") THEN y<=input(6);
        ELSIF     (sel="111") THEN y<=input(7);
        ELSE               y<='Z';
        END IF;
  END PROCESS;
END behav;
```

8 选 1 多路选择器 RTL 图如图 3-16 所示。

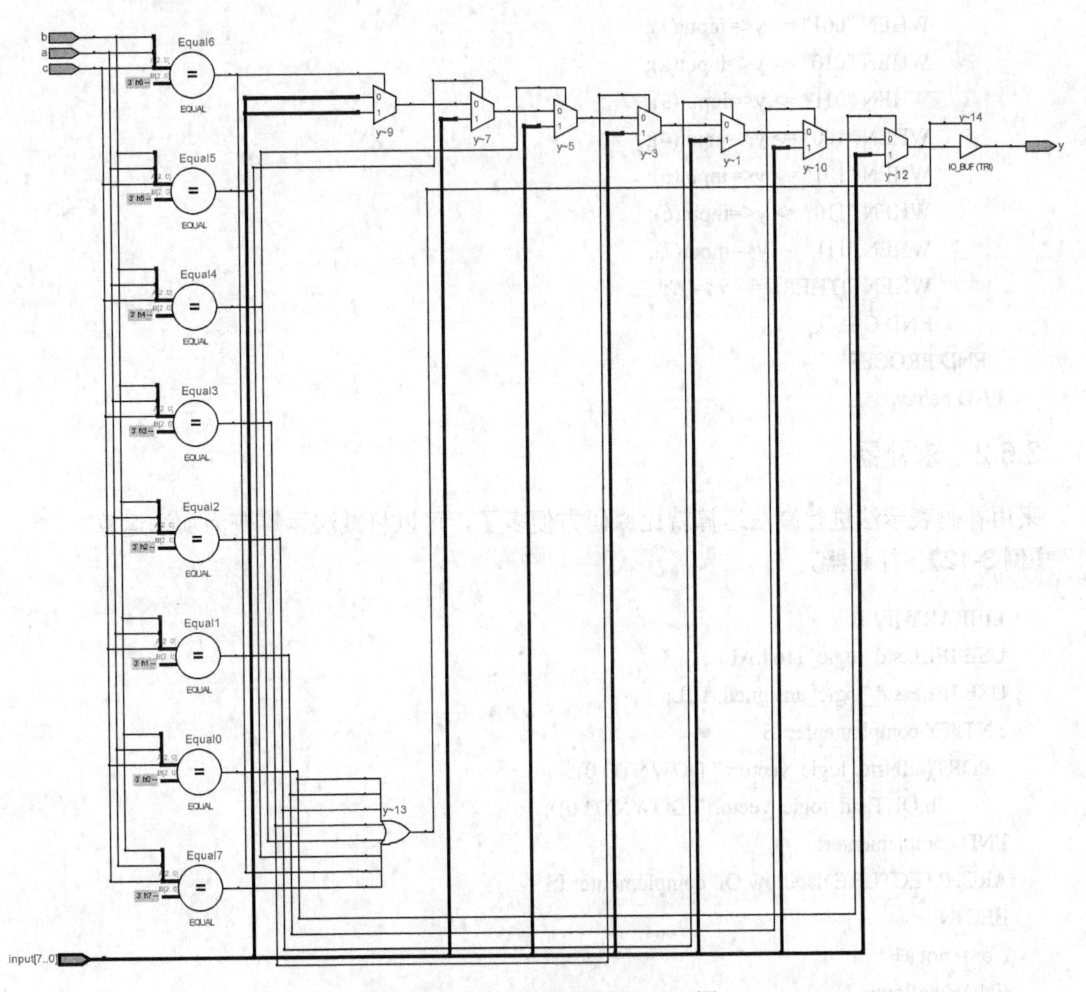

图 3-16　8 选 1 多路选择器 RTL 图

8选1多路选择器由多个比较器与2路选择器等构成。8路选择器也可以使用CASE语句或WITH..SELECT 选择信号赋值语句进行描述，例如：

```
LIBRARY IEEE;
USE IEEE.std_logic_1164.ALL;
ENTITY mux8_1 IS
  PORT(input:INstd_logic_vector(7 DOWNTO 0);
        a, b, c:iN std_logic;
              y:OUT std_logic);
END mux8_1;
ARCHITECTURE behav OF mux8_1 IS
  SIGNAL sel: std_logic_vector(2 DOWNTO 0);
BEGIN
  sel<= b&a&c;
  PROCESS(input, sel)
  BEGIN
        CASE sel IS
        WHEN "000" => y<=input(0);
        WHEN "001" => y<=input(1);
        WHEN "010" => y<=input(2);
        WHEN "011" => y<=input(3);
        WHEN "100" => y<=input(4);
        WHEN "101" => y<=input(5);
        WHEN "110" => y<=input(6);
        WHEN "111" => y<=input(7);
        WHEN OTHERS => y<='Z';
        END CASE;
  END PROCESS;
END behav;
```

3.6.2 求补器

采用补码表示法进行减法运算就比原码方便多了，可以将减法运算变为加法运算。

【例 3-12】 补码器。

```
LIBRARY IEEE;
USE IEEE.std_logic_1164.ALL;
USE IEEE.std_logic_unsigned.ALL;
ENTITY complementer IS
  PORT(a:INstd_logic_vector(7 DOWNTO 0);
        b:OUT std_logic_vector(7 DOWNTO 0));
END complementer;
ARCHITECTURE dataflow OF complementer IS
BEGIN
  b<= not a+'1';
END dataflow;
```

求补器 RTL 图如图 3-17 所示。

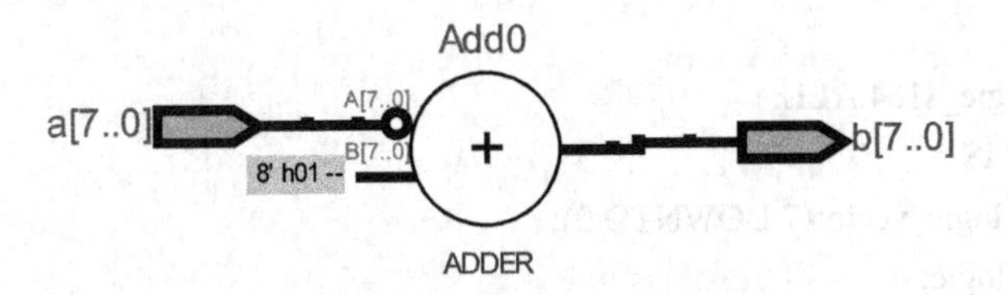

图 3-17　求补器 RTL 图

3.6.3　三态门

三态门是一种重要的总线接口电路。这里的三态，是指逻辑门的输出除了有高、低电平两种状态外，还有第三种状态——高阻状态的门电路。高阻态相当于隔断状态。如果一条总线外挂了多个外设，由三态门组成的三态缓冲器就可以防止多个外设同时在数据总线上进行写操作。

【例 3-13】　三态门。

```
LIBRARY IEEE;
USE IEEE.std_logic_1164.ALL;
ENTITY tri_gate IS
PORT(din,en:INstd_logic;
  dout:OUTstd_logic);
END tri_gate;
ARCHITECTURE behav OF tri_gate IS
BEGIN
  PROCESS(din,en)
  BEGIN
  IF(en='1')THEN dout<=din;
    ELSE dout<='Z';
    END IF;
  END PROCESS;
END behav;
```

三态门 RTL 图如图 3-18 所示。

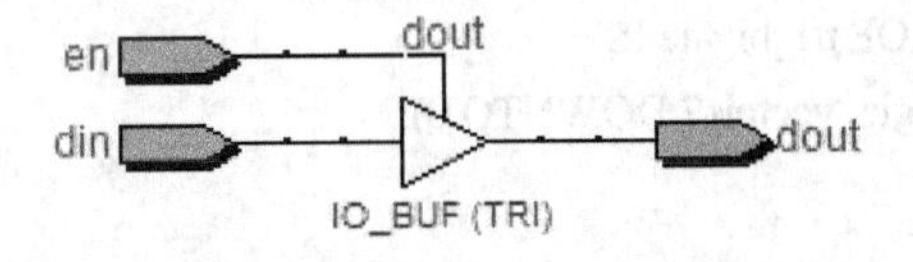

图 3-18　三态门 RTL 图

3.6.4　缓冲器

缓冲器又称缓冲寄存器，在总线传输中起数据暂存缓冲的作用。缓冲器可分为输入缓冲器和输出缓冲器两种，前者的作用是将外设送来的数据暂时存放，以便处理器将它取走；后者的作用是用来暂时存放处理器送给外设的数据。有了数控缓冲器，就可以使高速工作的 CPU 与慢速工作的外设起协调缓冲作用，实现数据传送的同步。

【例 3-14】 单向总线缓冲器。

```
LIBRARY IEEE;
USE IEEE.std_logic_1164.ALL;
ENTITY tri_buf8 IS
PORT(din:INstd_logic_vector(7 DOWNTO 0);
        en:INstd_logic;
        dOUT:OUTstd_logic_vector(7 DOWNTO 0));
END tri_buf8;
ARCHITECTURE behav OF tri_buf8 IS
BEGIN
  PROCESS(din,en)
  BEGIN
  IF(en='1')THEN dout<=din;
  ELSE dout<="ZZZZZZZZ";
  END IF;
  END PROCESS;
END behav;
```

单向缓冲器在总线传输中起数据暂存缓冲的作用，它的 RTL 图如图 3-19 所示。

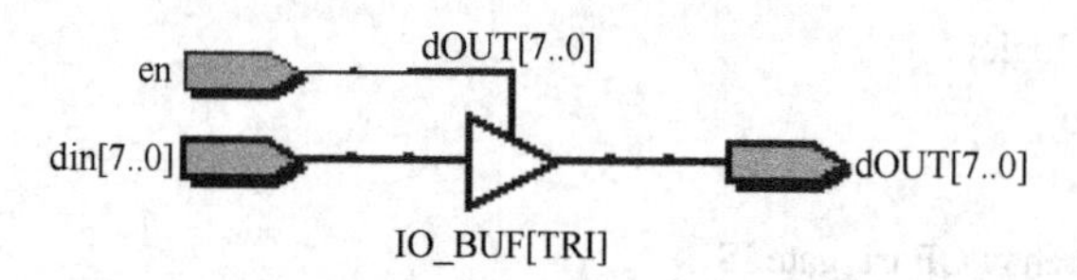

图 3-19 单向缓冲器 RTL 图

【例 3-15】 双向总线缓冲器。

```
LIBRARY IEEE;
USE IEEE.std_logic_1164.ALL;
ENTITY tri_bigate IS
PORT(a,b:INOUT std_logic_vector(7 DOWNTO 0);
        en,dr:IN std_logic);
END tri_bigate;
ARCHITECTURE behav OF tri_bigate IS
SIGNAL aout,bout:std_logic_vector(7 DOWNTO 0);
BEGIN
PROCESS(a,dr,en,bout)
   BEGIN
IF((en='0')and(dr='1'))THEN
  bout<=a;
   ELSE bout<="ZZZZZZZZ";
   END IF;
   b<=bout;
   END PROCESS;
PROCESS(b,dr,en,aout)
```

```
    BEGIN
  IF((en='0')and(dr='0'))THEN
     aout<=b;
       ELSE aout<="ZZZZZZZZ";
       END IF;
       a<=aout;
      END PROCESS;
  END behav;
```

双向缓冲器是在单向总线缓冲器的基础上加入了总线方向控制端口，使总线上的数据可以双向暂存和传输，它的 RTL 图如图 3-20 所示。

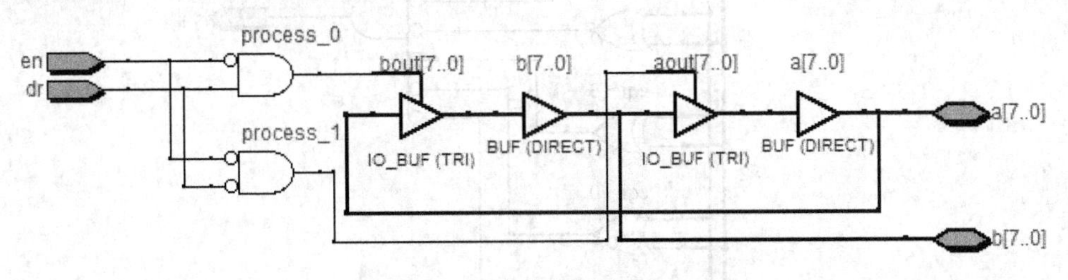

图 3-20　双向总线缓冲器 RTL 图

3.6.5　比较器

【例 3-16】 比较器。

```
LIBRARY IEEE;
USE IEEE.std_logic_1164.ALL;
ENTITY comparator IS
PORT(x,y:IN std_logic_vector(7 DOWNTO 0);
         eq:OUT std_logic);
END comparator;
ARCHITECTURE behav OF comparator IS
BEGIN
   PROCESS(x,y)
      VARIABLE eqi:std_logic;
   BEGIN
         eqi:='1';
         for I IN x'range LOOP
         eqi:=eqi and(x(I) xnor y(I));
         END LOOP;
         eq<=eqi;
    END PROCESS;
 END behav;
```

比较器 RTL 图如图 3-21 所示。

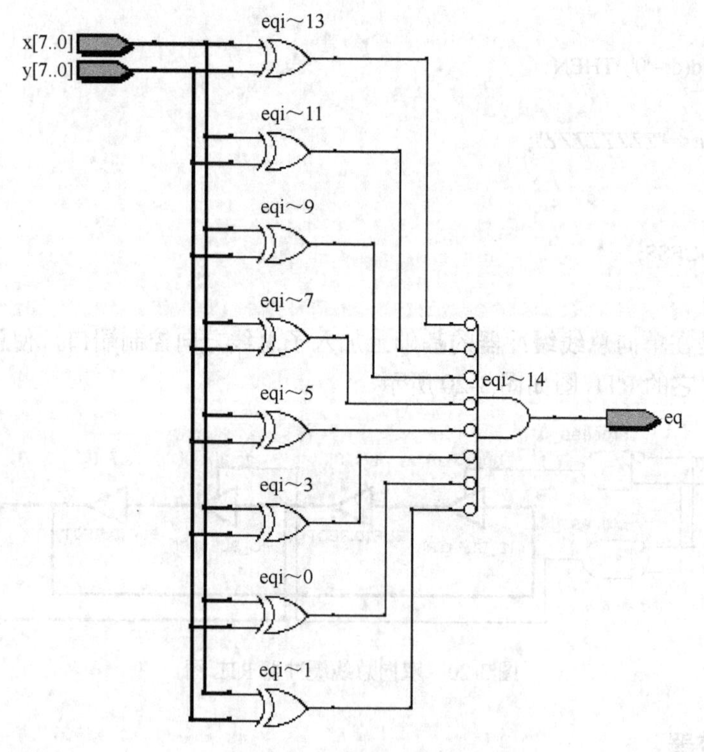

图 3-21　比较器 RTL 图

3.6.6　只读存储器

图 3-22 是一个 16×8 只读存储器（ROM）的示意图。

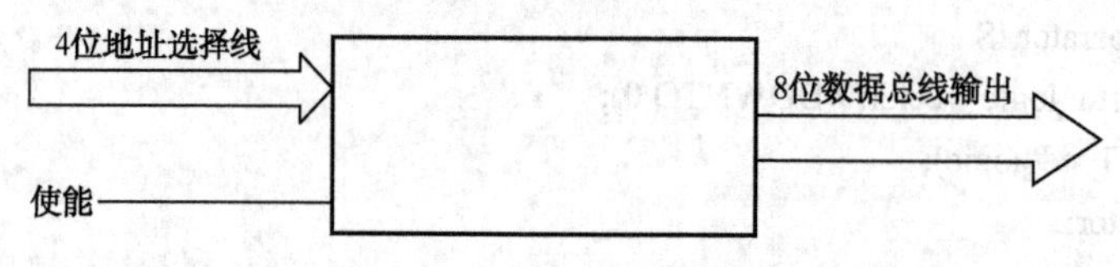

图 3-22　只读存储器示意图

【例 3-17】 16×8 位 ROM。

程序包 databus 中定义了总线宽度、总线数据类型、存储器大小。

```
LIBRARY IEEE;
USE IEEE.std_logic_1164.ALL;        - -调用程序包 databus
PACKAGE databus IS
  CONSTANT width:integer:=8;
  TYPE data_bus IS ARRAY(0 TO width-1)OF std_logic;
  CONSTANT mem_size:integer:=8;
END databus;

LIBRARY IEEE;
USE IEEE.std_logic_1164.ALL;
USE work.databus.ALL;
ENTITY rom IS
PORT(addr:IN integer RANGE 0 TO mem_size-1;
```

```
            data:OUTdata_bus;
            ncs:INstd_logic);
    END rom;
    ARCHITECTURE arch OF rom IS
      TYPE mem_block IS ARRAY(0 TO mem_size-1) OF data_bus;
      CONSTANT hiz_state:data_bus:=('Z','Z','Z','Z','Z','Z','Z','Z');
      CONSTANT x_state:data_bus:=('X','X','X','X','X','X','X','X');
      CONSTANT rom_data:mem_block:=( ('0','0','0','0','0','0','0','0'),
                                      ('0','0','0','0','0','0','0','1'),
                                      ('0','0','0','0','0','0','1','1'),
                                      ('0','0','0','0','0','1','0','0'),
                                      ('0','0','0','0','1','0','0','0'),
                                      ('0','0','0','1','0','0','0','0'),
                                      ('0','0','1','0','0','0','0','0'),
                                      ('1','1','0','0','0','0','0','0'));
                                                      --rom_data 定义了 ROM 的内部数据情况
      BEGIN
      data<=rom_data(addr)WHEN ncs='0'ELSE
      hiz_state WHEN ncs='1'ELSE
      x_state;
     END arch;
```

只读存储器 RTL 图如图 3-23 所示。

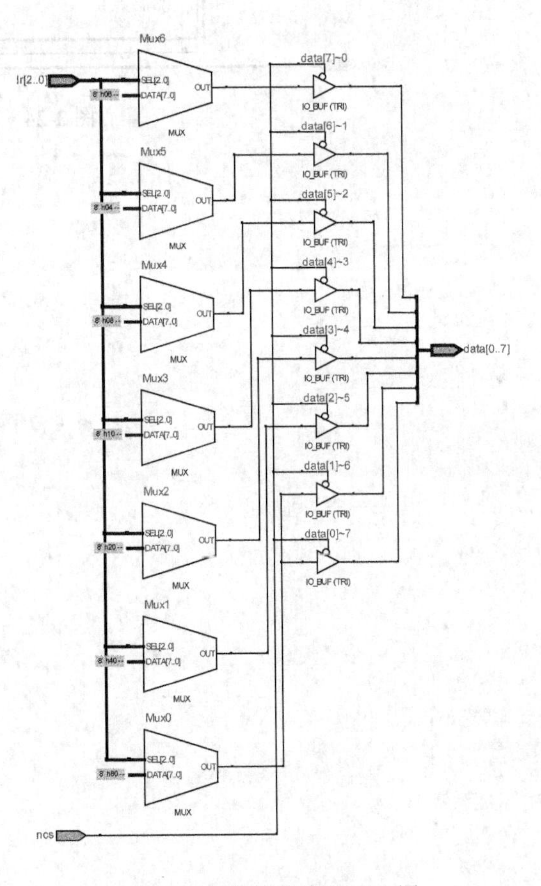

图 3-23　只读存储器 RTL 图

3.6.7　随机存储器

【例 3-18】 16×8 位（RAM）随机存储器。

```
    LIBRARY IEEE;
    USE IEEE.std_logic_1164.ALL;
    USE IEEE.std_logic_unsigned;
    ENTITY ram IS
    PORT(address:IN integer range 0 TO 15;
            data:INOUT   std_logic_vector(7 DOWNTO 0);
            CS,WE,OE:IN std_logic);
    END ram;
    ARCHITECTURE behav OF ram IS
    BEGIN
      PROCESS(address,CS,WE,OE,data)
      TYPE ram_array IS ARRAY(0 TO 15)OF std_logic_
vector(7 DOWNTO 0);
      VARIABLE mem:ram_array;
      BEGIN
      data<=(OTHERS=>'Z');
      IF CS='0'THEN                  --片选信号有效
        IF OE='0'THEN
          data<=mem(address);   --读
```

```
        ELSIF WE='0'THEN
      mem(address):=data;   --写
        END IF;
      END IF;
      END PROCESS;
    END behav;
```

随机存储器 RTL 图如图 3-24 所示。

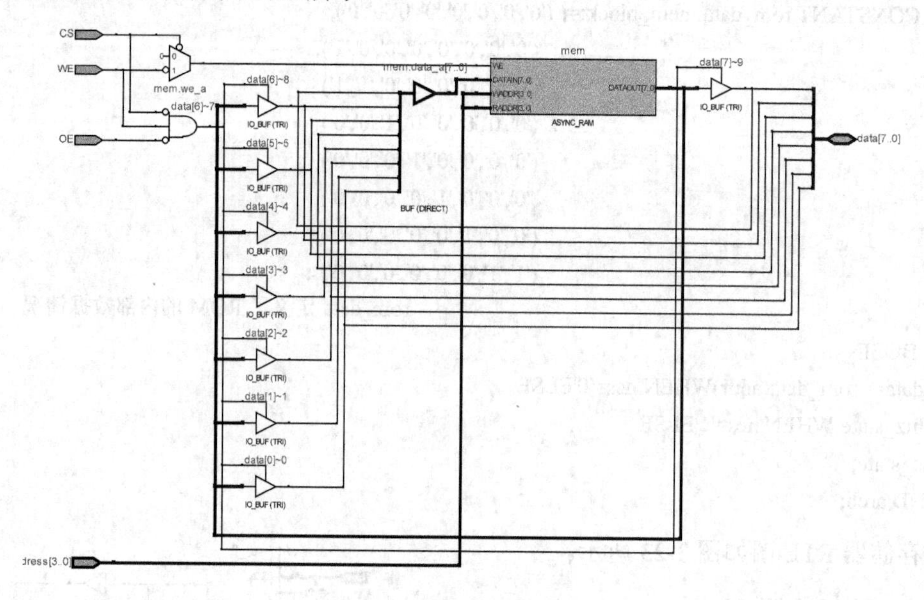

图 3-24　随机存储器 RTL 图

第 4 章　基本时序逻辑电路建模

在组合电路中，任一时刻的稳定输出只取决于当时的输入，而在时序电路中任一时刻的稳定输出，不仅取决于当时的输入，还取决于电路原来的状态，即与过去的输入情况有关。

图 4-1 是时序电路的一般模型，由组合逻辑电路和具有记忆功能的存储器组成。系统的当前状态保存在存储器或寄存器中，组合逻辑也可以分成次态产生逻辑与输出逻辑两部分。系统的次态与系统的当前状态和输入有关，同样，系统的输出也是由存储器的状态与输入信号一起决定的。

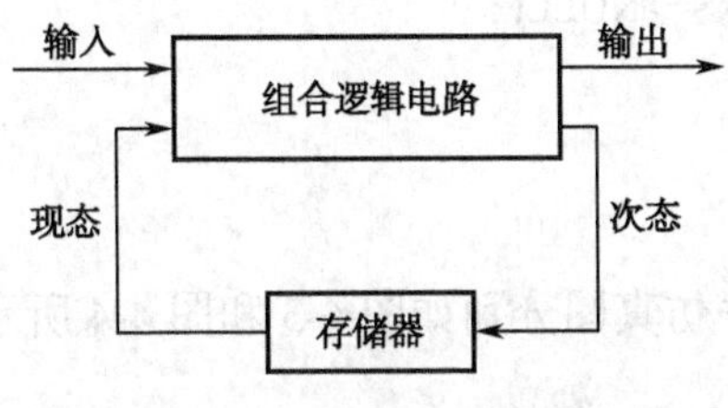

图 4-1　时序电路模型

常见的时序逻辑电路包括触发器、计数器、移位寄存器和乘法器等。另外，为了与触发器相类比，本章把锁存器也涵盖了进来。

4.1　锁存器

为了与触发器相类比，我们先介绍锁存器。锁存器是一种电平敏感的寄存器，典型的例子有 RS 锁存器与 D 锁存器。

4.1.1　RS 锁存器

RS 锁存器是基于交叉耦合的门，如图 4-2 所示，其真值表见表 4-1。

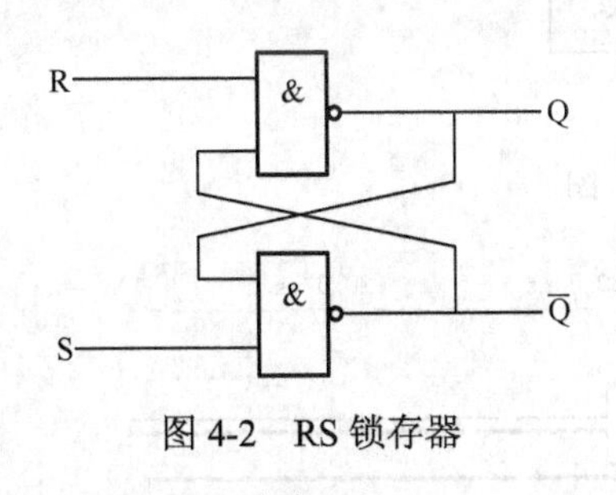

图 4-2　RS 锁存器

表 4-1　RS 锁存器真值表

S	R	Q	$\overline{Q}$
0	0	1	1
0	1	0	1
1	0	1	0
1	1	Q	$\overline{Q}$

【例 4-1】 RS 锁存器。

```
LIBRARY IEEE;
USE IEEE.std_logic_1164.ALL;
ENTITY RS_latch IS
```

```
PORT(S,R:IN std_logic;
      Q,Qbar:OUT std_logic);
END RS_latch;
ARCHITECTURE behav OF RS_latch IS
BEGIN
  PROCESS(R,S)
  VARIABLE rs:std_logic_vector(1 DOWNTO 0);
  BEGIN
      rs:=R&S;
      CASE rs IS
            WHEN "00"=> Q<='1';Qbar<='1';
            WHEN "01"=> Q<='1';Qbar<='0';
            WHEN "10"=> Q<='0';Qbar<='1';
            WHEN OTHERS=>NULL;
      END CASE;
  END PROCESS;
END behav;
```

RS 锁存器的 RTL 图和时序仿真图分别如图 4-3 和图 4-4 所示。

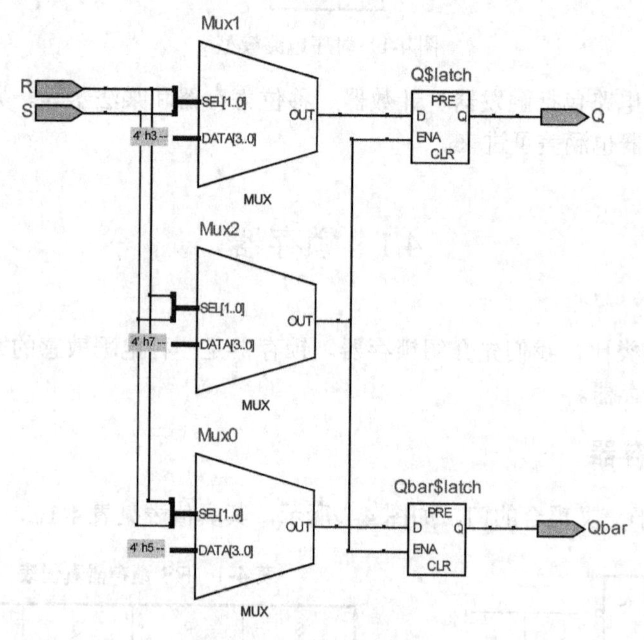

图 4-3　RS 锁存器 RTL 图

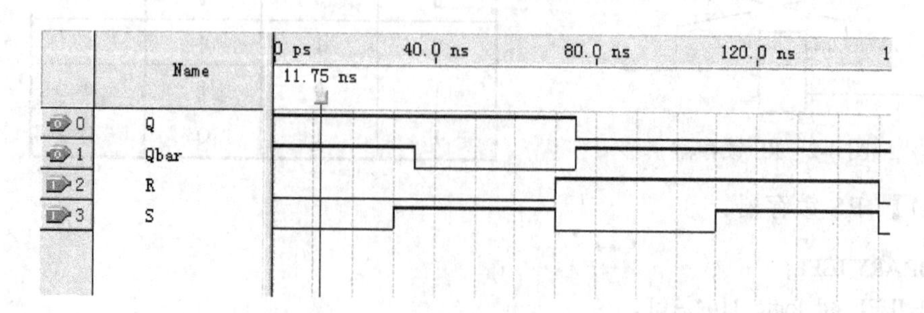

图 4-4　RS 锁存器时序仿真图

由图 4-4 可见，由于在时序仿真中有器件的延时，锁存器的状态变化迟于输入信号的变化。

注意：顺序结构中的“NULL”状态等同于并行结构中的“UNAFFECTED”，表示不做任何操作。

4.1.2 D 锁存器

D 锁存器如图 4-5 所示，是电平敏感的寄存器，当使能信号 Enable 为 1 时，D 输出到 Q 端。

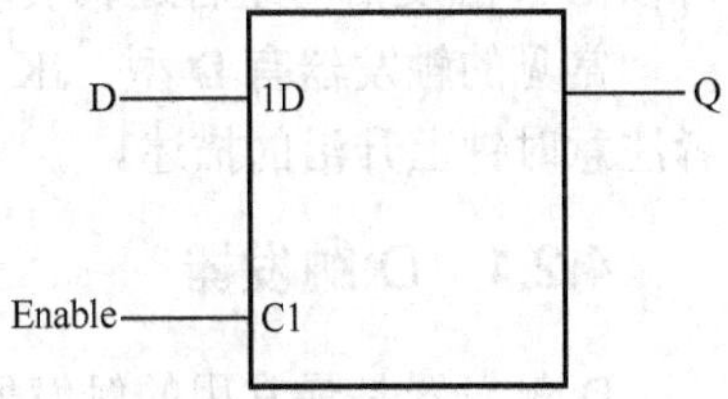

图 4-5 D 锁存器

【例 4-2】 D 锁存器。

```
LIBRARY IEEE;
USE IEEE.std_logic_1164.ALL;
ENTITY D_latch IS
PORT(D,Enable:IN std_logic;
      Q:OUT std_logic);
END D_latch;
ARCHITECTURE behav OF D_latch IS
  BEGIN
  PROCESS(D,Enable)
  --敏感参数表包含 D、Enable，综合后形成一个电平触发的锁存器
  BEGIN
              IF(Enable='1')THEN Q<=D;
-- D 锁存器通过条件涵盖不完整的 if 语句产生寄存器
         END IF;
  END PROCESS;
 END behav;
```

D 锁存器的 RTL 图和时序仿真图分别如图 4-6 和图 4-7 所示。

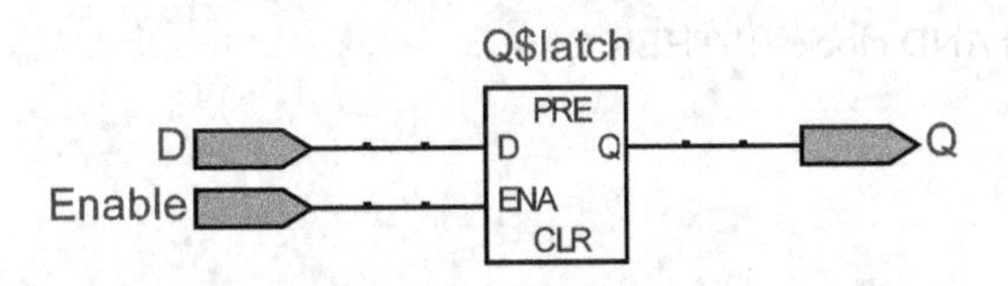

图 4-6 D 锁存器的 RTL 图

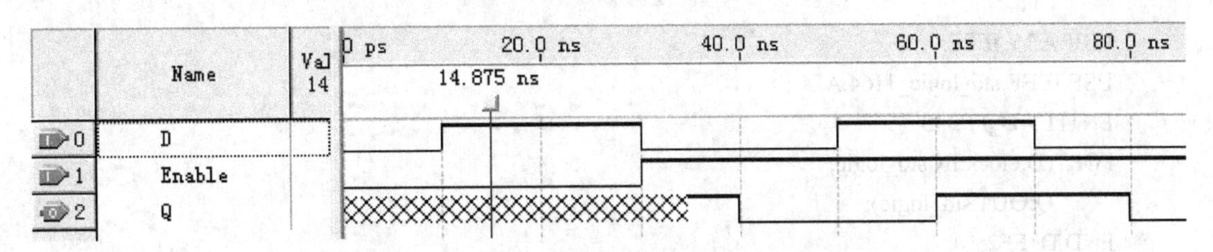

图 4-7 D 锁存器的时序仿真图

由图 4-7 可知，当 ENABLE='1'时，Q 输出为 D 的输入值，否则 Q 保持不变。

4.2 触发器

本书的触发器是指边沿触发的寄存器，是最基本的时序逻辑电路，所有的时序电路最终都可以由D触发器与组合逻辑实现，而这一点也与可编程器件的宏单元结构对应。

常见的触发器有D型、JK型、T型。在描述触发器时，本书多以上升沿触发器为例，请读者注意时钟上升沿的描述。

4.2.1 D触发器

D触发器是最常用的触发器，如图4-8所示，其他触发器都可由D触发器与组合逻辑电路构成，因而几乎所有数字逻辑电路都可以描述成D触发器与组合逻辑电路。

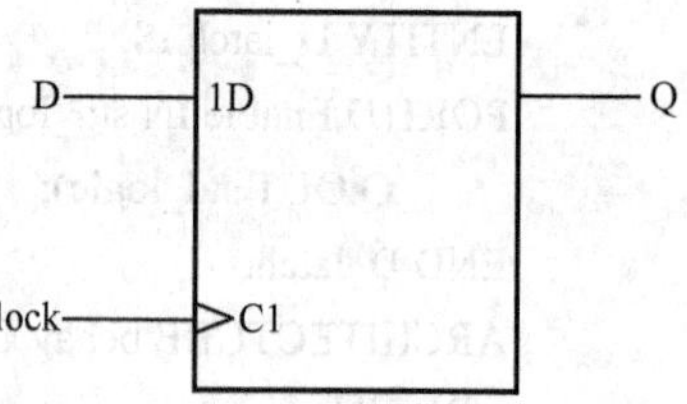

图4-8 D触发器

【例4-3】 D触发器。

方法一：

```
LIBRARY IEEE;
USE IEEE.std_logic_1164.ALL;
ENTITY D_FF1 IS
PORT(D,clock:IN std_logic;
      Q:OUT std_logic);
END D_FF1;
ARCHITECTURE behav OF D_FF1 IS
BEGIN
  PROCESS(clock)
      BEGIN
      IF(clock'event AND clock='1')THEN Q<=D;
      END IF;
  END PROCESS;
END behav;
```

方法二：

```
LIBRARY IEEE;
USE IEEE.std_logic_1164.ALL;
ENTITY D_FF2 IS
PORT(D,clock:IN std_logic;
      Q:OUT std_logic);
END D_FF2;
ARCHITECTURE behav OF D_FF2 IS
BEGIN
  PROCESS
  BEGIN
      WAIT UNTIL(clock = '1');   --等同于 wait until clock'event and clock='1'
      Q<=D;
```

```
   END PROCESS;
END behav;
```

方法三：

```
LIBRARY IEEE;
USE IEEE.std_logic_1164.ALL;
ENTITY D_FF3 IS
PORT(D,clock:IN std_logic;
      Q:OUT std_logic);
END D_FF3;
ARCHITECTURE behav OF D_FF3 IS
BEGIN
  PROCESS(clock)
  BEGIN
        IF clock = '1' THEN     --利用进程启动特性产生对 clk 的边沿检测
              Q<=D;
        END IF;
  END PROCESS;
END behav;
```

以上 3 种描述生成相同的 RTL 图和时序仿真图如图 4-9 和图 4-10 所示。

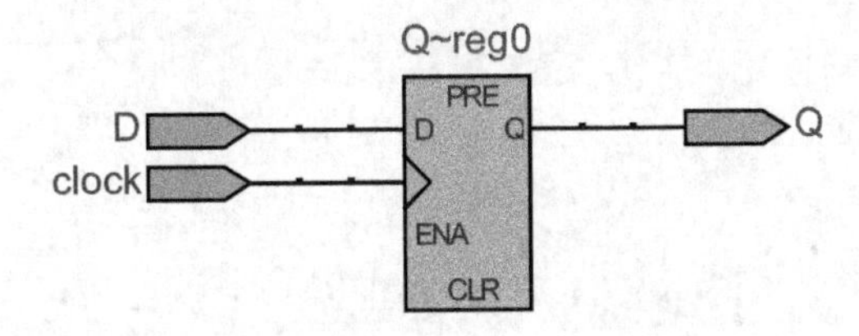

图 4-9　D 触发器的 RTL 图

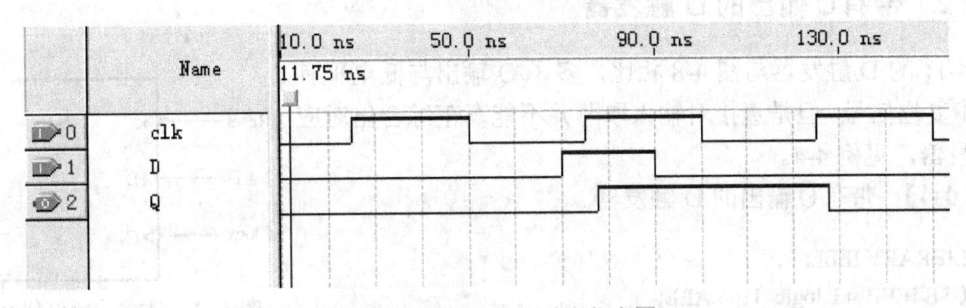

图 4-10　D 触发器的时序仿真图

由图 4-10 可知，当时钟上升沿到来时，把 D 的值赋给 Q，之后保持不变。到下一个时钟上升沿到来时，再次把 D 的值赋给 Q。

在上面 3 种描述中，可以看出时钟的边沿检测的 3 种方法。

在方法一中，利用 IF 语句检测时钟上升沿是否到来，clock' event 表示在 delta 时间内测得 clock 有一个跳变，而 detla 之后测得 clock 为'1'。当 clock 是 bit 类型时，可以推断在此前的 delta 时间内，clock 必为 0。当 clock 是 std_logic 类型时，因为 std_logic 可能的取值有 9 种，clock' event 为“真”的条件是 clock 在 9 种数据中的任何两种之间跳变，所以 clock'event and clock='1'不能肯定 clock 发生了一次由'0'～'1'的上升沿跳变。为确保是上升沿跳变，改写为：

```
clock' event and clock='1' and clock' last_value='0';
```

但这种写法，不是所有综合工具都支持，而且若 0->1 的跳变在仿真中，就不会被包含进去。程序包 std_logic_1164 为 std_logic 类型预定义了上升沿测试函数 rising_edge()和下降沿测试函数 falling_edge()。注意，因为多数综合器并不理会边沿测试语句中的信号是 std_logic 类型还是 bit 类型，因此最常用和通用的边沿检测表达式为：

```
clock' event AND clock='1';
```

下降沿的表达式为：

```
clock' event AND clock='0';
```

值得注意的是，clock' event AND clock='1'时钟上升沿检测语句不能作为操作数对待，所以 not clock' event AND clock='1'是不合理的 VHDL 描述。另外，IF clock' event AND clock='1'语句后面不存在 ELSE 分支。

方法二中，是利用 WAIT 语句启动进程，检测 clock 的上升沿。

方法三中，clock 的边沿检测由 PROCESS 语句和 IF 语句相结合实现。当 clock 发生跳变时，启动 PROCESS 进程，而在执行 IF 语句时，满足 clock='1'时才对 Q 进行赋值更新。所以相当于 clock 发生跳变且跳变为'1'时，将 D 赋给 Q，实际上就是 D 触发器的描述。注意，当敏感参数表中包含 D 时，即 PROCESS (clock,D)变为 D 锁存器，例如：

```
PROCESS( clock,D)
BEGIN
  IF clock= '1' THEN
        Q <=D;
  END IF;
END PROCESS;
```

4.2.2　带有 $\overline{Q}$ 输出的 D 触发器

图 4-11 的 D 触发器与图 4-8 相比，多了 Q 输出与低电平有效的异步复位信号。但是直接对输入取非并不能真正综合出对应的 D 触发器，见例 4-4。

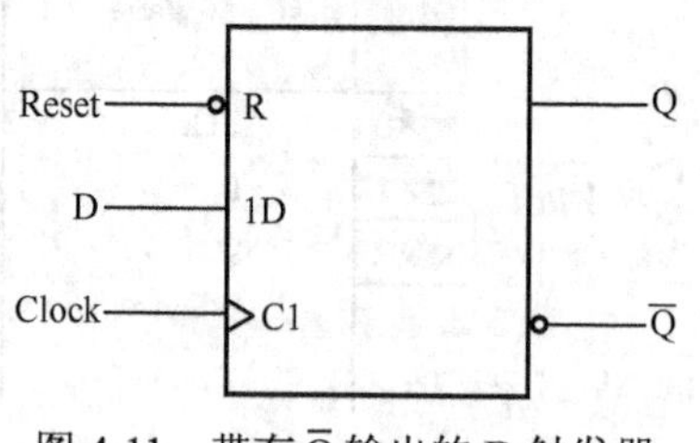

图 4-11　带有 $\overline{Q}$ 输出的 D 触发器

【例 4-4】 带有 $\overline{Q}$ 输出的 D 触发器。

```
LIBRARY IEEE;
USE IEEE.std_logic_1164.ALL;
ENTITY D_FF IS
PORT(D,clock,reset:IN std_logic;
        Q,Qbar:OUT std_logic);
END D_FF;
ARCHITECTURE behav OF D_FF IS
BEGIN
  PROCESS(clock, reset)
  BEGIN
        IF(reset='0')THEN Q<='0'; Qbar<='1';
        ELSIF   rising_edge(clock)   THEN
```

```
            Q<= D;
            Qbar<= NOT D;
        --在时钟上升沿下有两个赋值，这样就会引入两个D触发器而不是一个触发器。
          END  IF;
    END PROCESS;
  END behav;
```

直接取 $\bar{D}$ 的 RTL 图如图 4-12 所示，可以看到综合出了两个触发器。

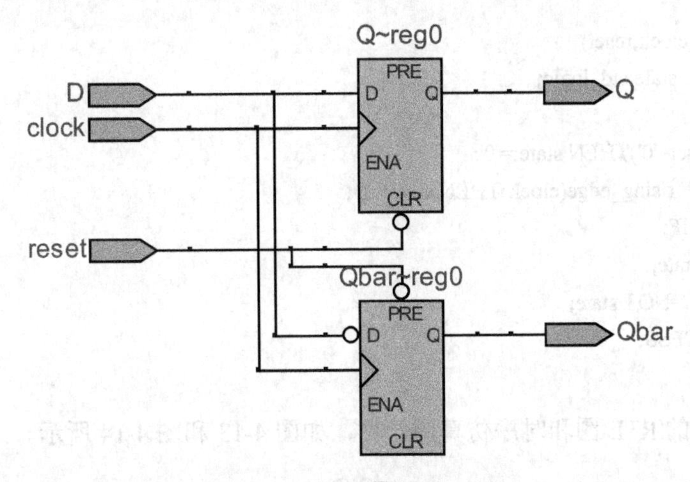

图 4-12　直接取 $\bar{D}$ 的 RTL 图

可以通过增加信号量和变量的方法写出标准的触发器，如例 4-5 所示。

【例 4-5】 带有 $\bar{Q}$ 输出的 D 触发器。

方法一：用信号来定义 state

```
LIBRARY IEEE;
USE IEEE.std_logic_1164.ALL;
ENTITY D_FF IS
PORT(D,clock,reset:IN std_logic;
        Q,Qbar:OUT std_logic);
END D_FF;
ARCHITECTURE behav OF D_FF IS
SIGNAL state:std_logic;
BEGIN
  PROCESS(clock,reset)
        BEGIN
        IF(reset='0')THEN state<='0';
        ELSIF rising_edge(clock)THEN state<=D;
        END IF;
  END PROCESS;
  Q<=state;
  Qbar<=NOT state;
 END behav;
```

方法二：用变量来定义 states

```
LIBRARY IEEE;
USE IEEE.std_logic_1164.ALL;
ENTITY D_FF IS
PORT(D,clock,reset:IN std_logic;
        Q,Qbar:OUT std_logic);
END D_FF;
ARCHITECTURE behav OF D_FF IS
BEGIN
  PROCESS(clock,reset)
  VARIABLE state:std_logic;
  BEGIN
        IF(reset='0')THEN state:='0';
        ELSIF rising_edge(clock)THEN state:=D;
        END IF;
        Q<=state;
        Qbar<=NOT state;
  END PROCESS;
END behav;
```

以上两种描述的 RTL 图和时序仿真图一样，如图 4-13 和图 4-14 所示。

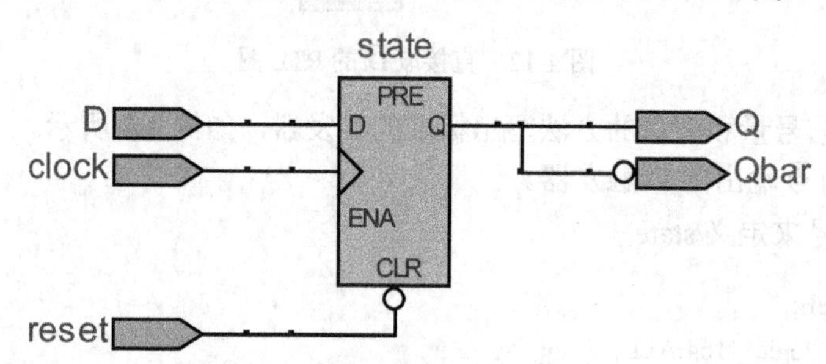

图 4-13　带有 $\overline{Q}$ 输出的 D 触发器的 RTL 图

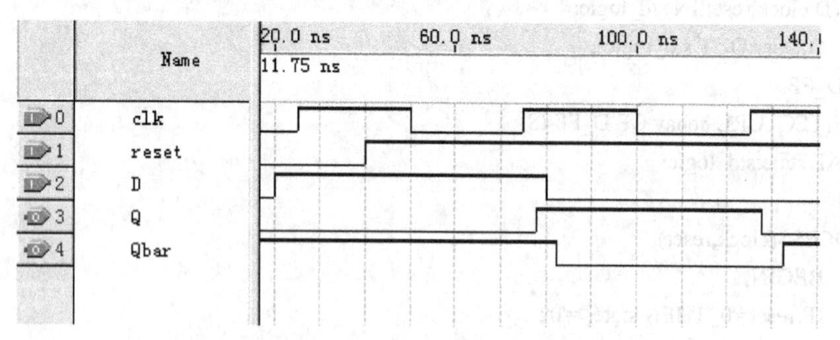

图 4-14　带有 $\overline{Q}$ 输出的 D 触发器的时序仿真图

在方法一中，将 state 定义成信号，要把 Q 和 Qbar 的赋值语句放在 PROCESS 外面。Q<=state 与 PROCESS 语句是并行语句，一旦 state 的值发生改变，Q 的值在 delta 延迟后会更新。如果把 Q 和 Qbar 的赋值语句放在进程的上升沿触发语句内部，在本次 PROCESS 中，有 state<=D，但 state 的值不会立即更新，所以导致 Q<= state 的值要在下一次 PROCESS 进程启动时才会更新。所以需要两个时钟上升沿来更新 Q，综合工具对这种情况将解释成暗含两个触发器。如果把 Q 和 Qbar 的赋值语句放在进程内且在 if 语句外面，结果也是综合成一个触发器。其 RTL 图和时

序仿真图如图 4-15 和图 4-16 所示。

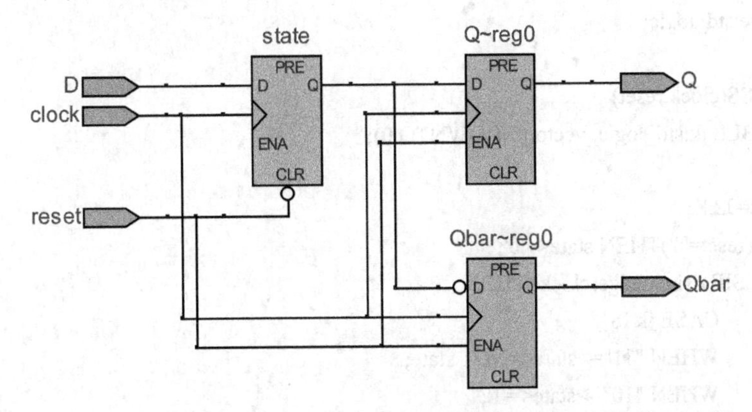

图 4-15　赋值语句放在上升沿触发语句里综合出来的 D 触发器 RTL 图

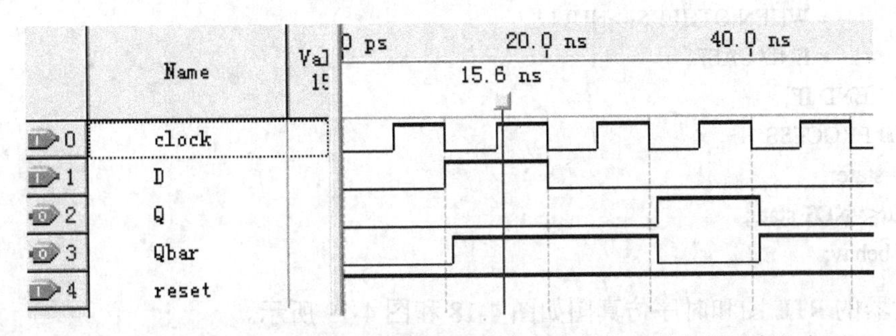

图 4-16　赋值语句放在上升沿触发语句里综合出来的 D 触发器时序仿真图

在方法二中，当 state 定义成变量时，变量的有效范围在 PROCESS 里面，因此，Q 和 Qbar 的赋值语句只能放在 PROCESS 里面。

4.2.3　JK 触发器

JK 触发器的符号如图 4-17 所示，真值表见表 4-2。

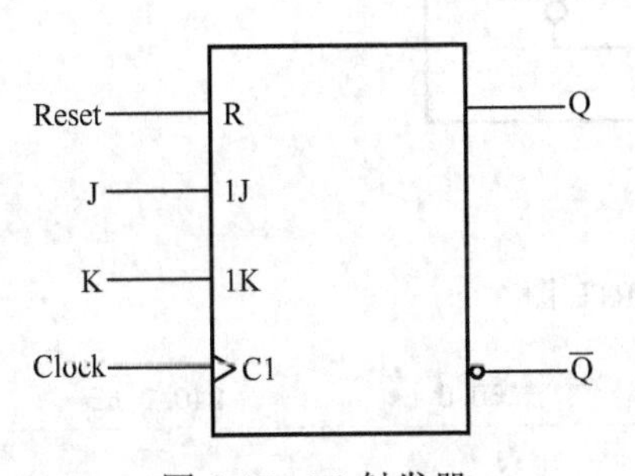

图 4-17　JK 触发器

表 4-2　JK 触发器真值表

J	K	Q^+	$\overline{Q}^+$
0	0	Q	$\overline{Q}$
0	1	0	1
1	0	1	0
1	1	Q	Q

【例 4-6】　JK 触发器。

```
LIBRARY IEEE;
USE IEEE.std_logic_1164.ALL;
ENTITY JK_FF IS
PORT(J,K,clock,reset:IN std_logic;
        Q,Qbar:OUT std_logic);
END JK_FF;
```

```
ARCHITECTURE behav OF JK_FF IS
signal state:std_logic;
BEGIN
  PROCESS(clock,reset)
  VARIABLE jk:std_logic_vector(1 DOWNTO 0);
  BEGIN
        jk:=J&K;
        IF(reset='0')THEN state<='0';
        ELSIF rising_edge(clock) THEN
              CASE jk IS
              WHEN "11"=>state<=NOT state;
              WHEN "10"=>state<='1';
              WHEN "01"=>state<='0';
              WHEN OTHERS=>NULL;
              END CASE;
        END IF;
  END PROCESS;
  Q<=state;
  Qbar<=NOT state;
END behav;
```

JK 触发器的 RTL 图和时序仿真图如图 4-18 和图 4-19 所示。

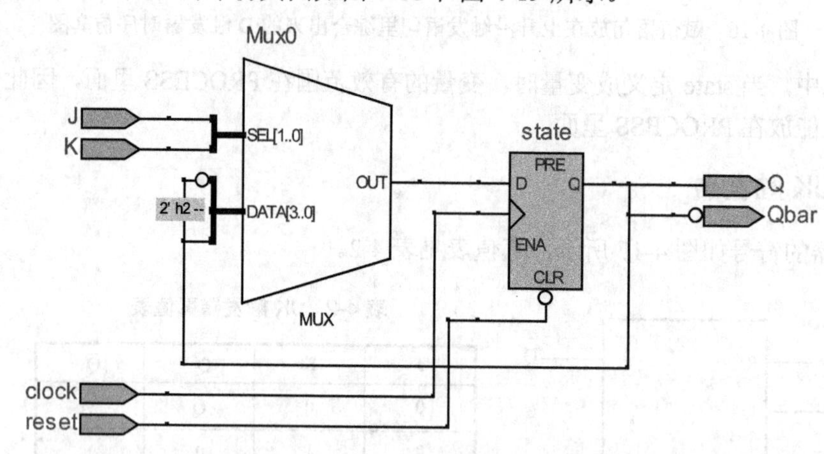

图 4-18　JK 触发器的 RTL 图

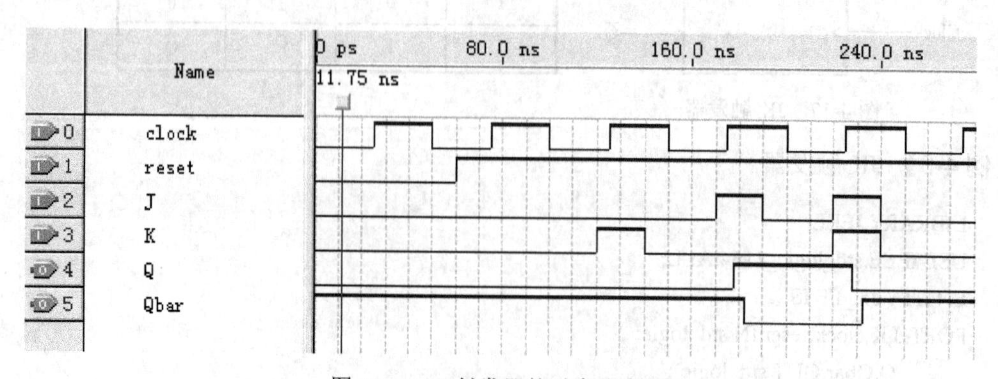

图 4-19　JK 触发器的时序仿真图

4.2.4 T触发器

T触发器的符号如图 4-20 所示，其真值表见表 4-3。

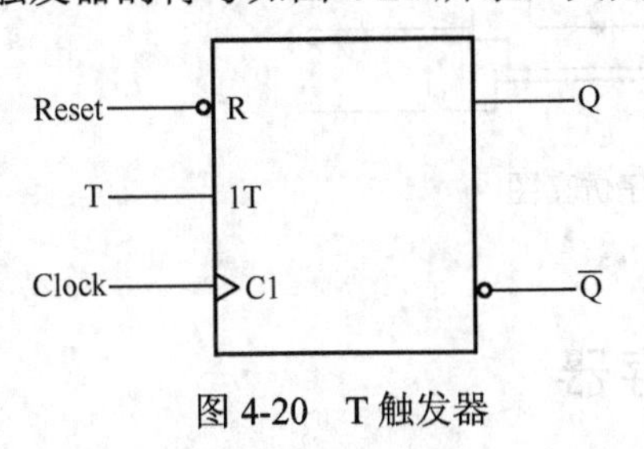

图 4-20 T触发器

表 4-3

T	Q^+	$\overline{Q}^+$
0	Q	$\overline{Q}$
1	$\overline{Q}$	Q

【例 4-7】 T触发器。

```
LIBRARY IEEE;
USE IEEE.std_logic_1164.ALL;
ENTITY T_FF IS
PORT(T,clock,reset:IN std_logic;
        Q,Qbar:OUT std_logic);
END T_FF;
ARCHITECTURE behav OF T_FF IS
BEGIN
  PROCESS(clock,reset)
  variable state:std_logic;
  BEGIN
        IF(reset='0')THEN state:='0';
        ELSIF(rising_edge(clock))THEN
              IF(T='1')THEN state:=not state;
              END IF;
        END IF;
        Q<=state;
        Qbar<=NOT state;
  END PROCESS;
END behav;
```

T触发器的 RTL 图和时序仿真图如图 4-21 和图 4-22 所示。

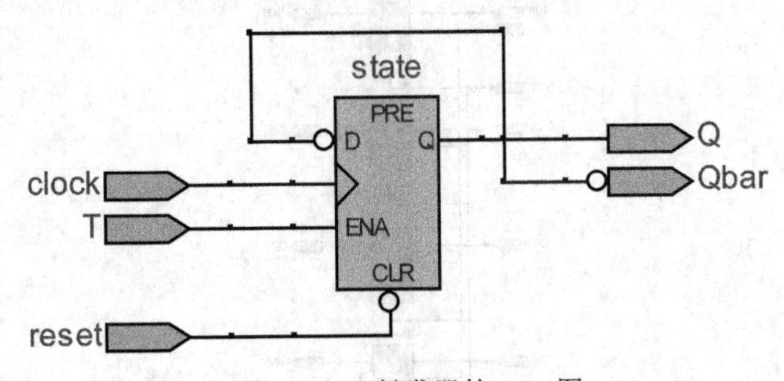

图 4-21 T触发器的 RTL 图

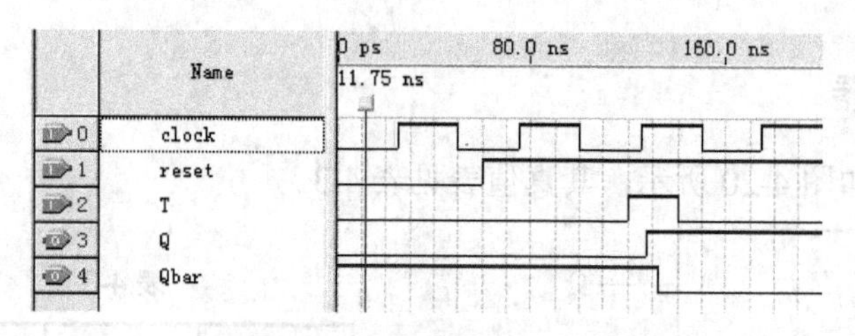

图 4-22　T 触发器的时序仿真图

4.3　多位寄存器

一个 D 触发器就是一位寄存器，如果需要多位寄存器，就要用多个 D 触发器组合而成。

【例 4-8】 多位寄存器。

```
LIBRARY IEEE;
USE IEEE.std_logic_1164.ALL;
ENTITY reg IS
GENERIC(n:natural:=4);--实体类属中的常数
PORT(D:IN std_logic_vector(n-1 DOWNTO 0);
    clock,reset:IN std_logic;
    Q:OUT std_logic_vector(n-1 DOWNTO 0));
END reg;
ARCHITECTURE behav OF reg IS
BEGIN
  PROCESS(clock,reset)
  BEGIN
        IF(reset='0')THEN Q<=(OTHERS=>'0'); --表示 Q 赋全'0'
        ELSIF rising_edge(clock) THEN
              Q<=D;
        END IF;
  END PROCESS;
END behav;
```

多位寄存器的 RTL 图和时序仿真图如图 4-23 和图 4-24 所示。

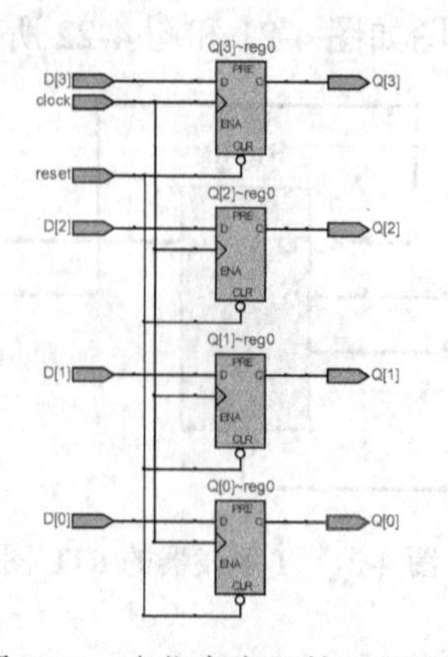

图 4-23　多位寄存器的 RTL 图

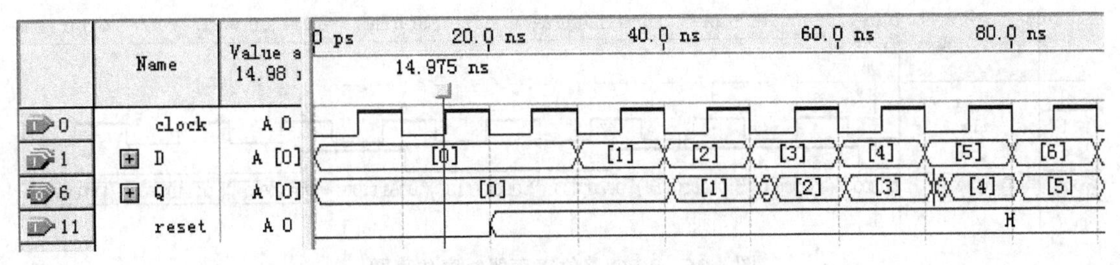

图 4-24　多位寄存器的时序仿真图

4.4　串进并出型移位寄存器

所谓串进并出（SIPO），即串行输入（Serial-In，Parallel-Out），在时钟的边沿移位进寄存器，形成并行输出。

【例 4-9】 SIPO 移位寄存器。

```
LIBRARY IEEE;
USE IEEE.std_logic_1164.ALL;
ENTITY sipo IS
GENERIC(n:natural:=8);
PORT(clk:IN std_logic;
    a:IN std_logic;
    q:OUT std_logic_vector(n-1 DOWNTO 0));   --定义寄存器变量 reg
END sipo;
ARCHITECTURE behav OF sipo IS
signal reg:std_logic_vector(n-1 DOWNTO 0);
BEGIN
  PROCESS(clk)
  BEGIN
      IF rising_edge(clk)THEN
          reg<=reg(n-2 DOWNTO 0)&a; ;    --左移移位寄存器;
          -- 与此相对的，reg : = a & reg (n-1 downto 1); 右移移位寄存器
      END IF;
      q<=reg;
  END PROCESS;
END behav;
```

SIPO 移位寄存器的 RTL 图和时序仿真图如图 4-25 和图 4-26 所示。

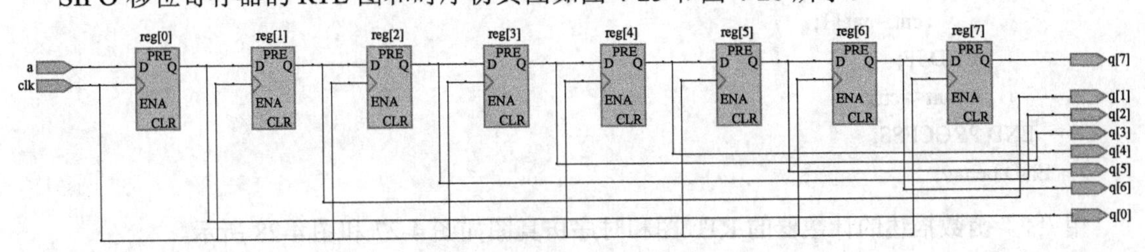

图 4-25　SIPO 移位寄存器的 RTL 图

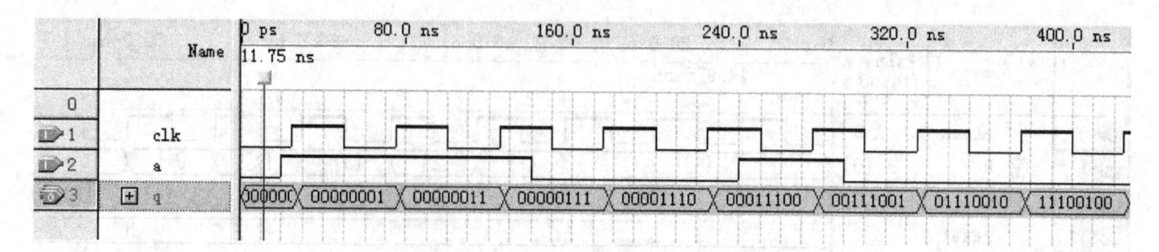

图 4-26　SIPO 移位寄存器时序仿真图

由图 4-26 可知，当输入 8 位数据 11100100 时，从仿真波形可以看出，8 位数据是从低位左移存储到寄存器中的。

4.5　计数器

计数是一种最简单最基本的运算，计数器就是实现这种运算的逻辑电路。计数器的作用主要是对脉冲的个数进行计数，以实现测量、计数和控制的功能，同时兼有分频功能。比如七位计数器，可对输入时钟进行七分频。

1．用“+”函数描述

【例 4-10】 用“+”函数描述的计数器。

```
LIBRARY IEEE;
USE IEEE.std_logic_1164.ALL;
USE IEEE.std_logic_unsigned.ALL;
ENTITY counter IS
GENERIC(n:natural:=4);
PORT(clk:IN std_logic;
    reset:IN std_logic;
    count:OUT std_logic_vector(n-1 DOWNTO 0));
END counter;
ARCHITECTURE behav OF counter IS
BEGIN
  PROCESS(clk,reset)
  variable cnt:std_logic_vector(n-1 DOWNTO 0);
  BEGIN
       IF reset='0'THEN cnt:=(OTHERS=>'0');
       ELSIF rising_edge(clk) THEN
            cnt:=cnt+1;
       END IF;
       count<=cnt;
  END PROCESS;
END behav;
```

用“+”函数描述的计数器的 RTL 图和时序仿真图如图 4-27 和图 4-28 所示。

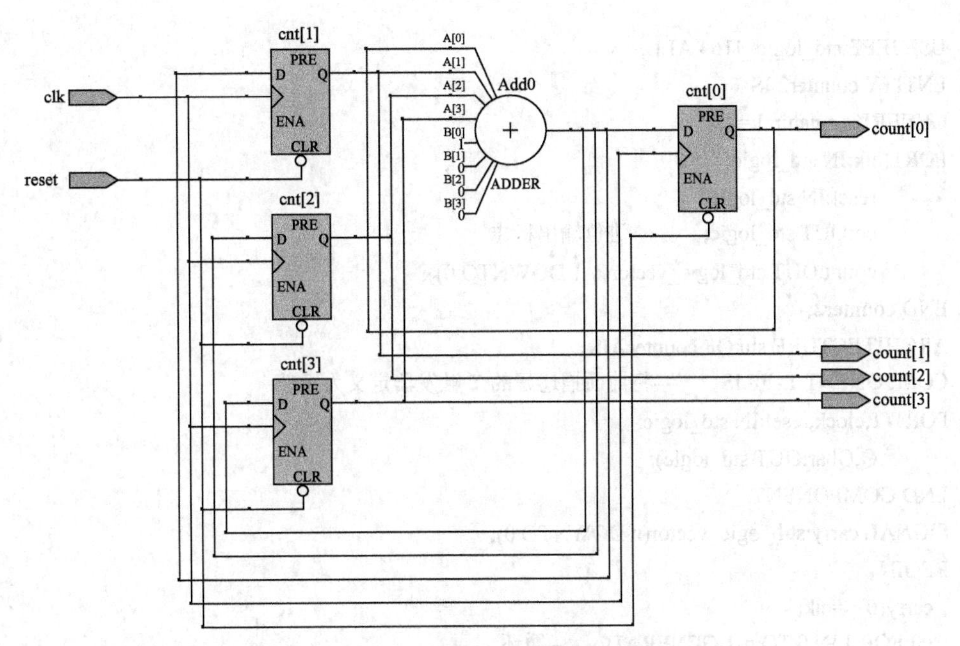

图 4-27　用“+”函数描述的计数器的 RTL 图

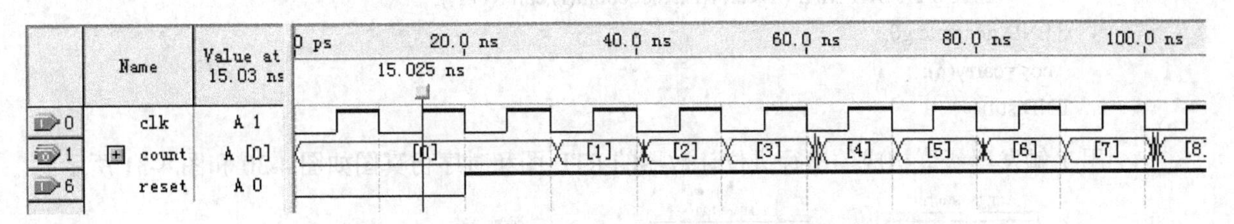

图 4-28　用“+”函数描述的计数器的时序仿真图

注意：std_logic_vector+std_logic_vector return std_logic_vector，这个重载“+”函数在 std_logic_unsigned 程序包中。

2．应用 T 触发器级联构成串行进位的二进制计数器

例 4-10 描述的计数器，当在全 1 状态下，再来一个时钟上升沿时，将变为全 0，并且没有进位标志输出。图 4-29 是用 T 触发器级联构成的串行进位计数器，可以看到最后有一个进位信号，所以当由全 1 变到全 0 时，会输出一个进位标志。

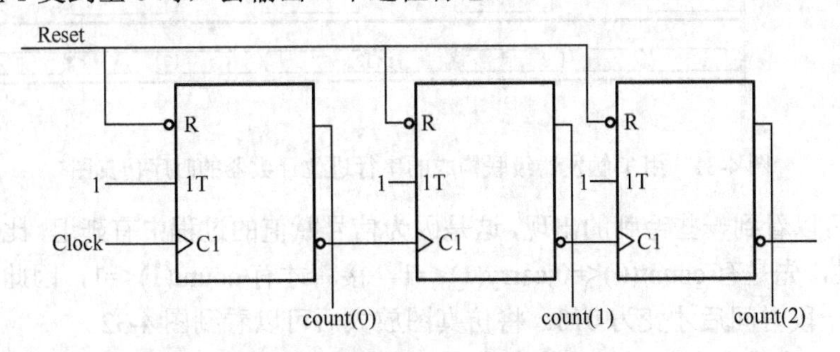

图 4-29　串行进位二进制计数器

【例 4-11】　用 T 触发器级联构成的串行进位计数器。

```
LIBRARY IEEE;
```

```
USE IEEE.std_logic_1164.ALL;
ENTITY counter2 IS
GENERIC(n:natural:=4);
PORT(clk:IN std_logic;
        reset:IN std_logic;
        co:OUT std_logic;          --进位输出标志
        count:OUT std_logic_vector(n-1 DOWNTO 0));
END counter2;
ARCHITECTURE stu OF counter2 IS
COMPONENT T_FF IS        - -将前面描述好的 T 触发器定义为元件
PORT(T,clock,reset:IN std_logic;
        Q,Qbar:OUT std_logic);
END COMPONENT;
SIGNAL carry:std_logic_vector(n DOWNTO 0);
BEGIN
  carry(0)<=clk;
  g0:FOR I IN 0 TO n-1 GENERATE      --循环
        T1:T_FF PORT MAP('1',carry(I),reset,count(I),carry(I+1));
  END generate g0;
  co<=carry(n);
END stu;
```

用 T 触发器级联构成的串行进位计数器的 RTL 图和时序仿真图如图 4-30 和图 4-31 所示。

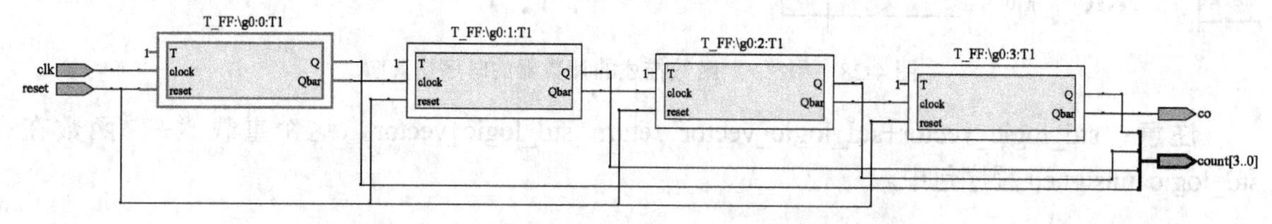

图 4-30　用 T 触发器级联构成的串行进位计数器的 RTL 图

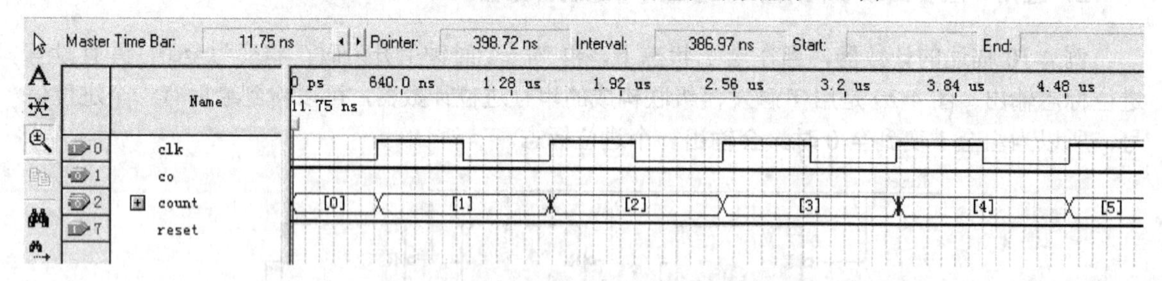

图 4-31　用 T 触发器级联构成的串行进位计数器的时序仿真图

图 4-31 中可以看到一些毛刺的出现，这是因为信号赋值的过程中有延迟，比如计数器由 001 变成 010 的时候，先是有 count(0)<=0;carry(1)<=1，接着才有 count(1)<=1，因此 count 会先变为 000，接着延迟一段时间后才变为 010。将仿真图放大后可以看到图 4-32。

同理，当 011 变成 100 的时候也会发生类似的情况，count 先从 011 变成 010，最后才变成 100，如图 4-33 所示。

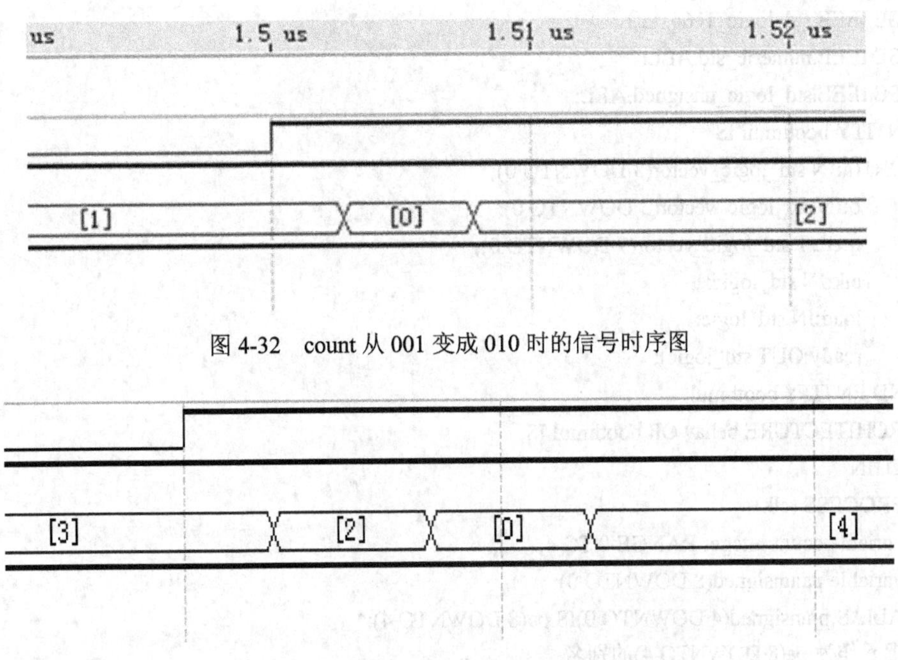

图 4-32　count 从 001 变成 010 时的信号时序图

图 4-33　count 从 011 变成 100 时的信号时序图

4.6　无符号数乘法器

无符号数乘法器可以使用 std_logic_unsigned 程序包中的“*”运算符号实现。假设乘法器中允许乘法执行多个时钟周期，则可以大大减小乘法器所需的面积。在下面设计的这个乘法器中，乘法的基本操作是移位，因此可利用一个 *r* 位的加法器（可控全加器）与 2*r* 位的移位寄存器（累加移位寄存器+乘数移位寄存器）组成 *r* 位的乘法器。乘法过程如图 4-34 所示，在时钟的控制下，移位寄存器将乘数一位一位地移出，可控全加器根据加命令，执行累加移位寄存器与被乘数寄存器的相加操作，并将相加结果覆盖累加移位寄存器的内容。

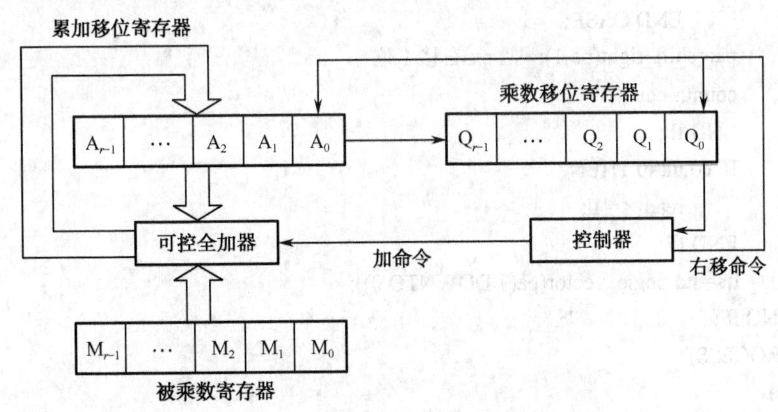

图 4-34　乘法器结构示意图

【例 4-12】　无符号数乘法器。

```
LIBRARY IEEE;
USE IEEE.std_logic_1164.ALL;
USE IEEE.numeric_std.ALL;
USE IEEE.std_logic_unsigned.ALL;
ENTITY boothmul IS
PORT(a:IN std_logic_vector(3 DOWNTO 0);
      b:IN std_logic_vector(3 DOWNTO 0);
      q:OUT std_logic_vector(7 DOWNTO 0);
      clk:IN std_logic;
      load:IN std_logic;
      ready:OUT std_logic);
END ENTITY boothmul;
ARCHITECTURE behav OF boothmul IS
BEGIN
  PROCESS (clk)
  variable count:integer RANGE 0 TO 4;
  variable pa:unsigned(8 DOWNTO 0);
  ALIAS p:unsigned(4 DOWNTO 0)IS pa(8 DOWNTO 4);
--把 p 作为 pa(8 DOWNTO 4)的别名
  BEGIN
        IF(rising_edge(clk))THEN
              IF load='1' THEN
              p:=(OTHERS=>'0');
              pa(3 DOWNTO 0):=unsigned(a);
              count:=4;
              ready<='0';
              ELSIF count>0 THEN
                    CASE std_logic'(pa(0))IS
                          WHEN '1'=>
                          p:=p+unsigned(b);
                          WHEN others=>NULL;
                    END CASE;
              pa:=shift_right(pa,1);--把 pa 右移 1 位
              count:=count-1;
              END IF;
              IF count=0 THEN
                    ready<='1';
              END IF;
              q<=std_logic_vector(pa(7 DOWNTO 0));
        END IF;
  END PROCESS;
END behav;
```

无符号乘法器的 RTL 图和时序仿真图如图 4-35 和图 4-36 所示。

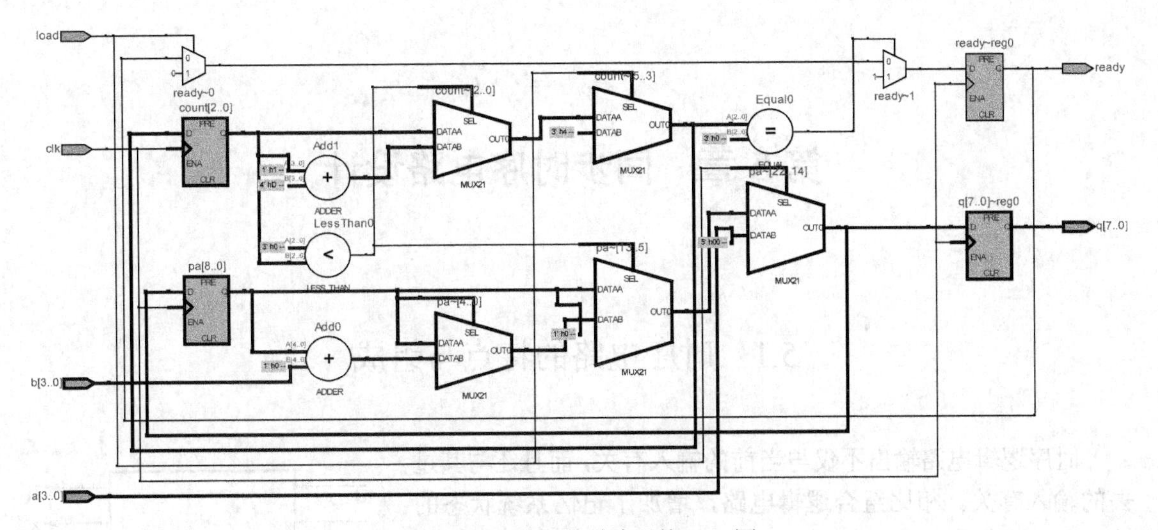

图 4-35　无符号数乘法器的RTL图

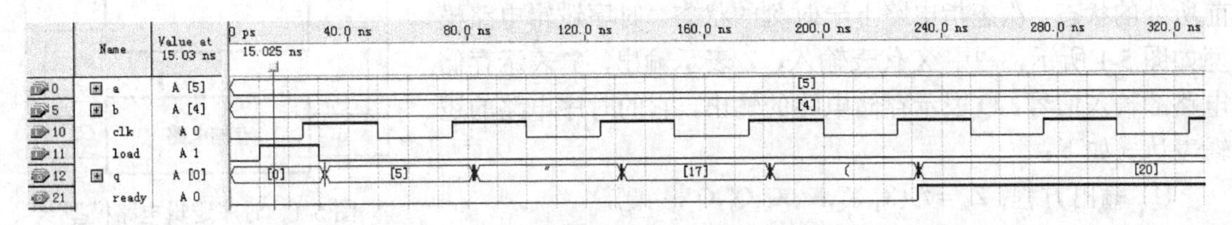

图 4-36　无符号数乘法器的时序仿真图

第 5 章　同步时序电路设计

5.1　时序电路的特点与组成

时序逻辑电路输出不仅与当前的输入有关，而且还与其过去的输入有关。相比组合逻辑电路，增加了记忆系统状态的储存器。时序电路中引进了现态和次态的概念，现态指电路当前所处的状态，次态指电路下一时刻的状态。时序逻辑电路模型如图 5-1 所示，图中 X 代表输入，Z 表示输出，Y 表示存储电路的输入信号，Q 表示存储电路的输出，它的时序电路的逻辑表达式如下：

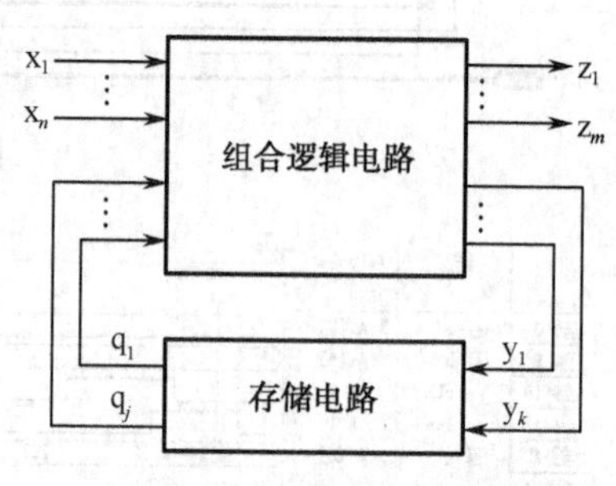

图 5-1　时序逻辑电路模型

① 输出方程：$Z_m = f_m(X_1, X_2, \cdots, X_n, Q_1^n, Q_2^n, \cdots, Q_j^n)$

② 驱动方程：$Y_k = g_k(X_1, X_2, \cdots, X_n, Q_1^n, Q_2^n, \cdots, Q_j^n)$

③ 状态方程：$Q_j^{n+1} = h_j(Y_1, Y_2, \cdots, Y_n, Q_1^n, Q_2^n, \cdots, Q_j^n)$

如果按状态变化的特点划分，可以将时序电路分为同步时序电路和异步时序电路。同步时序电路有统一时钟，电路状态的改变是在统一时钟作用下同时发生的。而异步时序电路没有统一时钟，电路状态的改变并不是同时发生的。单个触发器就是典型的同步时序逻辑电路，单个锁存器就是典型的异步时序逻辑电路。

如果按输出信号的特点划分，可以将时序电路分为米里（Mealy）型和摩尔（Moore）型。Mealy 型电路的输出不仅与存储器的状态有关，还与输入有关。而 Moore 型电路的输出仅仅取决于存储器的状态，如图 5-2 所示。

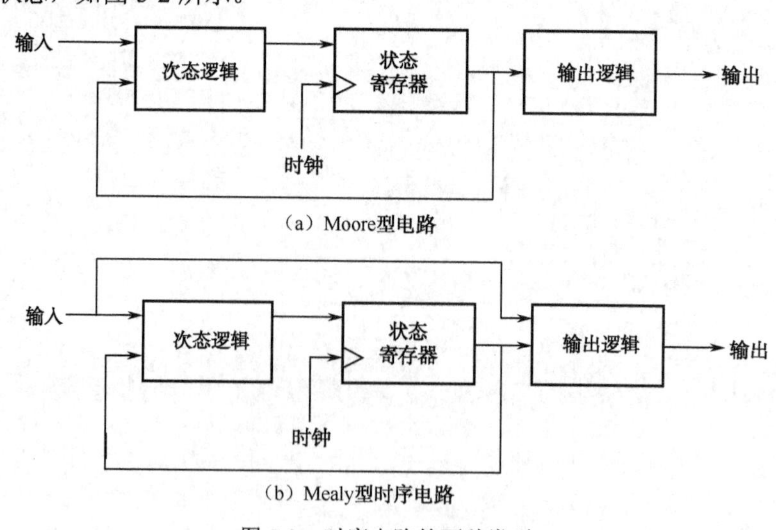

（a）Moore型电路

（b）Mealy型时序电路

图 5-2　时序电路的两种类型

在时序逻辑电路中，产生次态的电路和输出电路是组合逻辑电路。组合逻辑电路存在竞争与冒险，可能导致时序系统进入不正确的状态。所谓竞争与冒险，是指在组合电路中，信号经不同途径传输后，达到电路中某一会合点的时间有先有后，这种现象称为竞争。由于竞争而使电路输出发生瞬间错误的现象，称为冒险。图 5-3 是竞争与冒险的例子（这里假设 A、B 为逻辑 1）。

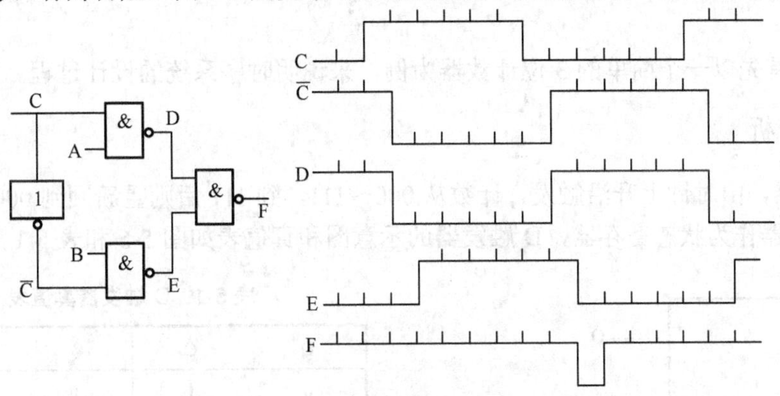

图 5-3　竞争与冒险现象示意图

消除竞争与冒险的方法有多种，可以考虑接入滤波电容，或者修改逻辑设计，也可以引入选通脉冲。接滤波电容的方法简单易行，但影响输出电压波形；修改逻辑设计，比如通过增加多余逻辑的方法消除竞争与冒险，此方法也不是非常理想，因为产生次态的组合逻辑电路往往是很复杂的。相对而言，引入选通脉冲的方法比较简单，只是使用这种方法时必须得到一个与输入信号同步的选通脉冲，而且对这个脉冲的时间周期有严格的要求。这时候，可以通过使用同步时序逻辑电路的方法来实现所谓引入选通脉冲的效果，以消除次态逻辑存在竞争与冒险的问题。在这里，要注意的是选择合适的时钟周期。

时钟周期 T 的选取与电路的时序约束条件息息相关。在时序电路中，有三个重要的时序参数，即建立时间（t_{su}）、保持时间（t_{hold}）和传播延时（$t_{c\text{-}q}$）。其中，建立时间指的是在触发器的时钟信号上升沿到来以前，数据稳定不变的时间。如果建立时间不够，数据将不能正确输入触发器。保持时间指的是在触发器的时钟信号上升沿到来以后，数据稳定不变的时间。如果保持时间不够，数据同样不能正确输入触发器。传播延时指的是信号传播路径上传播所需要的时间。建立时间、保持时间与传播延时的定义如图 5-4 所示。在同步时序电路中，时序电路工作的时钟周期 T 必须能容纳电路中任何一级的最长延时。假设一个逻辑最坏情形的延时为 t_{plogic}，那么时序电路工作的时钟周期 T 应该满足：

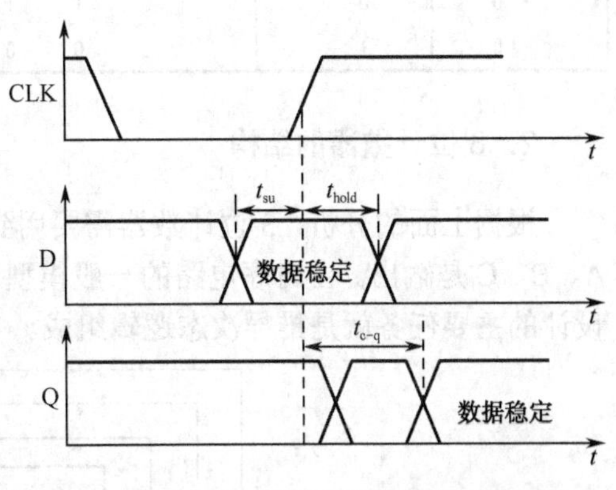

图 5-4　建立时间、保持时间与传播延时的定义

$$T > t_{su} + t_{c\text{-}q} + t_{plogic}$$

在设计的时候，必须根据电路的时序参数选择合适的时钟周期，保证时钟周期满足上述条件。关于时钟周期 T 的选择这里仅作简单说明，详细内容可参考数字电路设计相关书籍。

在本章的同步时序电路中，我们通过将状态寄存器设计成采用时钟边沿触发的 D 触发器，可以消除次态逻辑电路中存在竞争与冒险的影响，而不会使电路进入不正确的状态。异步时序电路对竞争与冒险非常敏感，所以在实际设计中经常偏向于选择同步时序电路。所以，本章主要探讨同步时序电路的设计。

5.2 设计实例——3 位计数器

下面我们首先以一个简单的 3 位计数器为例，来说明时序系统的设计过程。

1. 设计分析

3 位计数器，由时钟上升沿触发，计数从 000～111，到 111 后则重新回到 000。采用上升沿触发的 D 触发器作为状态寄存器，D 触发器的示意图和真值表如图 5-5 和表 5-1 所示。

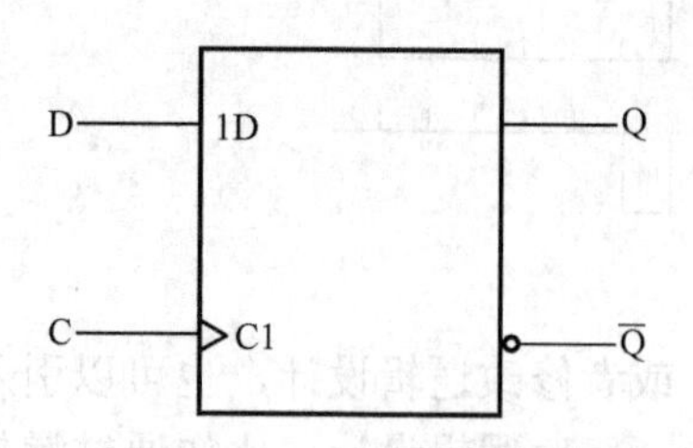

图 5-5 D 触发器的示意图

表 5-1 D 触发器真值表

D	C	Q^+	$\overline{Q}^+$
0	↑	0	1
1	↑	1	0
—	0	Q	$\overline{Q}$
—	1	Q	$\overline{Q}$

用 A、B、C 分别表示 3 个位，则 A^+、B^+、C^+表示 A、B、C 的次态，真值表如表 5-2 所示。

表 5-2 位和次态真值表

A	B	C	A^+	B^+	C^+	A	B	C	A^+	B^+	C^+
0	0	0	0	0	1	1	0	0	1	0	1
0	0	1	0	1	0	1	0	1	1	1	0
0	1	0	0	1	1	1	1	0	1	1	1
0	1	1	1	0	0	1	1	1	0	0	0

2. 3 位计数器的结构

根据上面的分析，3 位计数器需要用到 3 个状态寄存器。A^+、B^+、C^+是状态寄存器的输入；A、B、C 是输出。由时序电路的一般模型可以画出如图 5-6 所示的 3 位计数器的结构图。到此，设计的主要任务就是推导次态逻辑组成。

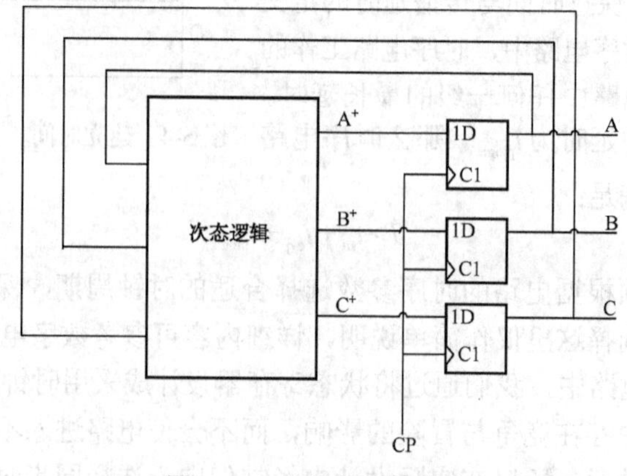

图 5-6 3 位计数器的结构

3. 次态逻辑关系的推导

通过真值表，可以画出图 5-7 所示的 K-map 图（卡诺图）。

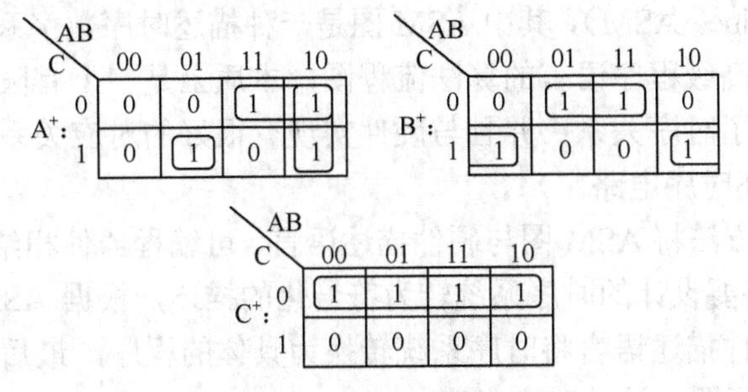

图 5-7 3 位计数器的 K-map 图

根据图 5-7 所示的 K-map 图，可以推导出次态逻辑方程：

$$A^+=A\cdot\overline{C}+A\cdot\overline{B}+\overline{A}\cdot B\cdot C$$

$$B^+=B\cdot\overline{C}+\overline{B}\cdot C$$

$$C^+=\overline{C}$$

4. 3 位计数器的电路图

根据次态逻辑方程可得到次态逻辑电路组成，将次态逻辑电路放到图 5-6 中，就可得到 3 位计数器的详细电路，如图 5-8 所示。

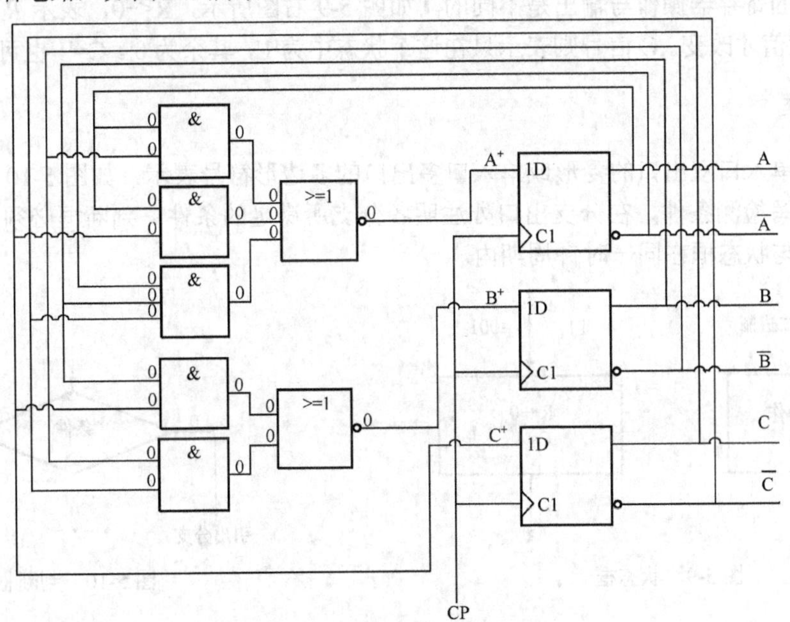

图 5-8 3 位计数器的详细电路

5.3 时序电路描述方法

5.2 节中介绍的 3 位计数器设计方法，对于复杂的时序系统是不合适的，首先，状态的分析不容易，其次，次态逻辑与输出逻辑用 K-map 图的方法来求也不现实。因此，对于时序系统的设计需要一种符号化的描述，这种符号化的描述可以与时序电路的状态寄存器与次态逻辑、输出逻辑相对应。时序电路常用的描述方法有状态机（State Machine Diagram）与算法状态机（Algorithmic State Machine，ASM），其中 ASM 图是一种描述时序数字系统控制过程的算法流程图，其结构形式类似于高级程序语言的算法流程图，本质上是一个有限状态机，主要用于同步系统，相比状态机隐含了时序关系；并且与硬件实现有很好的对应关系，因此本节中主要介绍如何采用 ASM 图来描述时序电路。

现代数字系统设计方法将 ASM 图与硬件描述语言、可编程器件相结合，提出了设计时序电路的新方法。ASM 图将要设计的时序系统转为符号化的描述，根据 ASM 图，就可以采用“看图说话”的方法利用硬件描述语言将时序系统转换为具体的程序，最后将设计好的程序下载到可编程器件中，就得到了要设计的时序电路。

5.3.1 ASM 图的组成

ASM 图主要由三部分组成，分别是状态框、判断框与条件框。

1. 状态框

用一个矩形框来表示一个状态。状态的名称写在左上角，状态的二进制编码写在右上角，操作内容写在矩形框内。在同步系统中，状态经历的时间至少是一个时钟周期，也可以是几个周期。

状态框中的寄存器操作与输出是不同的，如图 5-9 右图所示，R<-0，表示 *R* 在状态末置为 0，直到重新赋值才改变。C 信号则表示只在这个状态中为'1'，其余为'0'。C='1'也可直接写为 C 。

2. 判断框

判断框用单入口双出口的菱形或单入口多出口的多边形符号表示，如图 5-10 所示。在菱形和多边形框内写检测条件，在分支出口处注明各分支所满足的条件。判断框必须跟着状态框。判断框的执行与状态框在同一时钟周期内。

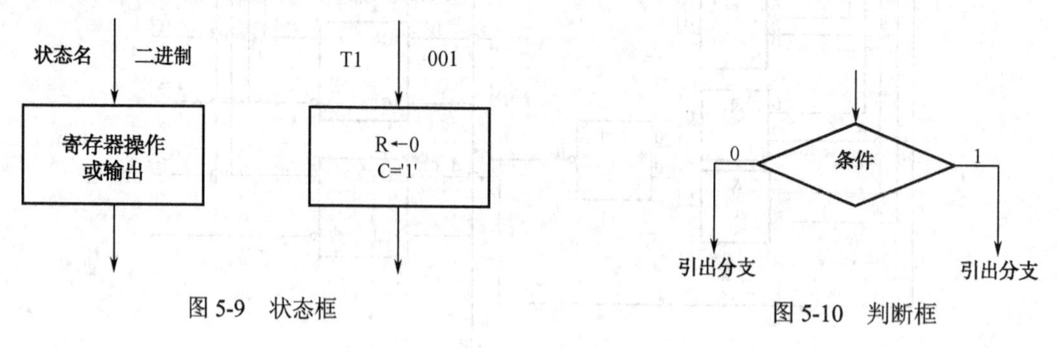

图 5-9 状态框

图 5-10 判断框

3. 条件框

条件框用椭圆来表示，如图 5-11 所示。条件框一定是与判断框的一个转移分支相连接，仅当判断框中的判断变量满足相应的转移条件时，才进行条件框中表明的操作和信号输出。虽然条件框和状态框都能执行操作和输出信号，但二者有很大区别，看下面的例子。

在图 5-12 的例子中，当系统处于 S_1 状态下，并且变量 X 满足 X=1 时，立刻执行寄存器 R 清零操作，然后在下一个时钟进入 S_2 状态。如果变量 X=0 时，将在下一个时钟直接进入 S_3 状态。

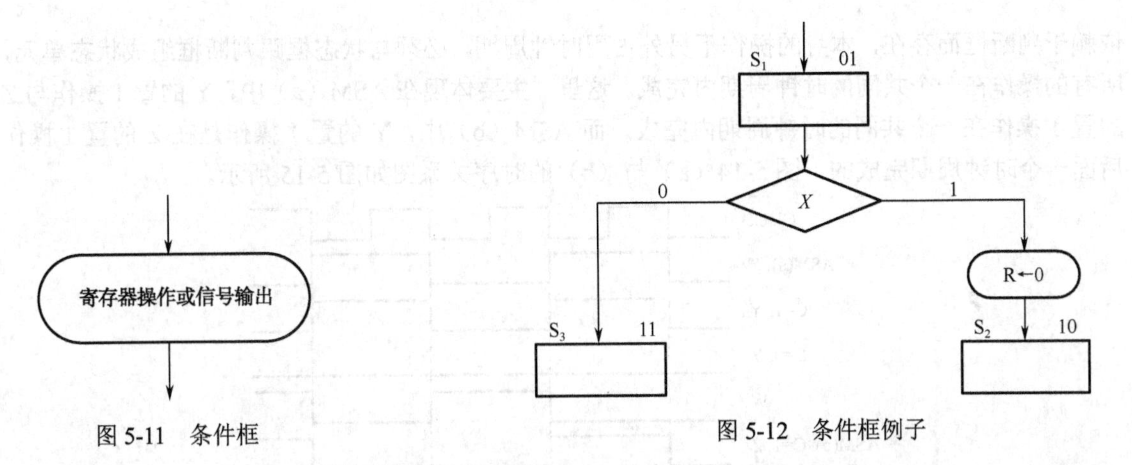

图 5-11　条件框　　　　图 5-12　条件框例子

状态框以及该状态框下的判断框、条件框的操作，是在一个共同的时钟周期内一起完成的，简称状态单元。状态单元由一个状态框和若干个判断框或条件框组成，如图 5-13 所示，点画线内就是一个状态单元。状态单元的入口必须是状态框的入口，出口可以有几个，但必须指向状态框。状态单元的特点是仅包含一个状态框，无判断框跟条件框的 ASM 块是一个简单的状态单元。每个状态单元表示一个时钟周期内系统所处的状态，在该状态下完成块内的若干操作。

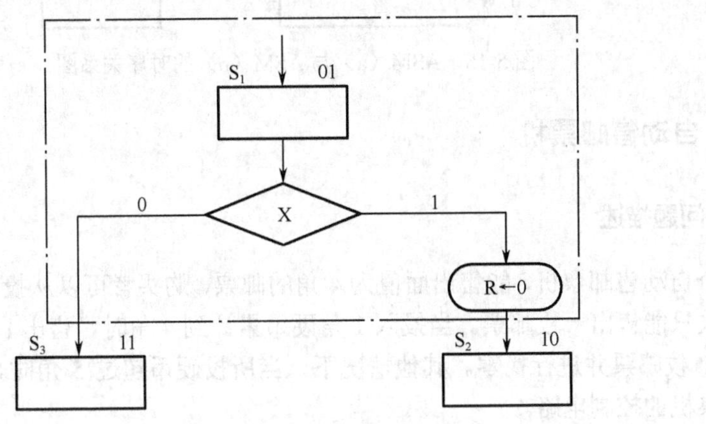

图 5-13　ASM 状态单元

【例 5-1】 请试着画出下面图 5-14（a）与（b）的时序关系图，体会状态框与条件框的区别。

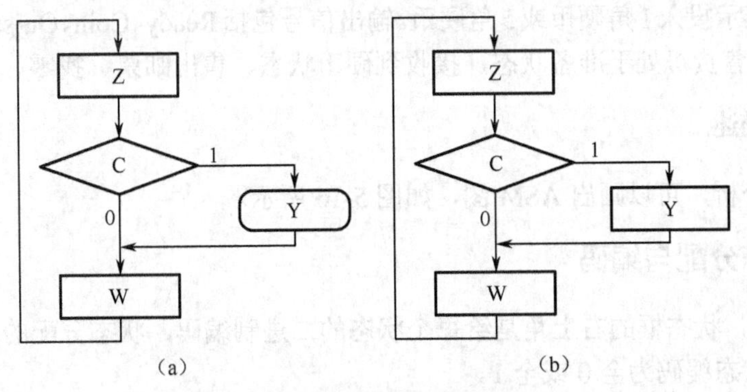

图 5-14　例 5-1 的图

状态框与条件框都能执行赋值操作，但是不管是单独一个状态框，还是一个状态框与判断框、条件框组成的状态单元，所有的操作都是在一个共同的时钟周期内完成的，而条件框必须依赖于判断框而存在，本身的操作不另外占用时钟周期，必须与状态框跟判断框组成状态单元，所有的操作在一个共同的时钟周期内完成。这里，主要体现在 ASM（a）中，Y 的置 1 操作与 Z 的置 1 操作在一个共同的时钟周期内完成，而 ASM（b）中，Y 的置 1 操作是在 Z 的置 1 操作后面一个时钟周期完成的。图 5-14（a）与（b）的时序关系图如图 5-15 所示。

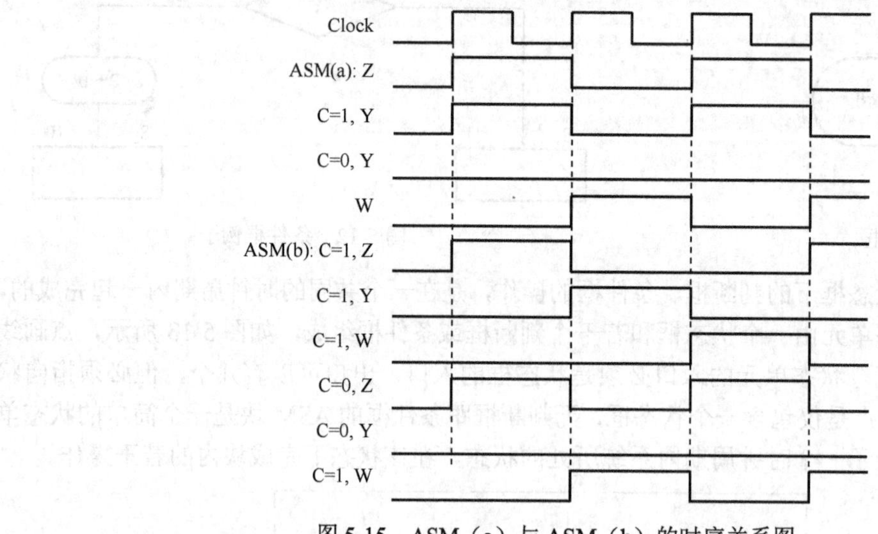

图 5-15　ASM（a）与 ASM（b）的时序关系图

5.3.2　自动售邮票机

1. 设计问题描述

现有一个自动售邮票机，能售出面值为 4 角的邮票，购买者可以从投币孔投入 1 角或 5 角的硬币，且每次只能售出一枚邮票。当投入 1 角硬币累计到 4 角时，售出 1 枚邮票；当直接投入 5 角时，售出 1 枚邮票并进行找零。其他情况下，当所投硬币超过 5 角时，退回所有硬币。设计该自动售邮票机的控制电路。

2. 设计分析

根据上面描述的问题，该自动售邮票机可以作为一个有限状态机来设计。输入信号包括，coinl、coin5 分别表示投入 1 角硬币或 5 角硬币。输出信号包括 Ready、Coin、Ou-stamp、Give charge、Retum，分别表示售货机处于准备状态、接收到硬币状态、售出邮票、找零、退出所有硬币。

3. ASM 图描述

根据上面的分析，可以画出 ASM 图，如图 5-16 所示。

5.3.3　状态分配与编码

在 ASM 图中，状态框的右上角是给每个状态的二进制编码，状态分配的原则有以下几点：

（1）第一个状态编码为全 0 或全 1。

（2）其余状态用二进制计数序列依次表示。

（3）为使相邻状态间变化的位数最少，可以采用格雷码。

（4）为使次态逻辑更加简单，可以采用“one-hot”或“one-cold”编码（每个状态用一个变量)。虽然这种分配法用的触发器数不是最少，但可以使次态逻辑变得简单，对于一般的可编程器件（如 FPGA），触发器的比率高于组合逻辑，所以采用“one-hot”编码的系统占用的资源反而少于采用最少触发器的系统。状态编码的知识将在后面详细讲述，这里仅作简单应用。

图 5-16 所示的自动售邮票机的 ASM 图，若采用二进制计数序列对状态进行编码，则需要 4 个状态寄存器（3 个状态寄存器最多只能表示 8 个状态，图 5-16 中共有 9 个状态，所以需要 4 个寄存器），编码后的 ASM 图如图 5-17 所示。

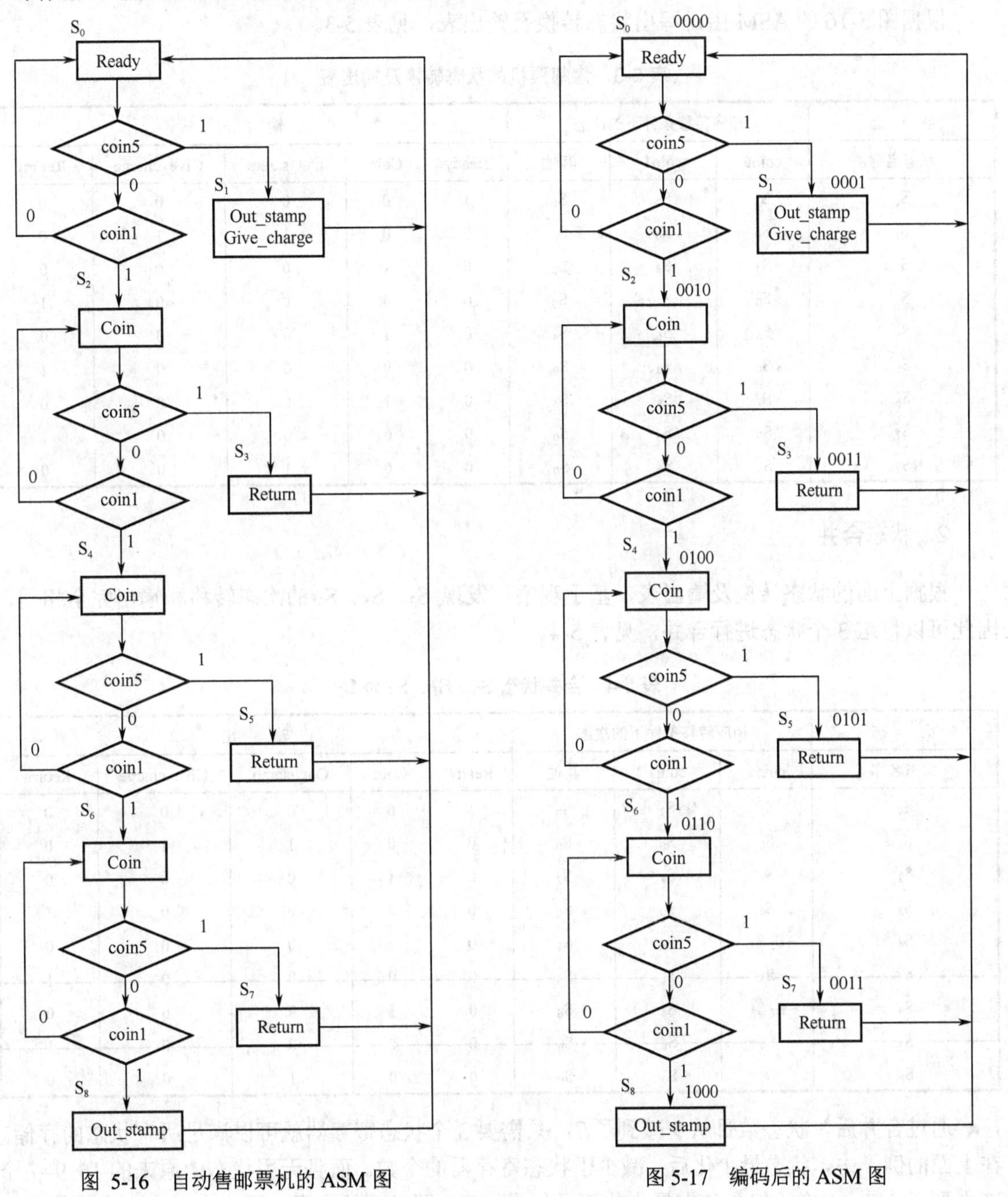

图 5-16　自动售邮票机的 ASM 图

图 5-17　编码后的 ASM 图

5.3.4 状态最少化

状态最少化采用的方法一般是手动法，只有当两个状态在相同的输入条件下，有相同的次态和输出时，这两个状态才可以合并，状态最少化是基于观察完成的。下面通过对上述自动售邮票机的例子来加以说明。

1. 写出状态转换及输出表

根据图 5-16 的 ASM 图，写出状态转换及输出表，见表 5-3。

表 5-3 售邮票机的状态转换及输出表

状态	相应转移条件下的次态			输出				
状态名称	coin5	coin1	其他	Ready	Coin	Out_stamp	Give_charge	Return
S_0	S_1	S_2	S_0	1	0	0	0	0
S_1	S_0	S_0	S_0	0	0	1	1	0
S_2	S_3	S_4	S_2	0	1	0	0	0
S_3	S_0	S_0	S_0	0	0	0	0	1
S_4	S_5	S_6	S_4	0	1	0	0	0
S_5	S_0	S_0	S_0	0	0	0	0	1
S_6	S_7	S_8	S_6	0	1	0	0	0
S_7	S_0	S_0	S_0	0	0	0	0	1
S_8	S_0	S_0	S_0	0	0	1	0	0

2. 状态合并

根据上面的状态转换及输出表，基于观察，发现 S_3、S_5、S_7 的次态转移和输出完全相同，因此可以将这 3 个状态进行合并，见表 5-4。

表 5-4 合并状态 S_3、S_5、S_7 为 S_3

状态	相应转移条件下的次态			输出				
状态名称	coin5	coin1	其他	Ready	Coin	Out_stamp	Give_charge	Return
S_0	S_1	S_2	S_0	1	0	0	0	0
S_1	S_0	S_0	S_0	0	0	1	1	0
S_2	S_3	S_4	S_2	0	1	0	0	0
S_3	S_0	S_0	S_0	0	0	0	0	1
S_4	~~S_5~~ S_3	S_6	S_4	0	1	0	0	0
~~S_5~~	~~S_0~~	~~S_0~~	~~S_0~~	~~0~~	~~0~~	~~0~~	~~0~~	~~1~~
S_6	~~S_7~~ S_3	S_8	S_6	0	1	0	0	0
~~S_7~~	~~S_0~~	~~S_0~~	~~S_0~~	~~0~~	~~0~~	~~0~~	~~0~~	~~1~~
S_8	S_0	S_0	S_0	0	0	1	0	0

通过合并后，状态数目从 9 减到了 7，只需要 3 个状态寄存器就可以满足所有状态的存储。在上面的例子中，状态最少化后，减少了状态寄存器的个数。而且无用状态由原来的 16−9=7 个减少到了 8−7 =1 个。但是状态最少化不是每个 ASM 图必须的步骤，因为有时状态最少化后，虽然起到了减少状态寄存器的作用，但会增加无用状态（unused state），而且会使次态逻辑变得

复杂，引起潜在的问题。所以是否要进行状态最少化处理，要视具体情况而定。状态简化后的ASM 图详见 5.5.2 节。

5.4 ASM 图的硬件实现

用 ASM 图描述一个系统控制器时，实际上是描述了该控制器的硬件结构和时序工作过程。因此，ASM 图与硬件有很好的对应关系。描述出一个控制系统的 ASM 图后，可以通过本节将要介绍的计数器法、多路选择器法、定序法或微程序法来画出具体的硬件电路，当然更一般的方法是通过“看图说话”法，利用硬件描述语言将 ASM 图转换成程序，再下载到可编程器件中得到要设计的硬件电路。本节的主要目的是要说明 ASM 图与硬件之间的对应关系。

5.4.1 计数器法

下面以一个简单的 ASM 图（见图 5-18）为例，予以介绍。

1. ASM 图状态分配

首先对上面的 ASM 图进行状态分配，采用二进制计数序列依次表示状态。n 个状态变量可以描述 2^n 个状态。该 ASM 图中有 3 个状态，所以需要两个状态变量。设两个状态变量为 Q_1、Q_2，我们选用 2 个 D 触发器作为状态寄存器。分配后的 ASM 图如图 5-19 所示。

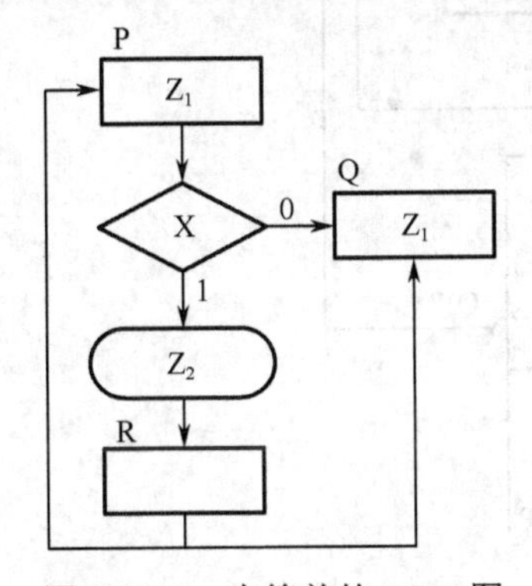

图 5-18 一个简单的 ASM 图

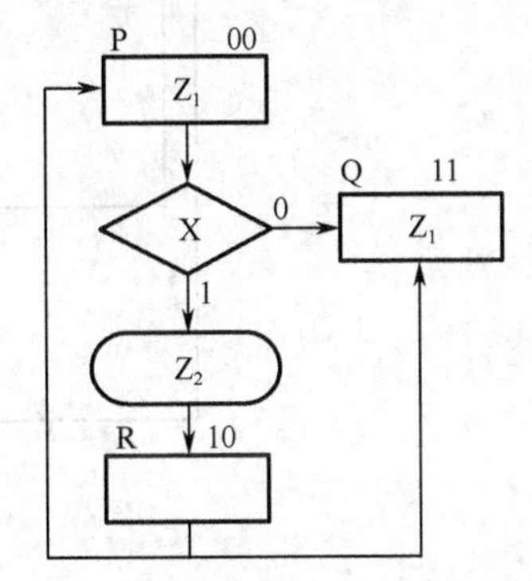

图 5-19 经过状态分配后的 ASM 图

2. 状态转换表

根据 ASM 图，画出相应的状态转换表，见表 5-5。因为 10 和 11 状态与输入 X 无关，所以 X 值可作任意值处理。表中 01 未指定状态，采用计数器实现时，因此需考虑因偶然因素出现 01 状态时，应强迫其次态为 00，所以一旦出现 01 状态后，经过一个时钟周期就可以自动回到有用状态循环。

表 5-5 状态转换表

现态			次态		现态			次态	
Q_2	Q_1	X	Q_2^{n+1}	Q_1^{n+1}	Q_2	Q_1	X	Q_2^{n+1}	Q_1^{n+1}
0	0	0	1	0	1	0	X	0	0
0	0	1	1	1	1	1	X	0	0
0	1	X	0	0					

3．由状态转换表推导触发器的驱动方程

根据状态转换表，可以得到如下的状态驱动方程：

$$Q_2^{n+1}=D_2=\overline{Q}_2\overline{Q}_1\overline{X}+\overline{Q}_2\overline{Q}_1X=\overline{Q}_2\overline{Q}_1$$

$$Q_1^{n+1}=D_1=\overline{Q}_2\overline{Q}_1X$$

对于复杂的 ASM 图和相应的状态表可用卡诺图对次态进行化简，得到简化的驱动方程。ASM 图除了可以得到状态表和驱动方程外，还可得到输出方程：

$$Z_1=(P)=\overline{Q}_2\overline{Q}_1$$

$$Z_2=(P)X=\overline{Q}_2\overline{Q}_1X$$

4．ASM 图的硬件实现

根据 5.1 节中的时序电路模型，可以画出图 5-20 的硬件逻辑图。

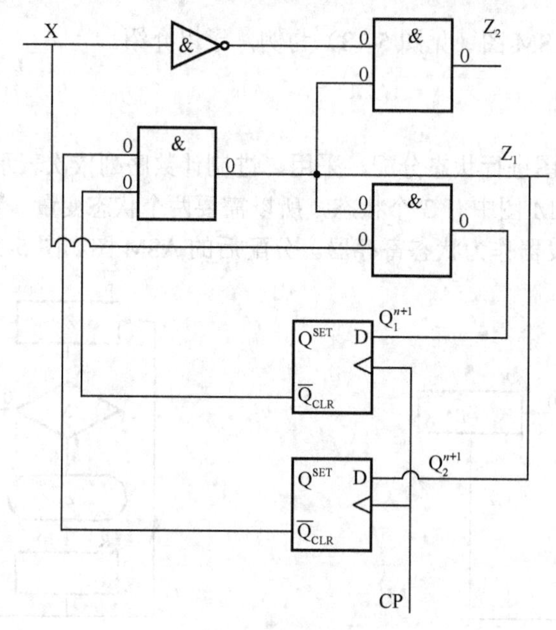

图 5-20　硬件逻辑图

采用计数器法实现 ASM 图，一旦 ASM 图有很小的改动，就需重新设计与次态相关的组合电路部分。此外，当系统的状态超过 8 个时，ASM 图的硬件实现也很复杂。

5.4.2　多路选择器

用多路选择器法实现 ASM 图的特点是次态的产生与 ASM 图中的状态有一一对应关系。用多路选择器实现 ASM 图时，是在每级触发器的输入端加一个多路选择器，多路选择器的输出加到触发器的数据输入端，触发器的现态加到多路选择器的选择端，控制多路选择器选择相应的次态。要求多路选择器的容量（即输入数据端路数）能足够供给 ASM 图所需状态数。仍然以图 5-18 为例来加以说明，状态编码如图 5-20 所示。

1．搭建多路选择器实现 ASM 图的硬件示意图（见图 5-21）

该 ASM 图有 3 个状态，因此选用具有 4 个数据输入端（0,1,2,3）的多路选择器。下一步要

推导多路选择器的输入端方程。

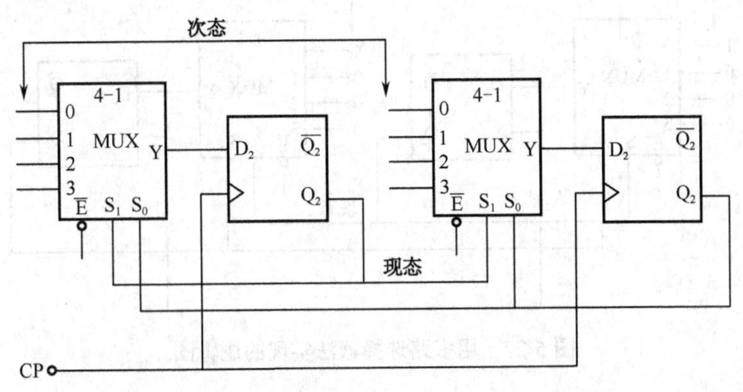

图 5-21　多路选择器法进行 ASM 硬件实现的框图

2．根据 ASM 图求次态转换表（见表 5-6）

表 5-6　多路选择器法实现的状态转换表

现 态		次 态			转换条件
状态数	状态名称	状态名称	Q_1^{n+1}	Q_2^{n+1}	
0	P	R	1	0	$\overline{X}$
		Q	1	1	X
2	R	P	0	0	1
3	Q	P	0	0	1
1	—	P	0	0	1

对 Q_1 触发器，例如状态 0 即状态 P，由表看出，当输入 X=1 时，$Q_1^{n+1}=1$；X=0 时，$Q_1^{n+1}=0$。因此要求 Q_1 输入端的多路选择器的数据输入端“0”的方程是：

$$M_{ux}Q_1^{n+1}(0)=X$$

3．推导多路选择器的数据输入端方程

$$M_{ux}Q_1^{n+1}(0)=X \qquad M_{ux}Q_2^{n+1}(0)=X+\overline{X}=1$$

$$M_{ux}Q_1^{n+1}(1)=M_{ux}Q_1^{n+1}(2)=M_{ux}Q_1^{n+1}(3)=0$$

$$M_{ux}Q_2^{n+1}(1)=M_{ux}Q_2^{n+1}(2)=M_{ux}Q_2^{n+1}(3)=0$$

4．控制器的硬件逻辑图

控制器的硬件逻辑图如图 5-22 所示。图中未画出输出 Z_1 和 Z_2，求法与前面一样。

从上面的设计过程可以看出，采用多路选择器法进行 ASM 图的硬件实现时，要求多路选择器与触发器的数目相等，而且要求多路选择器数据输入端的个数应大于或等于状态数。市场上最多只能买到 16 选 1 的多路选择器产品，若需要更多数据输入端的多路选择器，则需要采用级联的方法。对于 16 个状态以下的具有控制器功能的 ASM 图，采用多路选择器法实现硬件逻辑图比较方便。当系统超过 16 个状态时，可以采用后面介绍的方法。

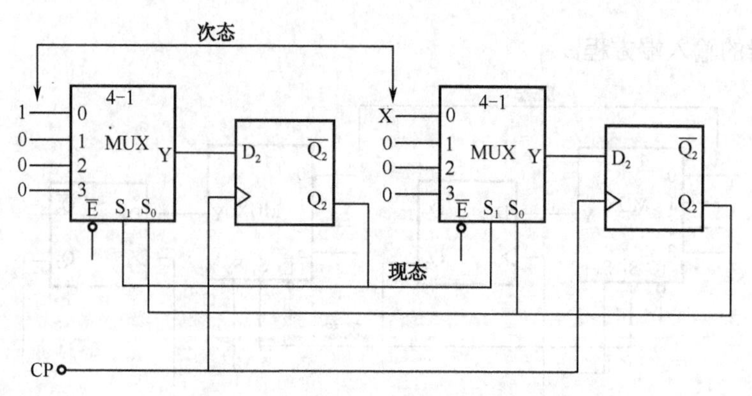

图 5-22　用多路选择器法实现的逻辑图

5.4.3　定序法

用硬件实现具有控制器功能的 ASM 图时，若采用定序法（每个状态一个触发器法），则每一状态选用一个 D 触发器，因此不需要进行状态分配。对于图 5-23 所示的 ASM 图，因为有 4 个状态，按每态一个触发器要求，需要 4 个 D 触发器，即状态 P→Q_0，Q→Q_1，R→Q_1，S→Q_3。对于每个状态分配一个触发器的方法，各级触发器的输入方程可以直接从 ASM 图上得到。

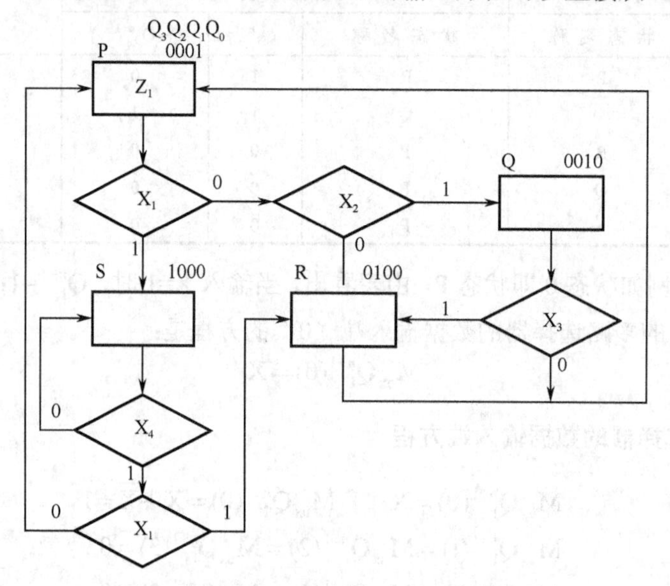

图 5-23　用于说明定序法的 ASM 图例

1．各级触发器的输入方程

各级触发器输入组合逻辑电路表达式可直接由 ASM 图得到。各个状态的次态方程（也就是触发器的输入方程）是根据指向各个状态箭头框表示的与项及各箭头所代表的与项之和。例如，状态 R 的次态由 3 个箭头代表的与项之和组成。它们分别是 Q_1X_3、$Q_3X_4X_1$、$Q_0\overline{X}_2\overline{X}_1$。

因此可以得到各级触发器的输入方程如下：

（P）的次态　　$Q_0^{n+1}=D_0=Q_3X_4\overline{X}_1+Q_2+Q_1\overline{X}_3$

（Q）的次态　　$Q_1^{n+1}=D_1=D_0\overline{X}_1$

（R）的次态　　$Q_2^{n+1}=D_2=Q_0\overline{X}_2\overline{X}_1+Q_1X_3+Q_3X_4X_1$

（S）的次态 $Q_3^{n+1} = D_3 = Q_0X_1 + Q_3\overline{X}_4$

2. ASM 图的硬件逻辑图

为保证预定初始状态，用异步清 0 和置 1。例如由状态 P 开始，与其相应的触发器 Q_0 置 1，其余置 0。此后在时钟 CP 的作用下，可按 ASM 图的顺序由一个状态转换到下一状态。由定序法得到的控制器逻辑图如图 5-24 所示，图中也未画出输出逻辑。

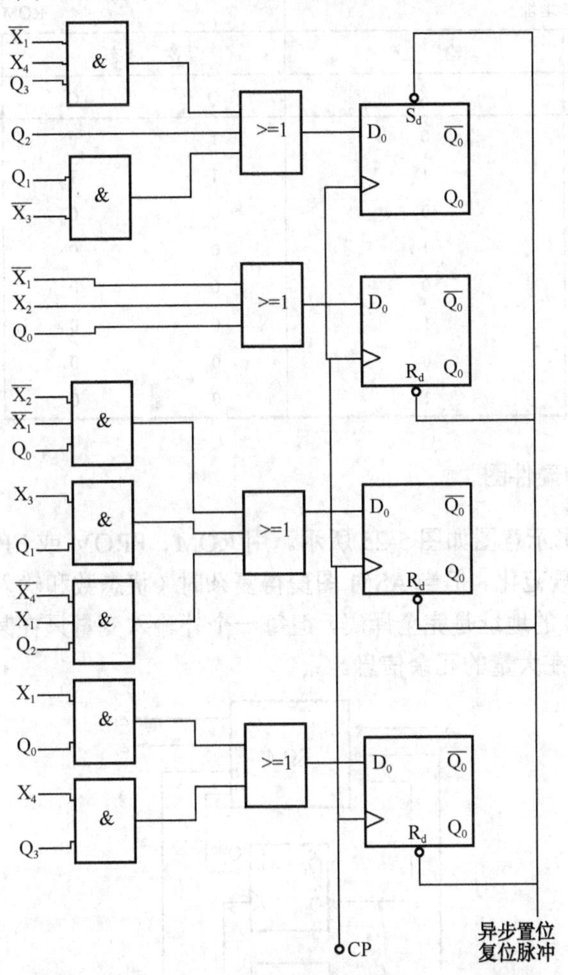

图 5-24 定序法的逻辑图

定序法实现 ASM 图的硬件逻辑易于设计，电路清楚。同计数器型相比，定序设备量大，不经济。但由于中规模集成电路的发展，一个部件包含 4D、6D、8D 的触发器易于得到。因此就实现 ASM 图所用的部件总数来看仍旧很少，对实现中等或较多状态酌 ASM 图而言，定序法所需部件总数少于其他方法。定序法的主要缺点是必须特别小心的确定初始状态。另外，当电路发生故障，如果有若干个触发器同时为 1，排除故障比较麻烦。一般来说，当 ASM 图的状态数在 16 个以下，用多路选择器法实现硬件逻辑比较好，超过 16 个，ASM 图用定序法实现硬件较好。

5.4.4 微程序法

微程序法是一种基于 ROM 法进行 ASM 图硬件实现的方法。仍然以图 5-18 所示的 ASM 图为例，状态编码如图 5-19 所示。

1．用 ROM 实现 ASM 图的输入输出表（见表 5-7）

以状态变量 Q_2Q_1，和输入变量 X 作为 ROM 的地址输入。因为有 8 个地址码，4 位输出。所以 ROM 的容量应为 8×4bits。

表 5-7　用 ROM 实现 ASM 图的输入输出表

ROM 地址			ROM 输出			
现　态		输　入	次　态		输　出	
Q	Q	X	Q	Q	Z	Z
0	0	0	1	0	1	1
0	0	1	1	1	1	0
0	1	0	0	0	0	0
0	1	1	0	0	0	0
1	0	0	0	0	0	0
1	0	1	0	0	0	0
1	1	0	0	0	0	0
1	1	1	0	0	0	0

2．用 ROM 实现的硬件图

用 ROM 实现的逻辑示意图如图 5-25 所示。用 ROM、PROM 或 EPROM 作为实现 ASM 图重要部件的优点在于其规范化。但当 ASM 图变得复杂时（状态数和输入变量数增多），ROM 的容量将剧增。此外 ROM 的地址是完全译码，但每一个外输入变量只在某些状态下有效，因此用 ROM 实现 ASM 图时存在大量的冗余信息。

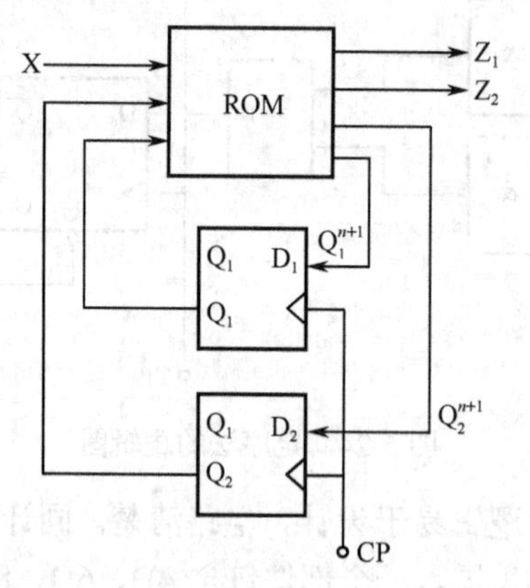

图 5-25　用 ROM 实现的逻辑示意图

5.5　有限状态机的 VHDL 实现

针对一个时序系统，如果已经将设计描述成 ASM 图，就可以通过“看图说话”法，利用硬件描述语言将 ASM 图转换成 VHDL 程序，通过仿真和综合再下载到可编程器件中得到要设计的硬件电路。本节主要介绍如何将 ASM 图转换为 VHDL 代码。

用 VHDL 设计的状态机有多种形式，状态机的本质就是对具有逻辑顺序或时序规律事件的一种描述方法。具有逻辑顺序和时序规律的事件都适合用状态机描述。同步时序逻辑电路符合状态机的一般特征，即具有逻辑顺序和时序规律，所以可以用状态机描述。

描述时序电路的状态机由组合逻辑与存储逻辑组成。组合逻辑又可分为次态逻辑和输出逻辑两个部分。其中，次态逻辑的功能是用来确定有限状态机的下一个状态；输出逻辑是用来确定有限状态机的输出。存储逻辑一般用寄存器实现，用来存储有限状态机的内部状态。

状态机的基本要素包括状态、输出、输入。状态也叫状态变量，在逻辑设计中，使用状态划分逻辑顺序和时序规律。输出指在某一个状态时特定发生的事件。输入指状态机中进入每个状态的条件，有的状态机没有输入条件，其中的状态转移较为简单，有的状态机有输入条件，当某个输入条件存在时才能转移到相应的状态。

从状态机的信号输出方式上分有 Mealy 型和 Moore 型；从结构上分为：有单进程状态机和多进程状态机；从表达方式上分有符号化状态机和确定状态编码的状态机。

本节主要介绍符号化状态机，分别用单进程、双进程和三进程进行说明。

5.5.1 符号化状态机

所谓符号化状态机，就是在程序中说明部分使用 TYPE 语句定义的枚举类型，其元素用状态机的状态名来定义。状态变量（如状态机的现态和次态）定义为变量或信号，并将状态变量的数据类型定义为含有既定状态元素的枚举类型。当使用多进程结构时，为了便于信息的传递，要将状态变量定义为信号。

符号化状态机的类型定义语句的一般格式为：

```
TYPE 数据类型名 IS 数据类型定义 OF 基本数据类型;
```

或

```
TYPE 数据类型名 IS 数据类型定义;
```

例如：

```
TYPE st1 IS ARRAY (0 TO 15) OF STD_LOGIC;
TYPE week IS (sun, mon, tue, wed, thu, fri, sat);
```

下面是一个典型的符号化状态机例子。

【例 5-2】一个典型的符号化状态机例子。

```
LIBRARY IEEE;
USE IEEE.std_logic_1164.ALL;
ENTITY state_machine IS
PORT(clk, x:IN std_logic;
        Y:OUT std_logic);
END ENTITY;
ARCHITECTURE behav OF state_machine IS
TYPE fsm_st IS(s0, s1, s2);
--在结构体说明部分定义了包含既定状态的枚举类型
SIGNAL present_state, next_state:fsm_st;
--将现态和次态的数据类型定义为上面的枚举类型
BEGIN
```

```
--seq 进程：用于描述时序电路模型中的状态寄存器部分
  seq:PROCESS(clk)
  BEGIN
    IF clkevent AND clk='1' THEN
        present_state<=next_state;
    END IF;
  END PROCESS;
  --com 进程：组合逻辑进程，描述次态产生逻辑与输出逻辑
  com:PROCESS(present_state, x)
  BEGIN
    Y<='0';
    CASE present_state IS
    WHEN s0=>
        IF x='1' THEN next_state<=s1;ELSE next_state<=s0;END IF;
    WHEN s1=>
        IF x='1' THEN next_state<=s2;ELSE next_state<=s0;END IF;
    WHEN s2=>
        Y<='1';
        IF x='1' THEN next_state<=s2;ELSE next_state<=s0;END IF;
    END CASE;
  END PROCESS;
END behav;
```

符号化状态机的 RTL 图、状态转换图和时序仿真图如图 5-26、图 5-27 和图 5-28 所示。

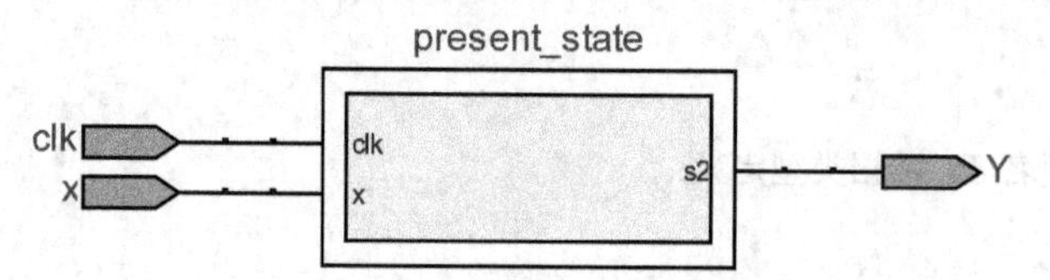

图 5-26　符号化状态机的 RTL 图

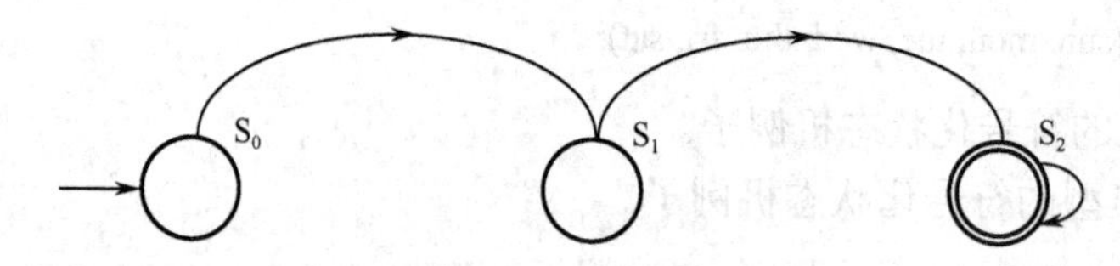

图 5-27　符号化状态机的状态转换图

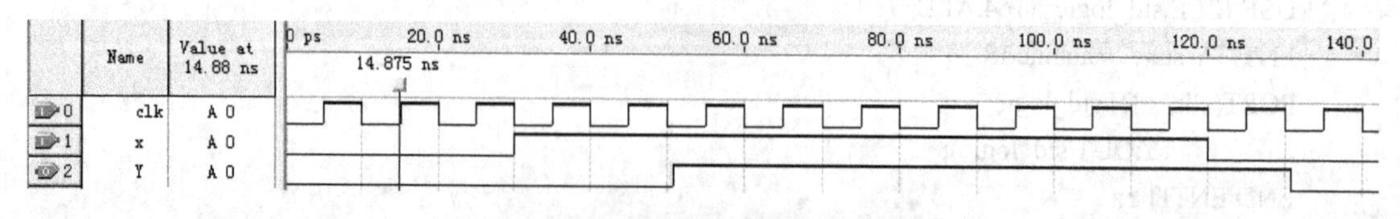

图 5-28　符号化状态机的时序仿真图

使用符号化定义的枚举类型，枚举类型文字元素的编码通常是自动设置的，综合器根据优化情况、优化控制的设置或设计者的特殊设定来确定各元素具体编码的二进制位数、数值及元素间编码的顺序。当然，也可以在程序中指明编码方式。常用的编码方式有二进制编码、格雷码编码及 One-hot 编码。

二进制编码是指状态机的每一个状态用二进制位来编码。例如，实现 4 状态的状态机，其二进制编码可为：状态 1=“00”，状态 2=“01”，状态 3=“10”，状态 4=“11”。这种方法需要的寄存器数量最少，有 n 个寄存器就可以对 2^n 个状态进行编码。但是，需要较多的外部辅助逻辑，并且速度较慢。

格雷码编码的特点是每次仅有一个状态位的值发生变化。例如，实现 4 状态的状态机，其格雷码编码可为：状态 1=“00”，状态 2=“01”，状态 3=“11”，状态 4=“10”。格雷码编码触发器使用较少，速度较慢，不会产生两位同时翻转的情况。当状态位的输出被异步应用时，格雷码编码是有益的。

而 One-hot 的编码方案对每一个状态采用一个触发器，即 4 个状态的状态机需 4 个触发器。同一时间仅 1 个状态位处于有效电平（如逻辑“1”）。例如，实现 4 状态的状态机，其 One-hot 编码可为：状态 1=“0001”，状态 2=“0010”，状态 3=“0100”，状态 4=“1000”。One-hot 的编码触发器使用较多，但逻辑简单，速度快。

对于这三种编码方式，Binary、gray-code 编码使用的触发器较少，组合逻辑较多，而 One-hot 编码反之。由于 CPLD 更多地提供组合逻辑，而 FPGA 更多地提供触发器资源，所以 CPLD 多使用 gray-code 编码，而 FPGA 多使用 One-hot 编码。对于小型设计使用 gray-code 和 binary 编码更有效，而大型状态机使用 One-hot 编码更有效。它们相互之间的特点总结对比如表 5-8 所示。

表 5-8　三种编码方式的特点及对比

	二进制编码	格雷码编码	One-hot 编码
实现方法	每一个状态用二进制位来编码	每次仅一个状态位的值发生变化	每一个状态采用一个触发器
优点	需要的寄存器数量最少	触发器使用较少，且不会产生两位同时翻转的情况	逻辑简单，速度快
缺点	速度较慢，并且需要较多的外部辅助逻辑	速度较慢	触发器使用较多
适用场合	小型状态机	CPLD 设计，以及当状态位的输出需要被异步应用的场合	FPGA 设计 大型状态机

【例 5-3】 三种编码方式在程序中的实现举例。

1．二进制编码

```
ARCHITECTURE BEHAV OF BINARY IS
TYPE STATE_TYPE IS(S1, S2, S3, S4, S5, S6, S7);
ATTRIBUTE ENUM_ENCODING: STRING;
ATTRIBUTE ENUM_ENCODING OF STATE_TYPE: TYPE IS "001 010 011 100 101 110 111";
```

2．格雷码编码

```
ARCHITECTURE BEHAV OF gray_code IS
TYPE STATE_TYPE IS(S1, S2, S3, S4, S5, S6, S7);
ATTRIBUTE ENUM_ENCODING: STRING;
ATTRIBUTE ENUM_ENCODING OF STATE_TYPE: TYPE IS "000 001 011 010 110 111 101";
```

3．One-hot 编码

```
ARCHITECTURE BEHAV OF ONE_HOT IS
```

```
TYPE STATE_TYPE IS(S1, S2, S3, S4, S5, S6, S7);
ATTRIBUTE ENUM_ENCODING: STRING;
ATTRIBUTE ENUM_ENCODING OF STATE_TYPE: TYPE IS "00000001 00000010 00000100 00001000
00010000 00100000 01000000 10000000";
```

接下来，将主要介绍符号化状态机的单进程、双进程和三进程三种形式。

5.5.2 单进程状态机

所谓单进程状态机，就是指产生状态寄存器的时序描述与产生次态和输出的组合逻辑描述合并在一个进程中。它就是将状态机的三个逻辑单元（状态寄存器、状态产生逻辑、输出逻辑）合并起来，采用一个进程描述，适用于简单的设计，但对于复杂的状态机，可读性差，易出错，不利于 EDA 软件的优化。下面以图 5-16 状态最少化后的自动售邮票机为例，具体介绍如何将 ASM 图转换为单进程的状态机。状态简化后自动售邮票机的 ASM 图如图 5-29 所示。

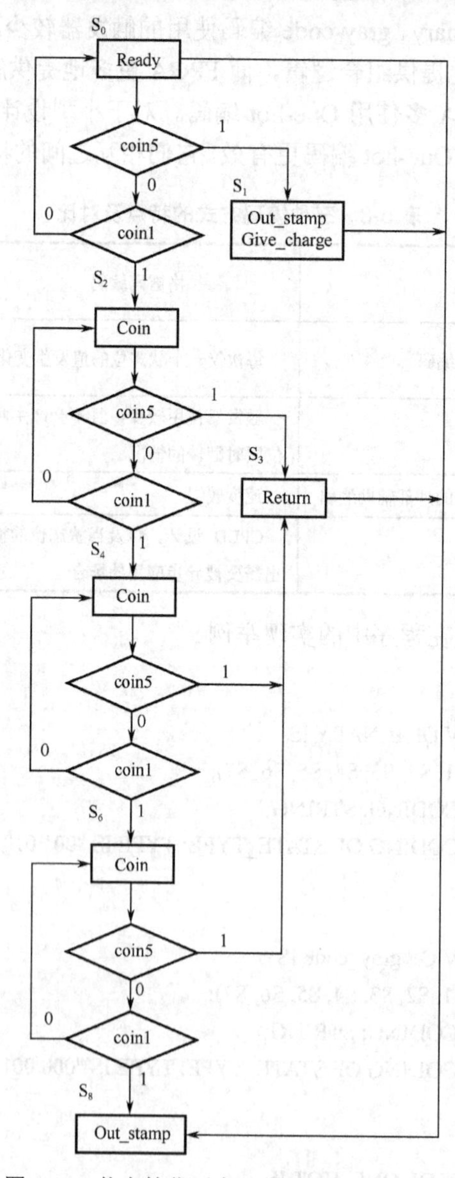

图 5-29　状态简化后自动售邮票机的 ASM 图

【例 5-4】 售邮票机的单进程状态机描述法。

```
LIBRARY IEEE;
USE IEEE.std_logic_1164.ALL;
ENTITY stamp_1 IS
PORT(clk:IN std_logic;    --clk 时钟信号是时序电路必需的，隐含在 ASM 图中
        coin1:IN std_logic;
        coin5:IN std_logic;
        Ready:OUT std_logic;
        Coin:OUT std_logic;
        Out_stamp:OUT std_logic;
        Give_charge:OUT std_logic;
        reset:IN std_logic;
        Retmoney:OUT std_logic);
END ENTITY;
ARCHITECTURE asm OF stamp_1 IS
BEGIN
   PROCESS(clk,coin1,coin5)
   TYPE state_type IS(s0,s1,s2,s3,s4,s6,s8);    --state 定义为变量类型
   VARIABLE state:state_type;
   --state_type 的定义放在进程的说明部分
   BEGIN
     IF (reset='1') THEN
          Ready<='0';
          Coin<='0';
          Out_stamp<='0';
          Give_charge<='0';
          Retmoney<='0';
          state:=s0;
     ELSIF (rising_edge(clk)) THEN
       CASE state IS
         WHEN s0=>Ready<='1';
           Out_stamp<='0';
           Give_charge<='0';
           Retmoney<='0';
           Coin<='0';
           IF(coin5='1')THEN state:=s1;Ready<='0';
           ELSIF(coin1='1')THEN state:=s2;Ready<='0';
           ELSE state:=s0;
           END IF;
           WHEN s1=>OUT_stamp<='1';Give_charge<='1';
           state:=s0;
           WHEN s2=>Coin<='1';
           IF(coin5='1')THEN state:=s3;
           ELSIF(coin1='1')THEN state:=s4;
           ELSE state:=s2;
```

```
            END IF;
            WHEN s3=>Retmoney<='1';
            state:=s0;
            WHEN s4=>Coin<='1';
            IF(coin5='1')THEN state:=s3;
            ELSIF(coin1='1')THEN state:=s6;
            ELSE state:=s4;
            END IF;
            WHEN s6=>Coin<='1';
            IF(coin5='1')THEN state:=s3;
            ELSIF(coin1='1')THEN state:=s8;
            ELSE state:=s6;
            END IF;
            WHEN s8=>OUT_stamp<='1';
            state:=s0;
        END CASE;
      END IF;
   END PROCESS;
END asm;
```

售邮票机的单进程状态机的 RTL 图、状态转换图和时序仿真图如图 5-30、图 5-31 和图 5-32 所示。

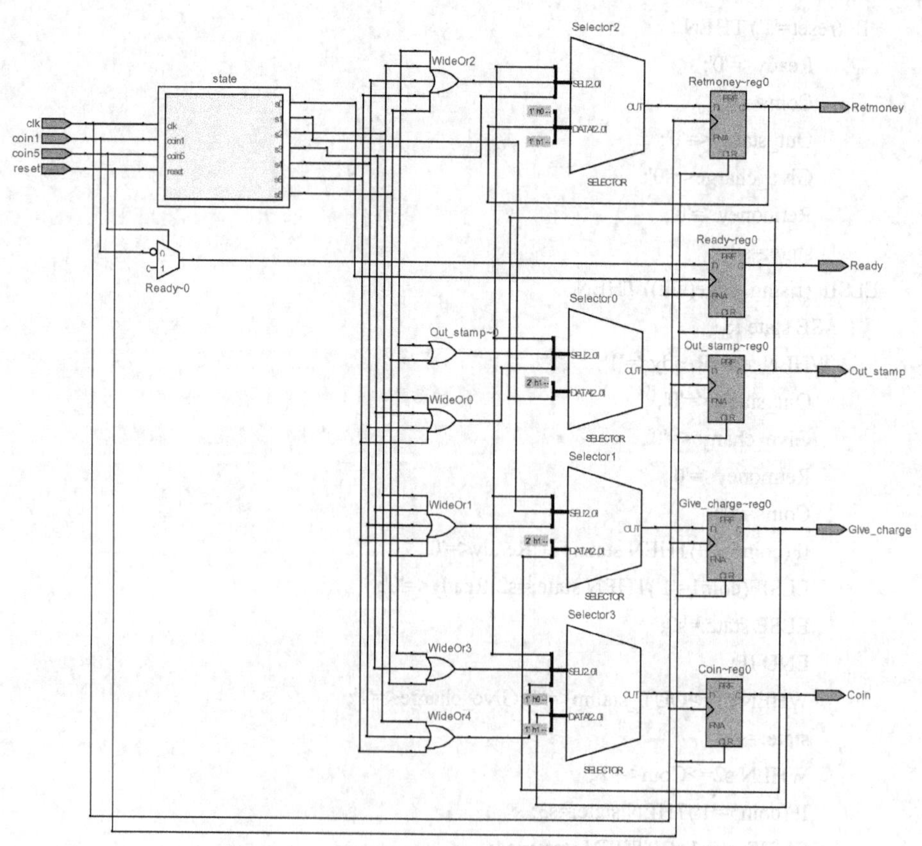

图 5-30　售邮票机的单进程状态机的 RTL 图

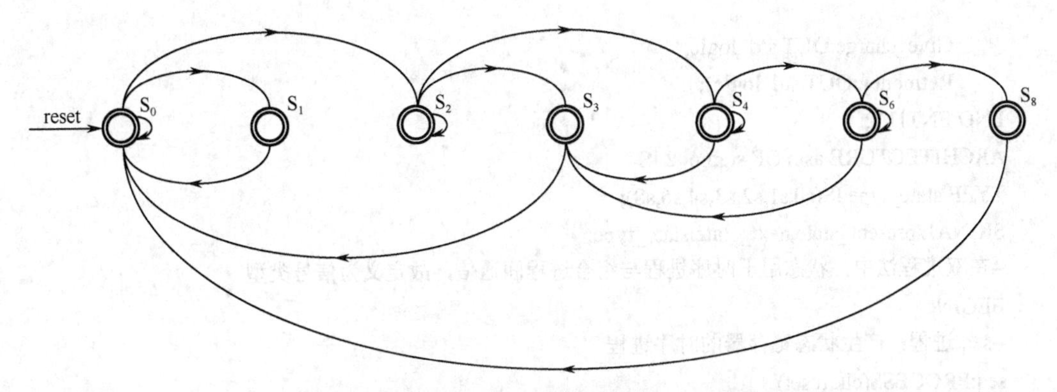

图 5-31　售邮票机的单进程状态机的状态转换图

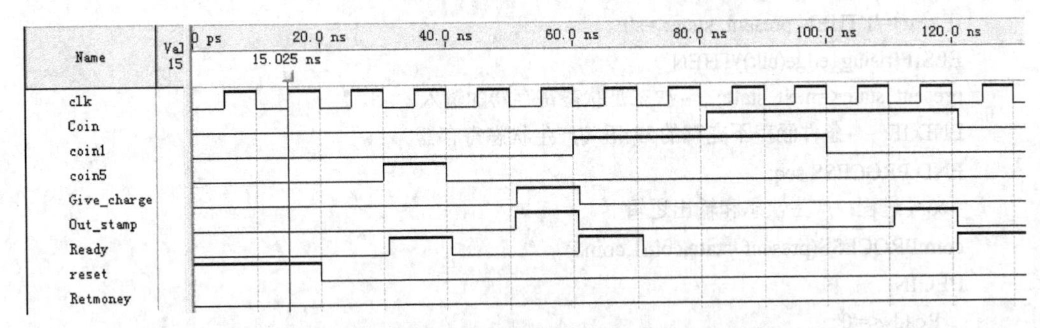

图 5-32　售邮票机的单进程状态机的时序仿真图

针对上面的单进程程序，状态变量可以定义成信号类型，放在结构体的说明部分，由于在单进程中，状态变量不需要用于多个进程间的通信，所以也可以定义为变量类型，放在进程的说明部分。注意本例中，由于条件涵盖不完整的IF语句会产生寄存器，为了保证不必要的寄存器被引入，所有输出信号在进程开头都赋了一个初始值。

5.5.3　双进程状态机

从例5-4看出，单进程法是将时序电路和组合电路混合的系统，有时会引入不必要的寄存器。如果将描述时序的部分放在具有边沿检测条件的IF语句或WAIT语句的进程中，而将描述组合电路的语句放在普通的进程中，这样可以有效控制寄存器的引入。这种将产生状态寄存器的时序描述与产生次态和输出的组合逻辑描述分成两个进程的方法，就称为双进程法。

双进程法是描述一个状态机更通用的形式。两个进程中，一个用于产生状态寄存器，另一个用于产生次态和输出逻辑。下面对例5-4进行改写。

【例 5-5】 售邮票机的双进程状态机描述。

```
LIBRARY IEEE;
USE IEEE.std_logic_1164.ALL;
ENTITY stamp_2 IS
PORT(clk:IN std_logic;          --clk 时钟信号是时序电路必需的，隐含在 ASM 图中
     coin1:IN std_logic;
     coin5:IN std_logic;
     reset:IN std_logic;
     Ready:OUT std_logic;
     Coin:OUT std_logic;
     Out_stamp:OUT std_logic;
```

```
    Give_charge:OUT std_logic;
    Retmoney:OUT std_logic);
END ENTITY;
ARCHITECTURE asm OF stamp_2 IS
TYPE state_type IS(s0,s1,s2,s3,s4,s6,s8);
SIGNAL present_state,next_state:state_type;
--在双进程法中，状态用于时序进程与组合进程间通信，故定义为信号类型
BEGIN
--seq 进程：产生状态寄存器的时序进程
seq:PROCESS(clk,reset)
BEGIN
  IF reset='1'THEN present_state<=s0;
  ELSIF(rising_edge(clk))THEN
  present_state<=next_state;   --次态是状态寄存器的输入
  END IF;   --条件涵盖不完整的 IF 语句产生状态寄存器
  END PROCESS seq;
  --com 进程：产生次态和输出逻辑
  com:PROCESS(present_state,coin1,coin5)
  BEGIN
    Ready<='0';
    Coin<='0';
    Out_stamp<='0';
    Give_charge<='0';
    Retmoney<='0';
    CASE present_state IS
    WHEN s0=>Ready<='1';
    IF(Coin5='1')THEN next_state<=s1;Ready<='0';
    ELSIF(coin1='1')THEN next_state<=s2;Ready<='0';
    ELSE next_state<=s0;
    END IF;
    WHEN s1=>Out_stamp<='1';Give_charge<='1';
    next_state<=s0;
    WHEN s2=>Coin<='1';
    IF(coin5='1')THEN next_state<=s3;
    ELSIF(coin1='1')THEN next_state<=s4;
    ELSE next_state<=s2;
    END IF;
    WHEN s3=>Retmoney<='1';
    next_state<=s0;
    WHEN s4=>Coin<='1';
    IF(coin5='1')THEN next_state<=s3;
    ELSIF(coin1='1')THEN next_state<=s6;
    ELSE next_state<=s4;
    END IF;
    WHEN s6=>Coin<='1';
```

```
        IF(coin5='1')THEN next_state<=s3;
        ELSIF(coin1='1')THEN next_state<=s8;
        ELSE next_state<=s6;
        END IF;
        WHEN s8=>Out_stamp<='1';
        next_state<=s0;
        END CASE;
      END PROCESS;
    END asm;
```

售邮票机的双进程状态机的 RTL 图、状态转换图和时序仿真图如图 5-33、图 5-34 和图 5-35 所示。

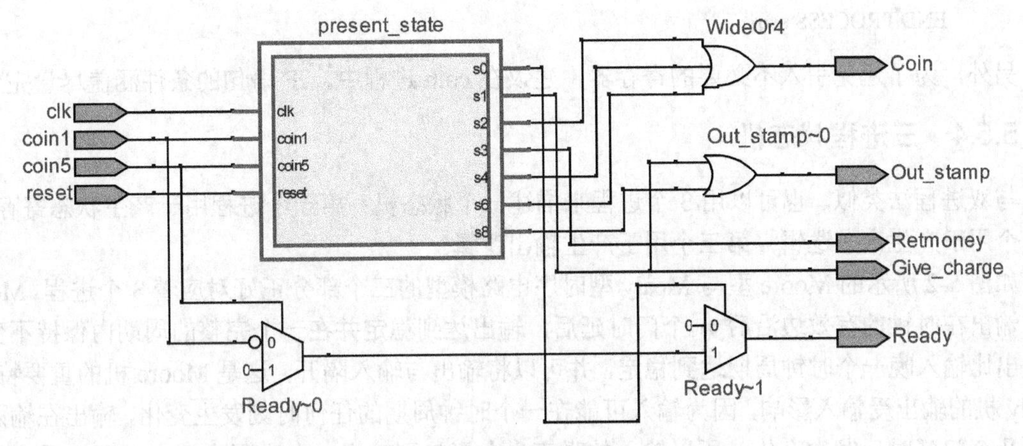

图 5-33　售邮票机的双进程状态机的 RTL 图

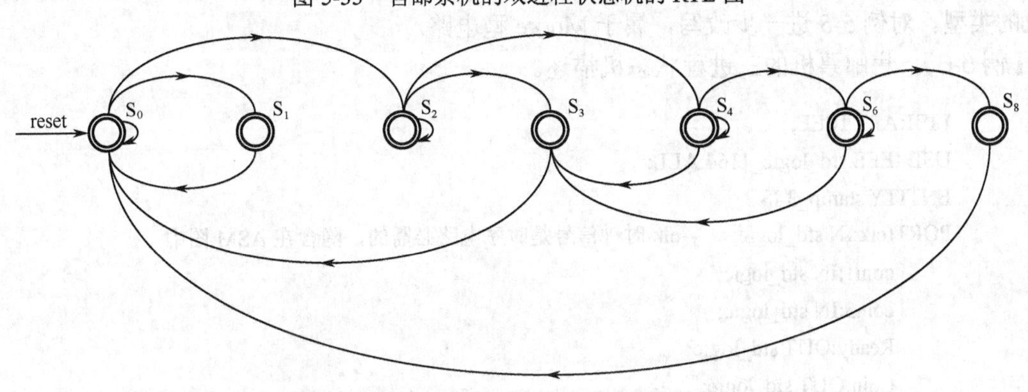

图 5-34　售邮票机的双进程状态机的状态转换图

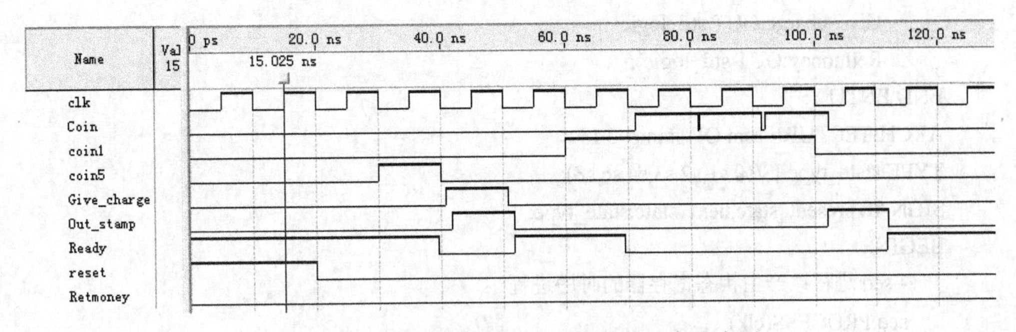

图 5-35　售邮票机的双进程状态机的时序仿真图

5.5.1 节中的例 5-2 就属于双进程法描述的状态机，在双进程法中需要注意的是，状态变量用于进程间的信息传递，只能定义为信号类型。在上面几个例子中，系统一开始都无法确定初始状态，为了明确系统的初始状态，一般有两种做法，第一种是在定义状态变量的时候进行赋初值，这种方法只在仿真中有效，赋初值在综合的时候会被忽略。所以一般采用第二种方法，在时序进程中加上异步复位语句，用于确定初始状态，程序为：

```
seq:PROCESS(reset,clk)
BEGIN
  IF reset='1'THEN present_state <=S0;
  ELSIF (clk'event AND clk='1')THEN
  present_state<=next_state;
  END IF;
END PROCESS seq;
```

另外，为了避免引入不必要的寄存器，建议在 com 进程中，IF 语句的条件涵盖尽量完整。

5.5.4 三进程状态机

与双进程法类似，也可以用 3 个进程来描述一个状态机：第一个进程用于产生状态寄存器；第二个用于产生次态逻辑；第三个用于产生输出逻辑。

如图 5-2 所示的 Moore 型与 Mealy 型时序电路模型的三个部分正好对应着 3 个进程。Moore 机的输出在时钟的有效边沿后 n 个门时延后，输出达到稳定并在一个完整的周期内保持不变，即输出比输入晚一个时钟周期达到稳定，并可以将输出与输入隔开，这是 Moore 机的重要特点。Mealy 机的输出受输入影响，因为输入可能在一个时钟周期的任何时刻发生变化，输出在输入变化后几个门延时后发生变化，所以输入的噪声也会影响到输出。在实际应用中，要慎重选择状态机的类型。对例 5-5 进一步改写，属于 Moore 型电路。

【例 5-6】 售邮票机的三进程状态机描述。

```
LIBRARY IEEE;
USE IEEE.std_logic_1164.ALL;
ENTITY stamp_3 IS
PORT(clk:IN std_logic;     --clk 时钟信号是时序电路必需的，隐含在 ASM 图中
     coin1:IN std_logic;
     coin5:IN std_logic;
     Ready:OUT std_logic;
     Coin:OUT std_logic;
     Out_stamp:OUT std_logic;
     Give_charge:OUT std_logic;
     Retmoney:OUT std_logic);
END ENTITY;
ARCHITECTURE asm OF stamp_3 IS
TYPE state_type IS(s0,s1,s2,s3,s4,s6,s8);
SIGNAL present_state,next_state:state_type;
BEGIN
  --seq 进程：产生状态寄存器的时序进程
  seq:PROCESS(clk)
```

```
BEGIN
    IF(rising_edge(clk))THEN
        present_state<=next_state; --次态是状态寄存器的输入
    END IF; --条件涵盖不完整的 IF 语句产生状态寄存器
END PROCESS seq;
--ns 进程：产生次态的进程
ns:PROCESS(present_state,coin1,coin5)
BEGIN
    CASE present_state IS
    WHEN s0=>
        IF(coin5='1')THEN next_state<=s1;
        ELSIF(coin1='1')THEN next_state<=s2;
        ELSE next_state<=s0;
        END IF;
    WHEN s1=>next_state<=s0;
    WHEN s2=>
        IF(coin5='1')THEN next_state<=s3;
        ELSIF(coin1='1')THEN next_state<=s4;
        ELSE next_state<=s2;
        END IF;
    WHEN s3=>next_state<=s0;
    WHEN s4=>
        IF(coin5='1')THEN next_state<=s3;
        ELSIF(coin1='1')THEN next_state<=s6;
        ELSE next_state<=s4;
        END IF;
    WHEN s6=>
        IF(coin5='1')THEN next_state<=s3;
        ELSIF(coin1='1')THEN next_state<=s8;
        ELSE next_state<=s6;
        END IF;
    WHEN s8=>next_state<=s0;
    END CASE;
END PROCESS ns;
--op 进程：产生输出逻辑
op:PROCESS(present_state)
BEGIN
    Ready<='0';
    Coin<='0';
    Out_stamp<='0';
    Give_charge<='0';
    Retmoney<='0';
    CASE present_state IS
        WHEN s0=>Ready<='1';
        WHEN s1=>Out_stamp<='1';Give_charge<='1';
```

```
                WHEN s2=>Coin<='1';
                WHEN s3=>Retmoney<='1';
                WHEN s4=>Coin<='1';
                WHEN s6=>Coin<='1';
                WHEN s8=>Out_stamp<='1';
            END CASE;
        END PROCESS;
    END asm;
```

售邮票机的三进程状态机的 RTL 图，状态转换图和时序仿真图如图 5-36、图 5-37 和图 5-38 所示。

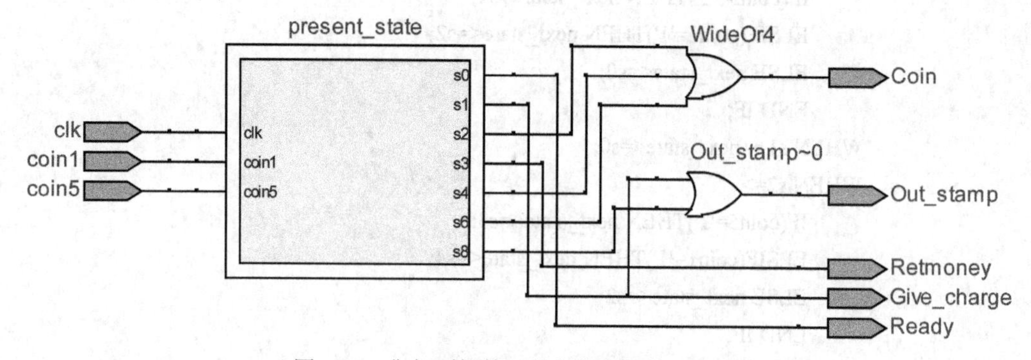

图 5-36　售邮票机的三进程状态机的 RTL 图

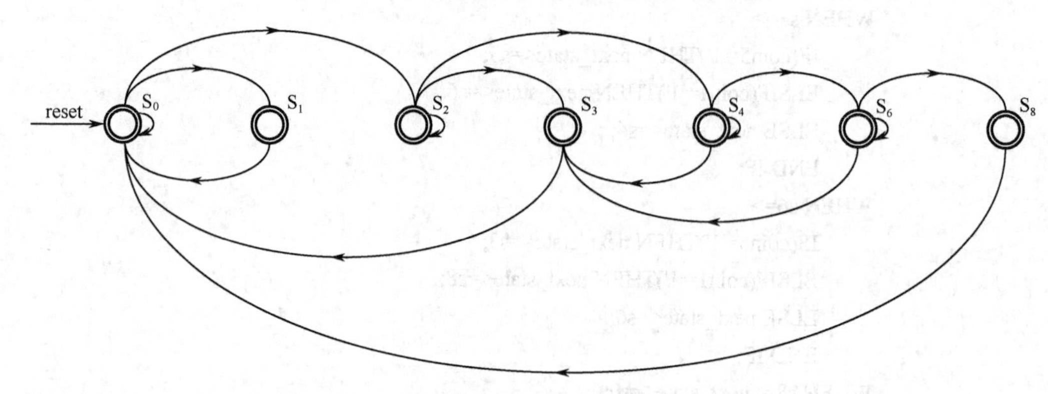

图 5-37　售邮票机的三进程状态机的状态转换图

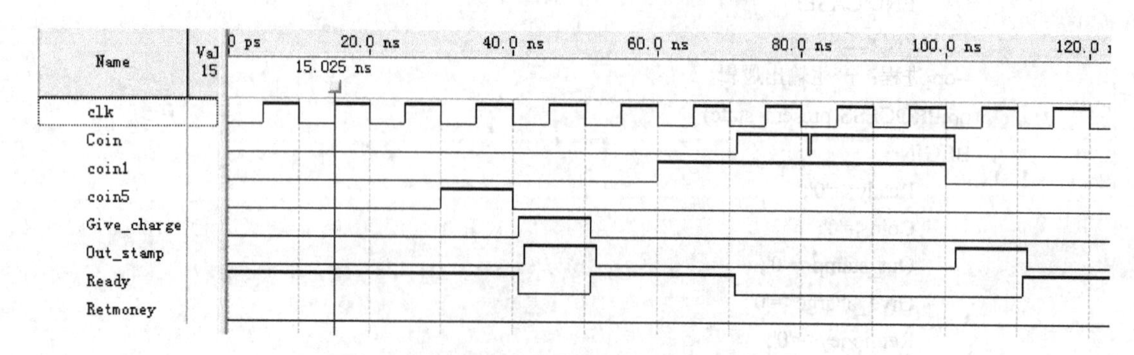

图 5-38　售邮票机的三进程状态机的时序仿真图

产生输出逻辑的组合电路也可以不采用进程，改用下面的并行语句进行描述：

```
Ready<='1' WHEN( present_state=S0) ELSE '0';
```

```
Coin<='1' WHEN(present_state=S2 OR present_state =S4 OR present_state =S6)ELSE '0';
Out_stamp<='1' WHEN( present_state=Sl OR present_state=S8) ELSE '0';
Give_charge<='1'WHEN( present_state=S1) ELSE '0';
Retmoney <='1' WHEN( present_state=S3) ELSE '0';
```

注意：用并行语句改写，不能再使用进程。

另外，综合对比图 5-30、图 5-33、图 5-36 可以发现，从状态机设计的对比上看，单进程状态机会对输出进行同步处理，所以其 RTL 电路相对于另外两种描述方式会使用更多的触发器。而对于简单的设计，采用双进程和三进程的综合结果没有差别。一般建议描述状态机时使用双进程或者三进程的方式。

5.6 设计实例 1——序列检测器

序列检测器是用来检测一组或多组序列信号的电路，要求当检测器连续收到一组串行码 1110010 后，输出为 1，否则输出为 0。序列检测器的 I/O 口设计如下：设 X 是串行输入端，Z 是输出，当 x 连续输入 1110010 时 Z 输出为 1。

1. 设计分析与序列检测器 ASM 图

根据要求，电路需记忆初始状态、1、11、111、1110、11100、111001、1110010 这 8 种状态。序列检测器的 ASM 图如图 5-39 所示，特别要注意状态间的转换，并不是在任何状态下，一旦接收到的 x 不满足要求，就立即回到初始状态。

2. 序列检测器的 VHDL 实现

根据图 5-39 的 ASM 图，我们可以采用“看图说话”法，很容易写出例 5-7 的 VHDL 程序，这里采用的是双进程法。

【例 5-7】 序列检测器的 VHDL 实现。

```
LIBRARY IEEE;
USE IEEE.std_logic_1164.ALL;
ENTITY state_machine IS
PORT(clk, x:IN std_logic;
        z:OUT std_logic);
END ENTITY;
ARCHITECTURE asm OF state_machine IS
TYPE state_type IS(s0, s1, s2, s3, s4, s5, s6, s7);
SIGNAL present_state, next_state:state_type;
BEGIN
    seq:PROCESS(clk)
    BEGIN
        IF (rising_edge(clk)) THEN
            present_state<=next_state;
        END IF;
    END PROCESS seq;
```

```
    com:PROCESS(present_state, x)
    BEGIN
        z<='0';
        CASE present_state IS
        WHEN s0=>
                IF x='0' THEN next_state<=s0;
                ELSE next_state<=s1;
                END IF;
        WHEN s1=>
                IF x='0' THEN next_state<=s0;
                ELSE next_state<=s2;
                END IF;
        WHEN s2=>
                IF x='0' THEN next_state<=s0;
                ELSE next_state<=s3;
                END IF;
        WHEN s3=>
                IF x='0' THEN next_state<=s4;
                ELSE next_state<=s3;
                END IF;
        WHEN s4=>
                IF x='0' THEN next_state<=s5;
                ELSE next_state<=s1;
                END IF;
        WHEN s5=>
                IF x='0' THEN next_state<=s0;
                ELSE next_state<=s6;
                END IF;
        WHEN s6=>
                IF x='0' THEN next_state<=s7;
                ELSE next_state<=s2;
                END IF;
        WHEN s7=>
                IF x='0' THEN next_state<=s0; z<='1';
                ELSE next_state<=s1;
                END IF;
        END CASE;
    END PROCESS com;
END asm;
```

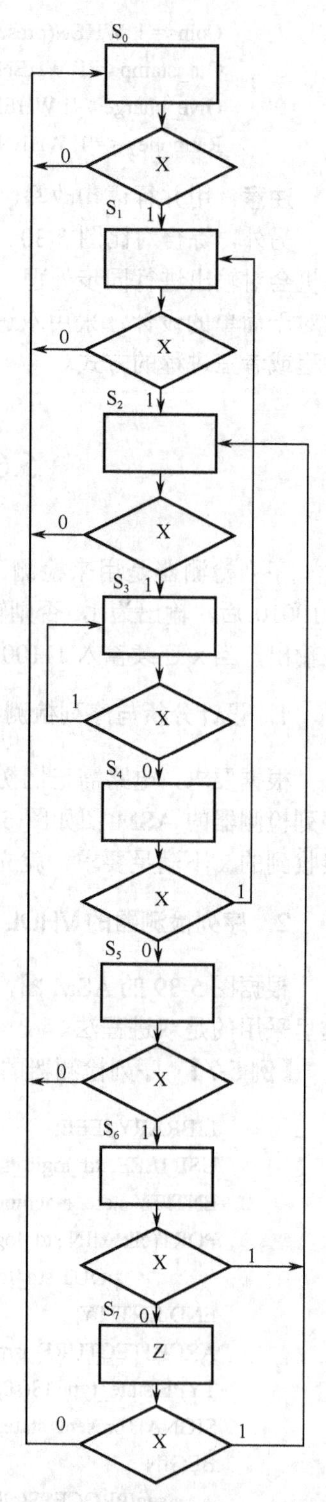

图 5-39　序列检测器 SAM 图

序列检测器的 RTL 图、状态转换图和时序仿真图如图 5-40、图 5-41 和图 5-42 所示。

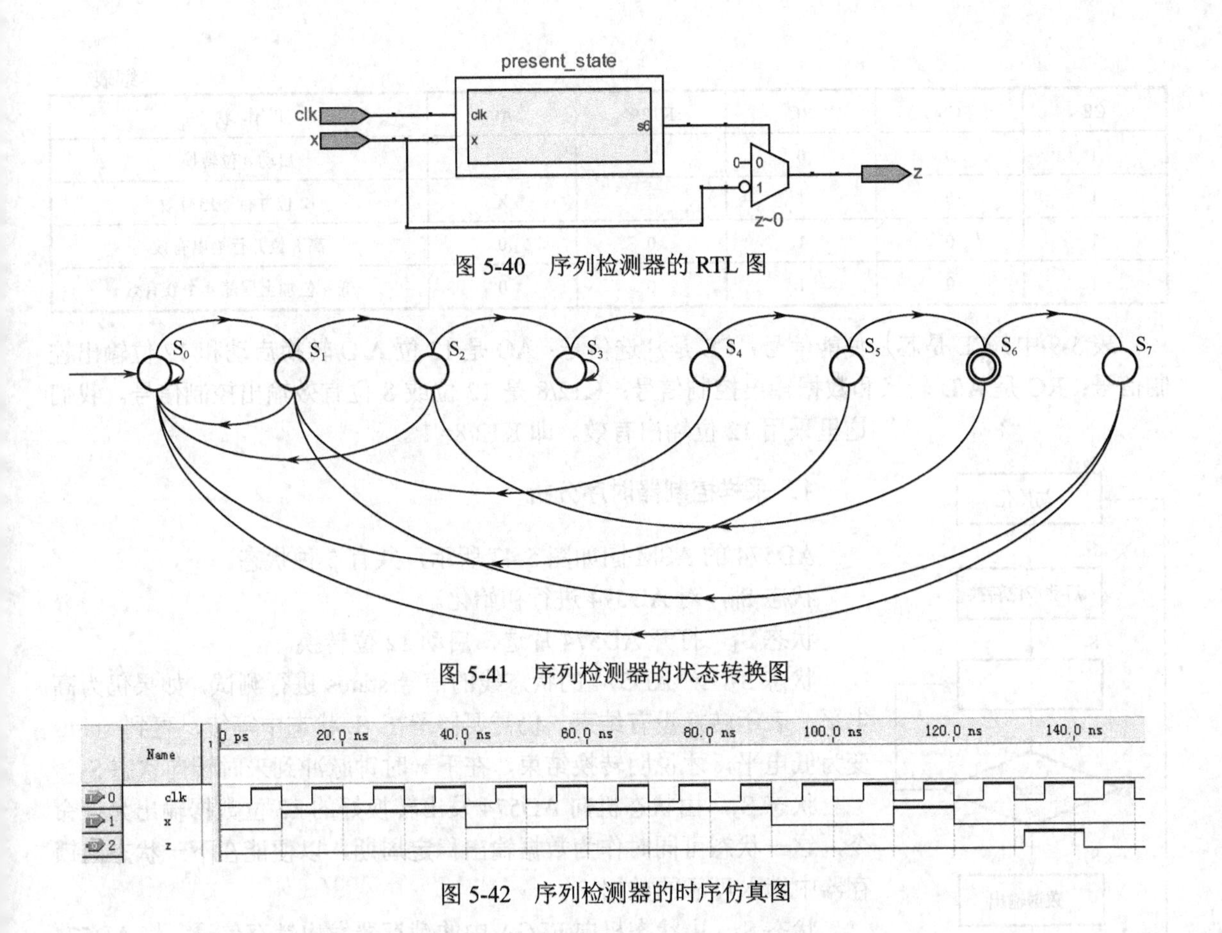

图 5-40　序列检测器的 RTL 图

图 5-41　序列检测器的状态转换图

图 5-42　序列检测器的时序仿真图

5.7　设计实例 2——A/D 采样控制器

对 A/D 器件进行采样控制，传统的方法是用 CPU 或单片机完成。其优点是编程简单，控制灵活，但缺点是控制周期长，速度慢。特别是当 A/D 本身的采样速度很快时，CPU 的慢速极大地限制了 A/D 的速度。以 51 系列单片机为例，其过程为：初始化 A/D 芯片→启动采样→等待 A/D 完成→发出读出命令→数据读入单片机→写入外部 RAM→外部 RAM 地址加 1。此过程至少需 30 条指令，每条指令平均两个机器周期，如时钟为 12 MHz，机器周期为 1 μs，共需 60 μs（不包括等待 A/D 完成的时间）。如果使用状态机来控制 A/D 采样，包括将采得的数据存入 RAM（FPGA 内部 RAM 的存储速率高达 10 ns ），整个采样周期需要 4-5 个状态即可完成。若 FPGA 的时钟频率为 100 MHz，则一个状态转向另一个状态为一个时钟周期，即 10 ns，那么一个采样周期约为 50 ns，不到单片机采样周期的千分之一。

以 AD574 为例，逻辑控制真值表见表 5-9。

表 5-9　AD574 逻辑控制真值表

CE	CS	RC	K12/8	A0	工 作 状 态
0	X	X	X	X	禁止
X	1	X	X	X	禁止
1	0	0	X	0	启动 12 位转换

续表

CE	CS	RC	K12/8	A0	工 作 状 态
1	0	0	X	1	启动 8 位转换
1	0	1	1	X	12 位并行输出有效
1	0	1	0	0	高 8 位并行输出有效
1	0	1	0	0	低 4 位加上尾随 4 个 0 有效

表 5-9 中，CE 是芯片使能信号；CS 是片选信号；AO 是 12 位 A/D 转换启动和 12 位输出控制信号；RC 是 A/D 转换和数据输出控制信号；K12/8 是 12 位或 8 位有效输出控制信号。我们这里采用 12 位输出有效。即 K12/8='1'。

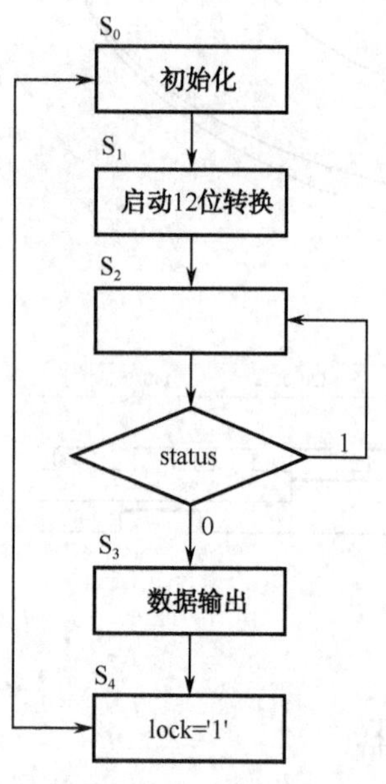

图 5-43　AD574 的 SAM 图

1. 采样控制器时序分析

AD574 的 ASM 图如图 5-43 所示，共有 5 种状态。

状态 S_0，对 AD574 进行初始化。

状态 S_1，打开 AD574 片选，启动 12 位转换。

状态 S_2，对 AD574 的状态线的信号 status 进行测试，如果仍为高电平，表示转换没有结束，仍需要停留在 S_2 状态中等待，直到 status 变为低电平，才说明转换结束，在下一时钟脉冲到来时转向状态 S_3。

状态 S_3，由状态机向 AD574 发出转换好的 12 位数据输出允许命令，这一状态可同时作为数据输出稳定周期，以便能在下一状态向锁存器中锁入可靠的数据。

状态 S_4，由状态机向 FPGA 中的锁存器发出锁存信号，将 AD574 输出的数据进行锁存。

2. 采样状态机结构框图

采样控制器根据三进程设计思想，可以画出如图 5-44 所示的状态机结构框图。图中，reg 是时序进程；coml 进程用于产生次态逻辑；com2 用于产生 AD574 控制信号（输出逻辑）；最后，用一个附加进程产生数据锁存器。

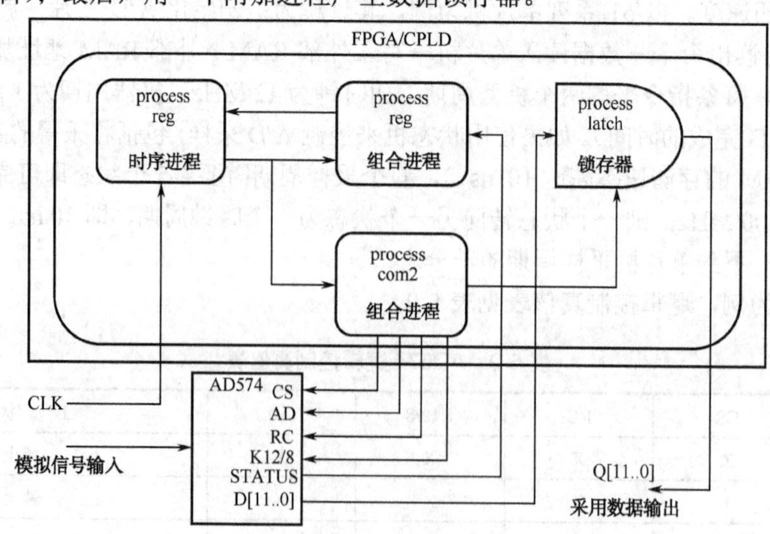

图 5-44　采样控制器状态机结构框图

3．状态机的 VHDL 实现

【例 5-8】 A/D 采用控制器的 VHDL 程序。

```
LIBRARY IEEE;
USE IEEE.std_logic_1164.ALL;
ENTITY AD_asm IS
PORT(d:IN std_logic_vector(11 DOWNTO 0);
    clk:IN std_logic;   --状态机时钟
    status:IN std_logic;   --AD574 状态信号
    lock:OUT std_logic;   --内部锁存信号 lock0 的测试信号
    cs, a0, rc, k12_8:OUT std_logic;
    q:OUT std_logic_vector(11 DOWNTO 0));   --锁存数据输出
END ENTITY;
ARCHITECTURE behav OF AD_asm IS
TYPE state IS(s0, s1, s2, s3, s4);
SIGNAL current_state, next_state:state;
SIGNAL reg:std_logic_vector(11 DOWNTO 0);   --A/D 转换数据锁存器
SIGNAL lock0:std_logic;      --转换后数据输出锁存时钟信号
BEGIN
    K12_8<='1';     --12 位转换时为高电平
    lock<=lock0;    --并行语句
    --seq 进程：产生状态寄存器的进程
    seq:PROCESS(clk)
    BEGIN
        IF (rising_edge(clk))THEN current_state<=next_state;
        END IF;
    END PROCESS seq;
    --com1 进程：产生次态逻辑的进程
    com1:PROCESS(current_state, status)
    BEGIN
        CASE current_state IS
        WHEN s0 => next_state <=s1;
        WHEN s1 => next_state <=s2;
        WHEN s2 =>
              IF(status='0')THEN next_state<=s3;
              ELSE next_state<=s2;
              END IF;
        WHEN s3=>next_state<=s4;
        WHEN s4=>next_state<=s0;
        END CASE;
    END PROCESS com1;
    --com2 进程：输出 AD574 控制信号的进程
    com2:PROCESS(current_state)
    BEGIN
        CASE current_state IS      --对照 AD574 逻辑控制真值表
```

```
        WHEN s0=>cs<='1';a0<='1';rc<='1';lock0<='0';   --初始化
        WHEN s1=>cs<='0';a0<='0';rc<='0';lock0<='0';   --启动 12 位转换
        WHEN s2=>cs<='0';a0<='0';rc<='0';lock0<='0';   --等待转换
        WHEN s3=>cs<='0';a0<='0';rc<='1';lock0<='0';   --12 并行输出有效
        WHEN s4=>cs<='0';a0<='0';rc<='1';lock0<='1';   --锁存数据
        END CASE;
    END PROCESS com2;
    --latch 进程：数据锁存器进程
    latch:PROCESS(lock0)
    BEGIN
        IF(lock0'event AND lock0='1')THEN reg<=d;
        END IF;
    END PROCESS latch;
    q<=reg;   --并行输出
END behav;
```

A/D 采用控制器的 RTL 图、状态转换图和时序仿真图如图 5-45、图 5-46 和图 4-47 所示。

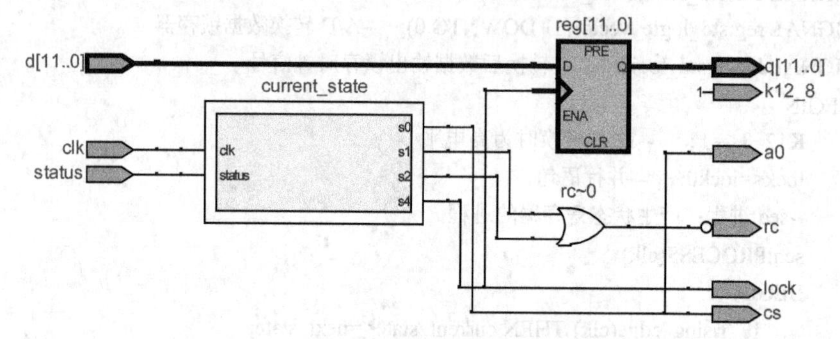

图 5-45 A/D 采用控制器的 RTL 图

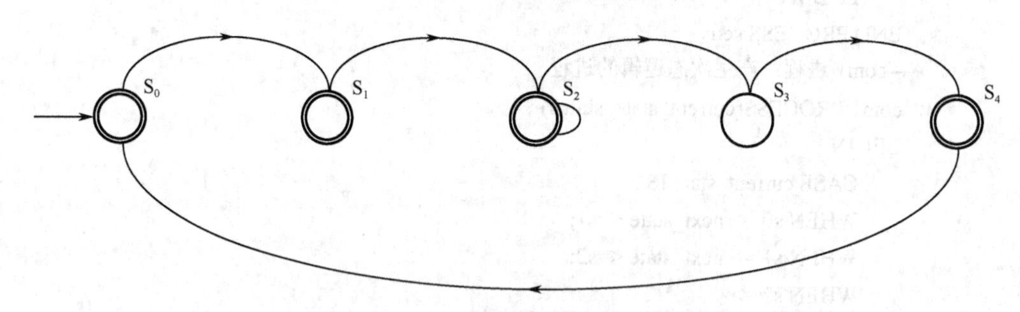

图 5-46 A/D 采用控制器的状态转换图

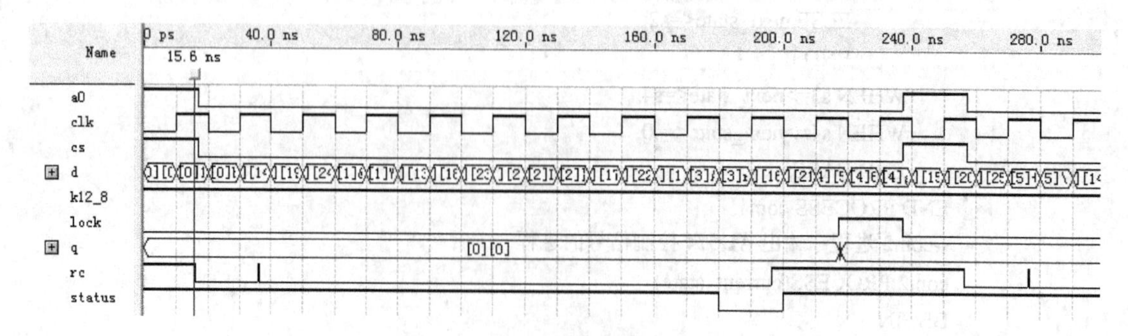

图 5-47 A/D 采用控制器的时序仿真图

第 6 章　开发平台与 Quartus II 设计流程

6.1　SCUT-EDA 开发平台

为了顺利开展日常教学工作与满足工程实践的需要，华南理工大学自主开发的 EDA 实验平台 younever_v1.2，如图 6-1 所示。该平台选用了 Altera 公司的 Cyclone ii 芯片，配有丰富的硬件资源，主要包括电源稳压电路、8 位七段数码管、1602 液晶屏接口、音频接口、串行配置芯片 EPCS16、温度传感器、VGA 接口、Ps2 接口、9 针串口、EEPROM、红外接收与发送电路、下载接口、DM9000A 驱动的网卡接口等，其顶层 PCB 如图 6-2 所示。该实验平台配置灵活，各模块电路独立工作，可通过跳线设置决定是否与芯片连接，能够完成多种实验与课程设计。

在实验的过程中，读者可以根据条件选择适合的硬件平台。书中工程实例部分在进行引脚配置的时候，是根据上述平台设定的，对于不同的实验平台，读者可以根据实际情况，进行相应的修改。

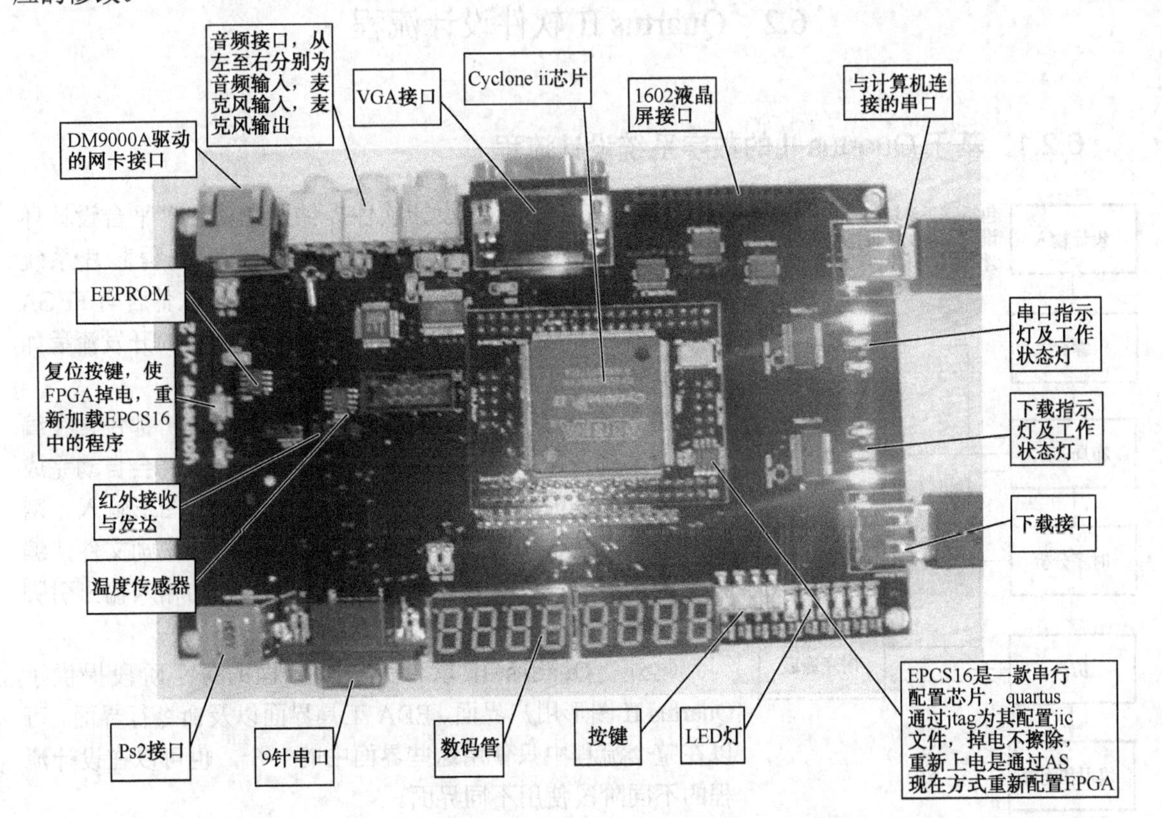

图 6-1　华南理工大学自主开发的 EDA 实验平台 younever_v1.2

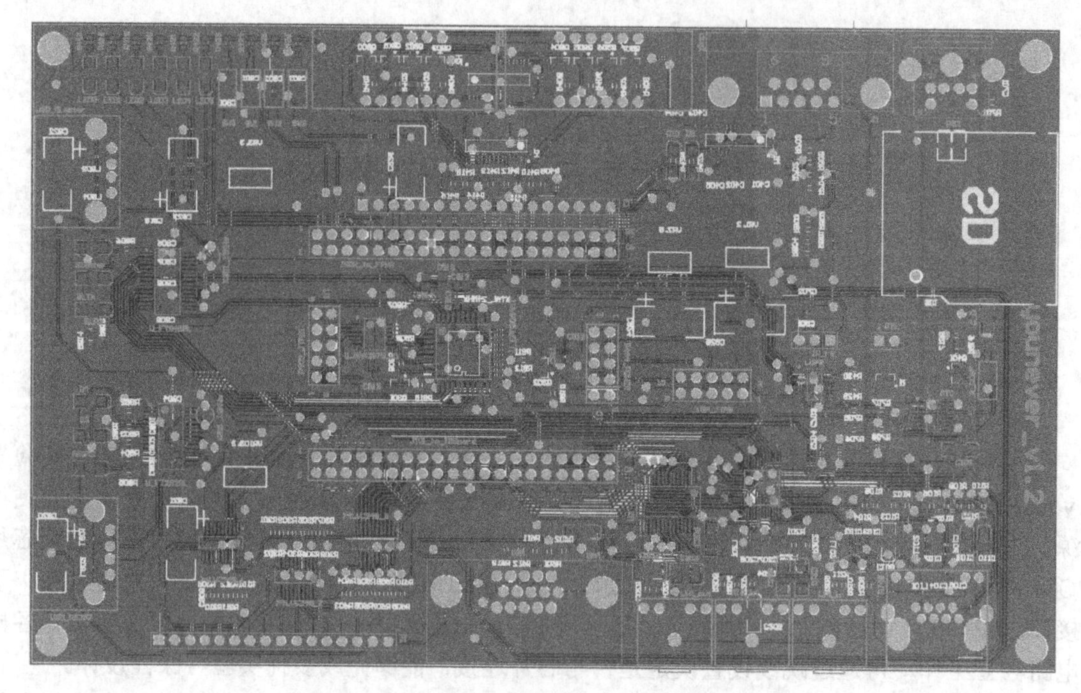

图 6-2　EDA 实验平台 younever_v1.2 顶层 PCB

6.2　Quartus II 软件设计流程

6.2.1　基于 Quartus II 的数字系统设计流程

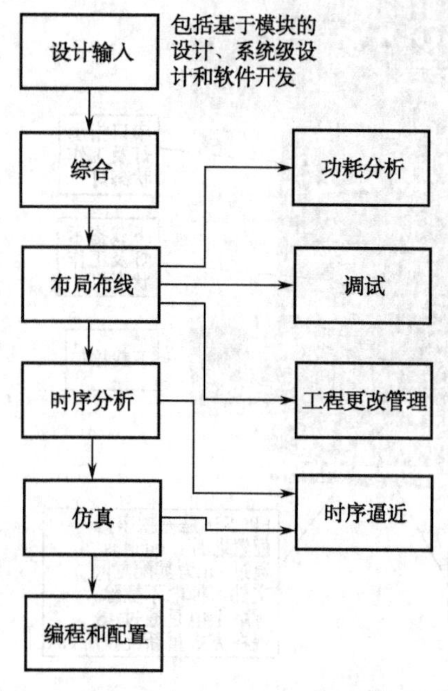

图 6-3　Quartus II 的开发流程

Altera Quartus II 设计软件提供了完整的多平台设计环境，能够直接满足特定的设计需要，为可编程芯片系统（SOPC）提供了全面的设计环境。Quartus II 软件含有 FPGA 和 CPLD 设计所有阶段的解决方案。Quartus II 的开发流程如图 6-3所示。

在 Quartus II 中，综合、布线布局、时序分析都包含在编译中，也就是在单击 Start Complication 后，软件会自动完成这三部分的功能。设计输入一般有文本输入、图形输入、网表输入等方法，仿真之前需要编辑好输入信号激励文件，编程配置则需要根据开发板的说明书来对系统的输入输出引脚进行配置。

此外，Quartus II 软件为设计流程的每个阶段提供了 Quartus II 图形用户界面、EDA 工具界面以及命令行界面。可以在整个流程中只使用这些界面中的一个，也可以在设计流程的不同阶段使用不同界面。

6.2.2 Quartus II 软件使用介绍

Quartus II 软件可以完成设计流程的所有阶段。它是一个全面的、易于使用的独立解决方案。图 6-4 显示 Quartus II 图形用户界面为设计流程的每个阶段提供的功能。

图 6-4 Quartus II 图形用户界面的功能

1. 建立工程

（1）启动 Quartus II 软件后，就会出现如图 6-5所示的用户图形界面。

（2）使用 New Project Wizard（File 菜单）或 quartus_map 可执行文件建立新工程。

建立新工程时，指定工程工作目录，分配工程名称，指定顶层设计实体的名称。在用户图形界面单击 File 下列菜单，在 File 下拉菜单中单击 New Project Wizard，如所图 6-6 示。单击 New Project Wizard 后，出现如图 6-7 所示的界面。

在指定路径之前，可以先新建一个工程文件夹，如在这里我们新建一个工程文件夹并命名为 light_water，将工程取名为 light_water，因为工程的顶层设计实体名应与工程名一致，所以工程的顶层设计实体名也是 light_water，设置后如图 6-7 所示，然后单击 next。

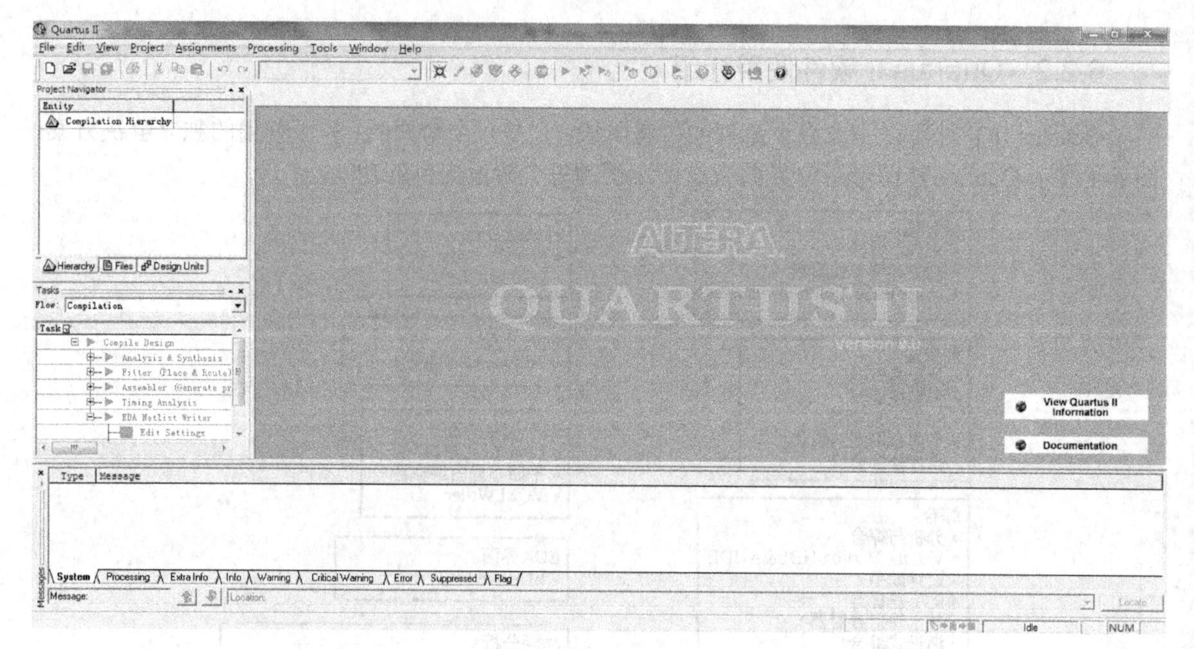

图 6-5　用户图形界面

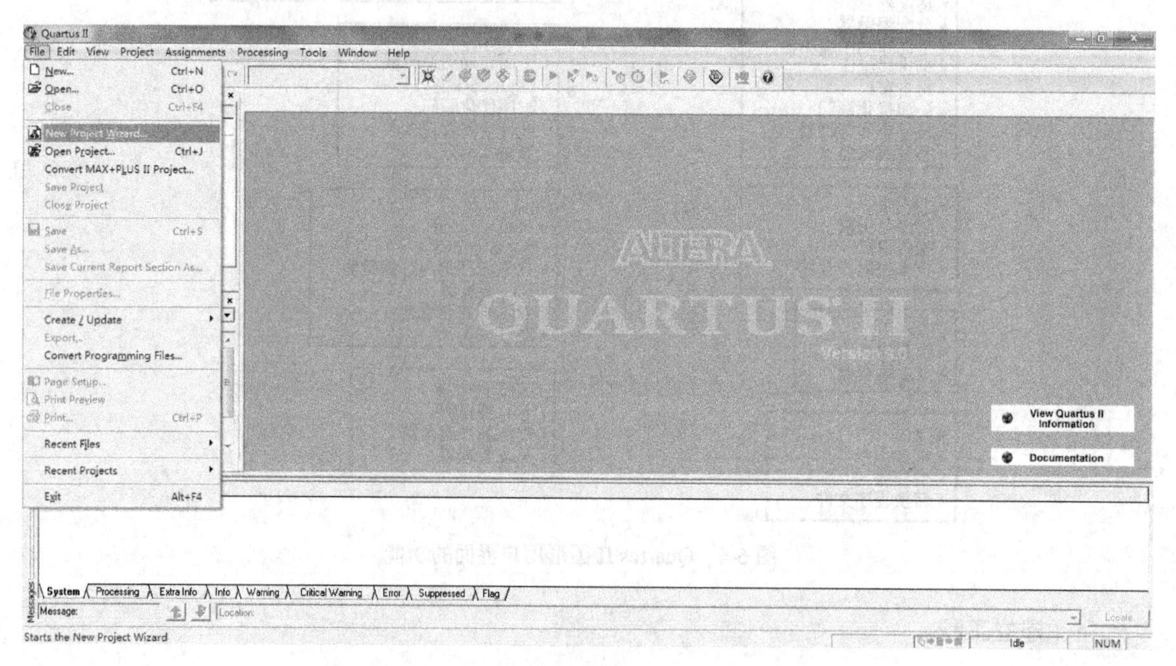

图 6-6　单击 File 下拉菜单中的 New Project Wizard

（3）出现如图 6-8 所示的添加设计文件的对话框。

当然，在这里可以选择不添加文件而直接单击 next 进入下一步，因为在 Quartus II 用户图形界面中也可以通过单击 assignment-> setting-> files 来添加所需要的文件。所以在这里我们直接单击 next 进入下一步。

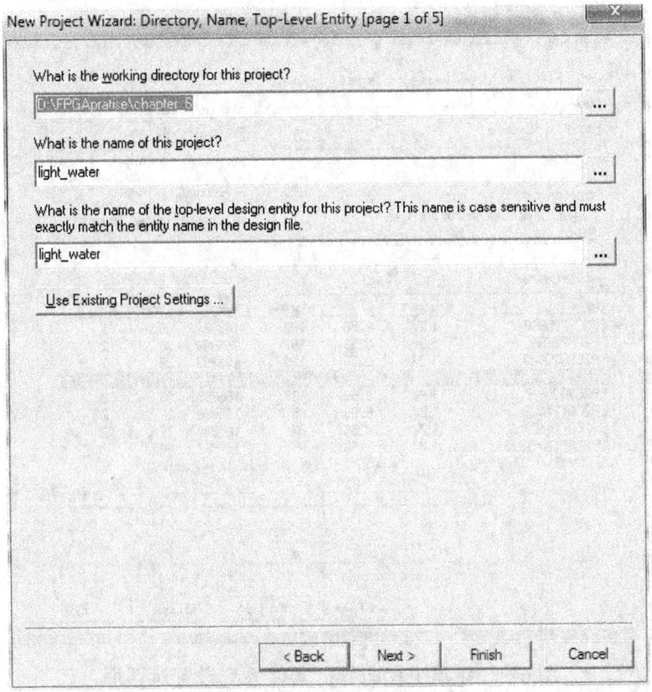

New Project Wizard: Directory, Name, Top-Level Entity [page 1 of 5]

What is the working directory for this project?

D:\FPGApratise\chapter_6

What is the name of this project?

light_water

What is the name of the top-level design entity for this project? This name is case sensitive and must exactly match the entity name in the design file.

light_water

Use Existing Project Settings ...

< Back　Next >　Finish　Cancel

图 6-7　新建工程向导：目录、名称和顶层设计实体名

（4）出现如图 6-9 所示的器件系列设置对话框。

对于不需要下载到开发板而只想软件仿真的设计，在这里可以不用指定特定的器件，让软件自动选择适当的器件，但对于需下载到开发板来实现的设计，就应该在这里选择与开发板上对应的芯片。例如，若开发板上用的是 Cyclone II 系列的 EP2C8Q208C8 的芯片，那么就应该在下拉菜单 Family 下选择 Cyclone II，在 Available Devices 中选择 EP2C8Q208C8，然后单击 Next 进入下一步。

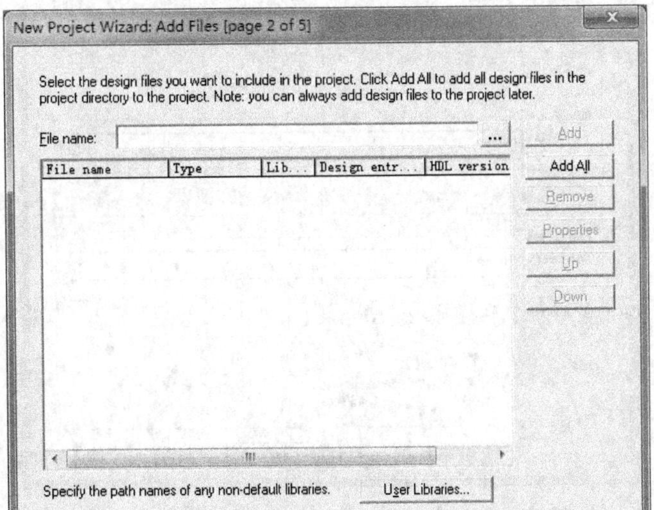

New Project Wizard: Add Files [page 2 of 5]

Select the design files you want to include in the project. Click Add All to add all design files in the project directory to the project. Note: you can always add design files to the project later.

File name:

File name	Type	Lib...	Design entr...	HDL version

Add　Add All　Remove　Properties　Up　Down

Specify the path names of any non-default libraries.　User Libraries...

< Back　Next >　Finish　取消

图 6-8　新建工程向导：添加设计文件的对话框

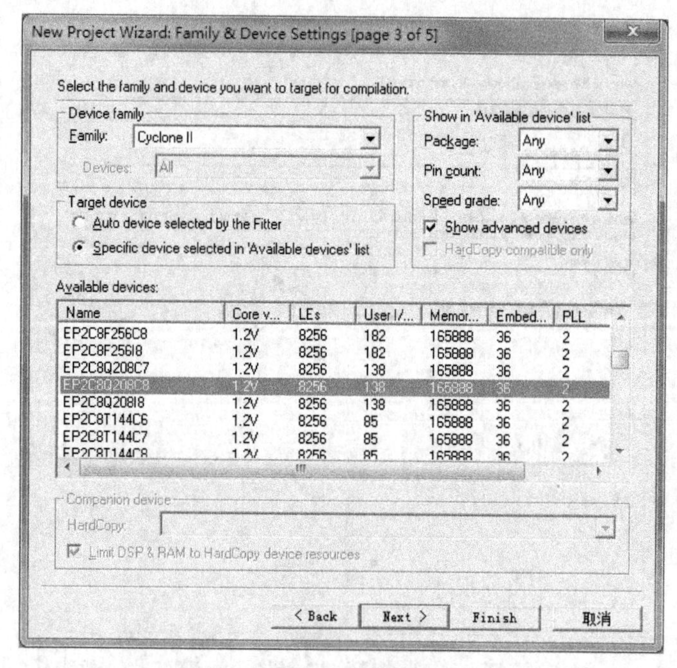

图 6-9　新建工程向导：器件系列设置对话框

（5）出现如图 6-10 所示的 EDA 工具设置对话框。

Quartus II 软件本身包含了一套完整的开发流程，从设计输入、分析与综合、功能仿真、适配、时序分析、时序仿真，到下载都可以在 Quartus II 中完成，对于没有特别的要求可以不调用其他的 EDA 软件，在这里直接选择 Next 进入下一步。

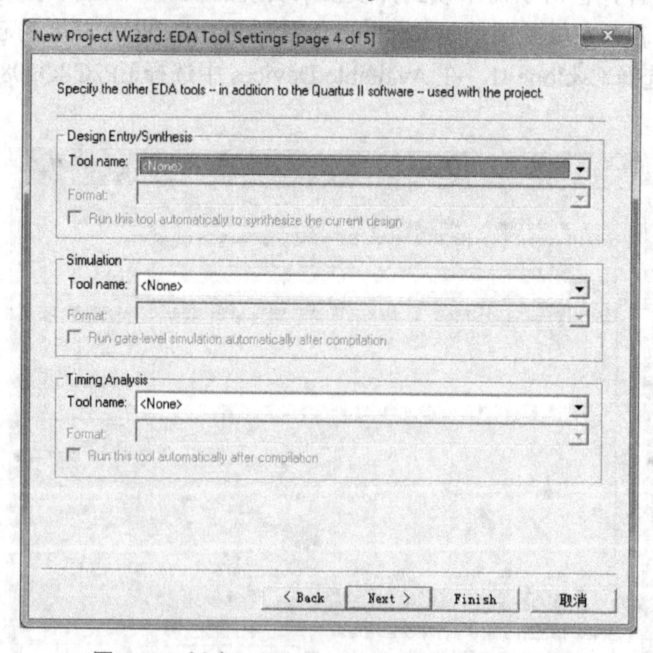

图 6-10　新建工程向导：EDA 工具设置对话框

（6）出现如图 6-11 所示的新建工程摘要界面。

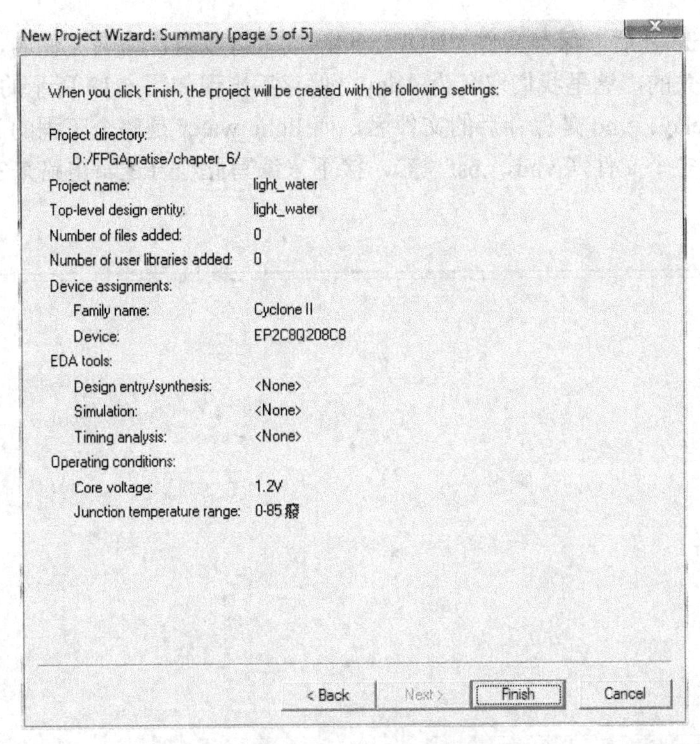

图 6-11　新建工程的摘要

至此，一个新工程已经建立好，单击 Finish 可以进入到此工程的编辑环境。

这个设计是一个简单的流水灯实验，可以分为两个部分：第一部分是脉冲产生器（20 ms 一个脉冲）；第二部分是 LED 灯的控制部分。脉冲产生器本质就是一个计数器，为了使流水灯每隔 0.2 s 变化一次。所以接下来通过这两部分的设计来介绍从设计输入到下载的整个流程。

2．设计输入

可以使用 Quartus II 软件在 Quartus II Block Editor 中建立设计，或使用 Quartus II Text Editor 通过 AHDL、Verilog HDL 或 VHDL 设计语言来建立 HDL 设计。Quartus II 软件还支持采用 EDA 设计输入和综合工具生成的 EDIF InputFiles(.edf)或 Verilog Quartus Mapping Files (.vqm)建立的设计。另外，还可以在 EDA 设计输入工具中建立 Verilog HDL 或 VHDL 设计，生成 EDIF 输入文件和 VQM 文件，或在 Quartus II 工程中直接使用 Verilog HDL 或 VHDL 设计文件。

在这个设计中，采用 Quartus II Block Editor 和 Quartus II Text Editor 两种输入组合来完成设计。

（1）设计译码器电路首先设计译码器电路，采用文本输入方式来描述此电路，它的输入来自十六进制计数器的输出：qa、qb、qc 和 qd。译码器的输出连接到七段数码管，这是个典型的组合逻辑电路。在 Quartus II 图形用户界面下，单击 File→New 后，在如图 6-12 所示的对话框中选择 VHDL File。

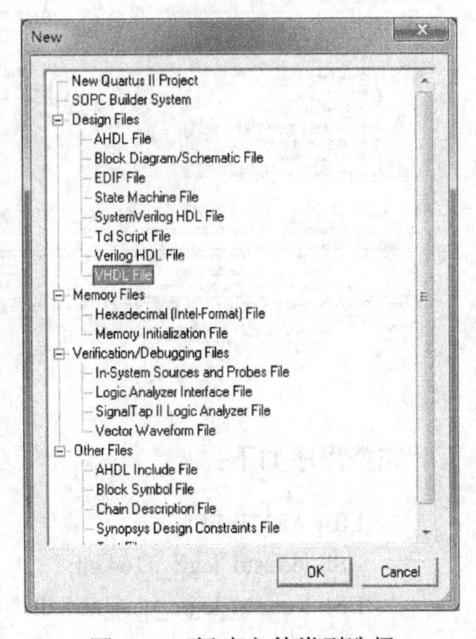

图 6-12　新建文件类型选择

双击 VHDL File 之后，保存文件 VHDL1.vhd，读者可以自己命名文件名，但文件名一般都是和程序或电路相关的，这里我们取名为 delay，保存后出现如图 6-13 所示的代码编辑窗口。

图 6-13 中，delay．vhd 是保存后的文件名，而 light_water 是整个工程的工程名，因为在一个工程下可以包含多个文件（.vhd，.bsf 等），接下来编写此组合逻辑电路来实现译码的功能，如图 6-14 所示。

图 6-13　代码编辑窗口

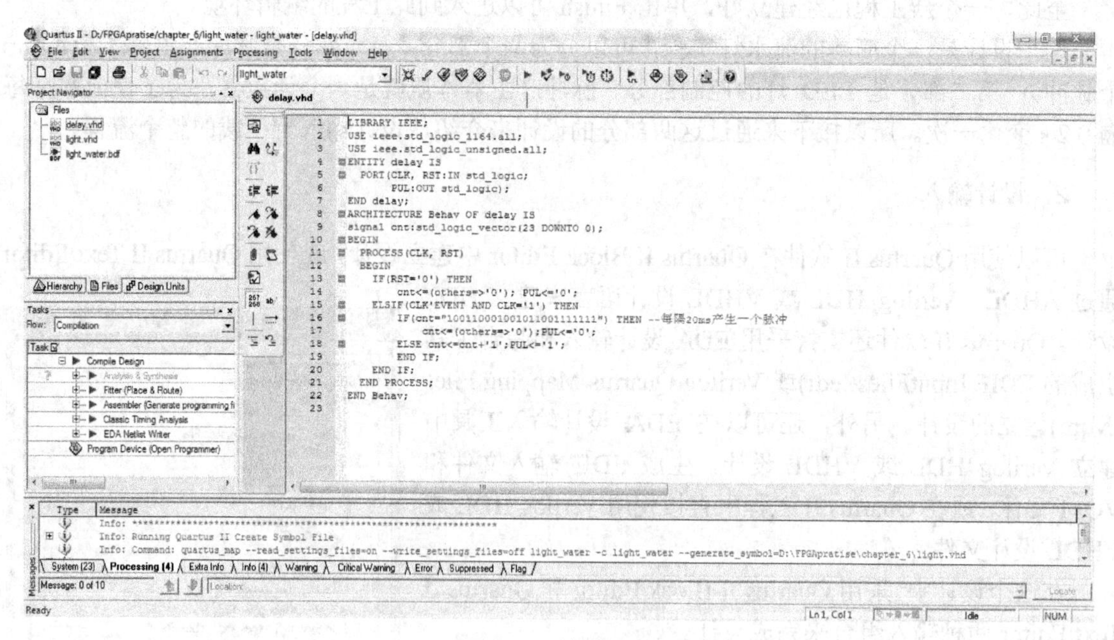

图 6-14　编写程序

完整程序如下：

```
LIBRARY IEEE;
USE ieee.std_logic_1164.all;
USE ieee.std_logic_unsigned.all;
ENTITY delay IS
```

```
    PORT(CLK, RST:IN std_logic;
            PUL:OUT std_logic);   --脉冲输出信号线
END delay;
ARCHITECTURE Behav OF delay IS
signal cnt:std_logic_vector(23 DOWNTO 0);
BEGIN
   PROCESS(CLK, RST)
   BEGIN
      IF(RST='0') THEN
         cnt<="000000000000000000000000"; --当按下按键时，计数从零开始
      ELSIF(CLK'EVENT AND CLK='1') THEN
         IF(cnt="100110001001011001111111") THEN --每隔 20 ms 产生一个脉冲
               cnt<="100110001001011001111111";PUL<='0';
         ELSE cnt<=cnt+'1';PUL<='1';
         END IF;
      END IF;
   END PROCESS;
END Behav;
```

程序中信号的命名因人而异，但主要是为了方便自己阅读程序，当然对于复杂的程序，应养成给程序添加注释的习惯，以便日后查阅或供他人阅读。其中 PUL 是计数器的输出脉冲，RST 是计数器的重置信号。

程序输入完之后，就可以对代码进行编译了。但应该注意的是，先把 delay.vhd 设为顶层文件再进行编译，否则编译报错“找不到顶层文件”，设置方法为：在 Quartus II 软件中单击 Project 菜单，出现如图 6-15 所示的对话框，并选择 Set as Top-Level Entity 或直接使用组合键 Ctrl+ Shift +J，然后单击编译进行编译。

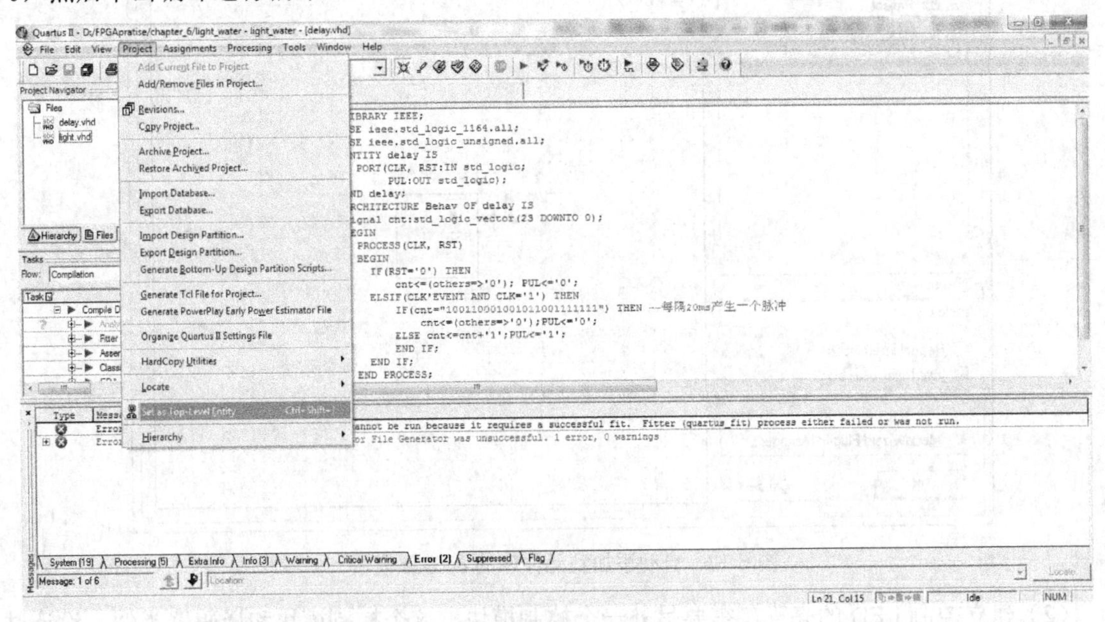

图 6-15　设为顶层文件

编译完之后，将此程序生成 block 块，在设计整体功能时将调用这个模块。生成 block 块的

方法是：在用户界面中单击 delay.vhd 文件，使之处于当前活动窗口，然后单击 File→Create\Update→Create Symbols for Current File，等待 Symbol 的生成，如图 6-16 所示。

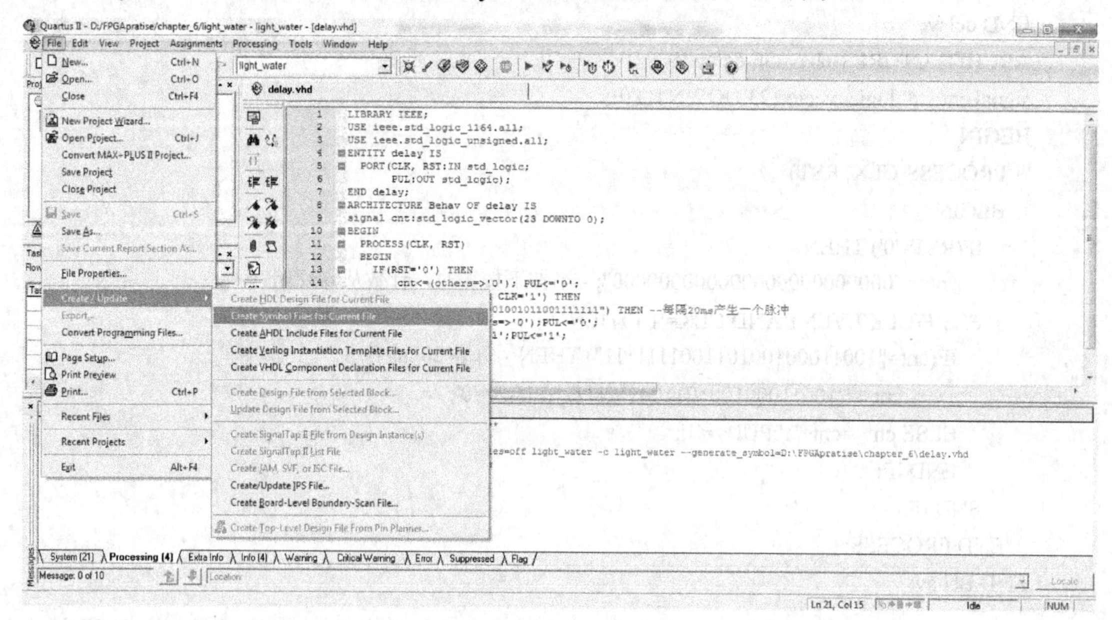

图 6-16 生成 block 块

成功生成之后会有对话框提示“Create Symbol file was successful”，生成的 block 会自动添加到 Project→decode 下，如图 6-17 所示。

到这一步，计数器电路就已经完成了。

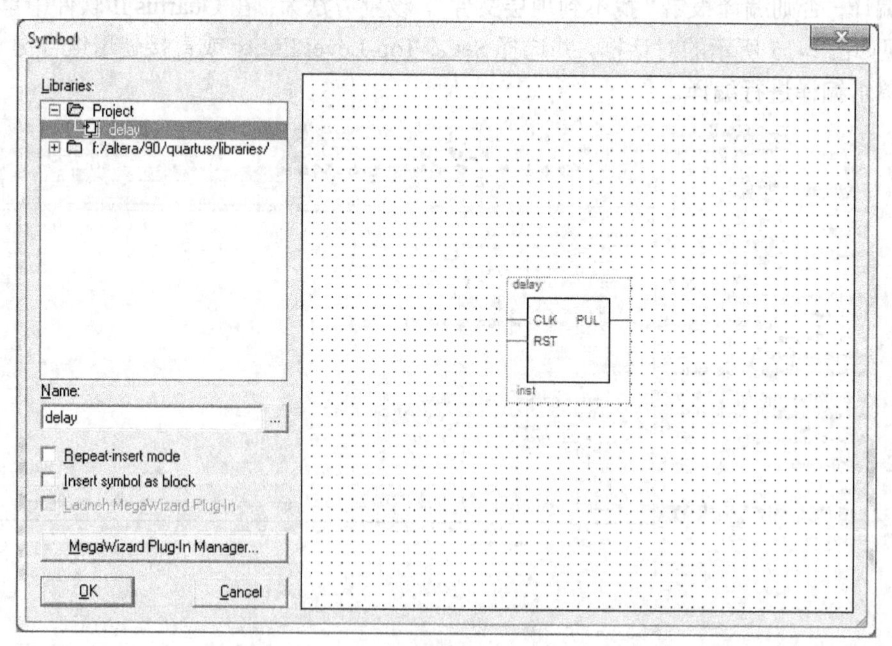

图 6-17 自动添加到元件库的 decode 模块

（2）建立控制 LED 的亮灭，需要另外一个控制模块，这个控制模块和译码器类似，设计过程可以参考译码器电路的设计过程，不过该译码器只有 6 个输出信号线，而且还附有计数器的功能。首先新建一个.vhd 文件，保存为 light.vhd 文件，然后在此文件中编辑代码实现功能，接着编译并为此文件创建一个 block 块，程序如下：

```
LIBRARY IEEE;
USE ieee.std_logic_1164.all;
USE ieee.std_logic_unsigned.all;
ENTITY light IS
  PORT(PUL, RST:IN std_logic;
       LED:OUT std_logic_vector(5 DOWNTO 0));
END light;
ARCHITECTURE Behav OF light IS
signal i:std_logic_vector(2 DOWNTO 0);
BEGIN
  PROCESS(PUL, RST)
  BEGIN
    IF(RST='0') THEN
          LED<="000000"; i<="000";
      ELSIF(PUL'EVENT AND PUL='1') THEN
          IF(i=5) THEN
               i<="000";
          ELSE
               i<=i+'1';
          END IF;
          CASE i IS
               WHEN "000"=>LED<="111110";
               WHEN "001"=>LED<="111101";
               WHEN "010"=>LED<="111011";
               WHEN "011"=>LED<="110111";
               WHEN "100"=>LED<="101111";
               WHEN others=>LED<="011111";
          END CASE;
      END IF;
   END PROCESS;
 END Behav;
```

这个模块如图 6-18 所示。

（3）建立顶层文件，在步骤（1）和（2）中，都是先在文本编辑器中编辑程序，编译通过后再生成一个与之对应的模块，这两个模块在工程文件夹中的名字分别是 delay.bsf 和 light_water.bsf，下面需完成此设计的最后一步，单击 File→new 后，在弹出的对话框中（见图 6-12）选择 Block Diagram/Schematic File，用图形编辑器新建一个图形输入文件。双击 Block Diagram/Schematic File 后，就进入了图形输入的界面，如图 6-19 所示，将名为 block.bdf 的文件保存为 light_water.bdf，保存后的文件 light_water.bdf 即为整个工程的 Top-Level Entity。

在界面空白处双击左键，会弹出如图 6-20 左边所示的器件模块选择框，在图中，我们看到先前生成的两个模块 delay 以及 light 都在 Project 下，依次双击 delay、light 以及图中 c：/altera/quartus51/libraries→others→maxplus2→74161，将这两个模块添加进图形编辑环境中，分别如图 6-20、图 6-21 所示。里面的 RST 重置信号线可以重置两个电路模块的状态，在重置时所有的 LED 灯都会亮。

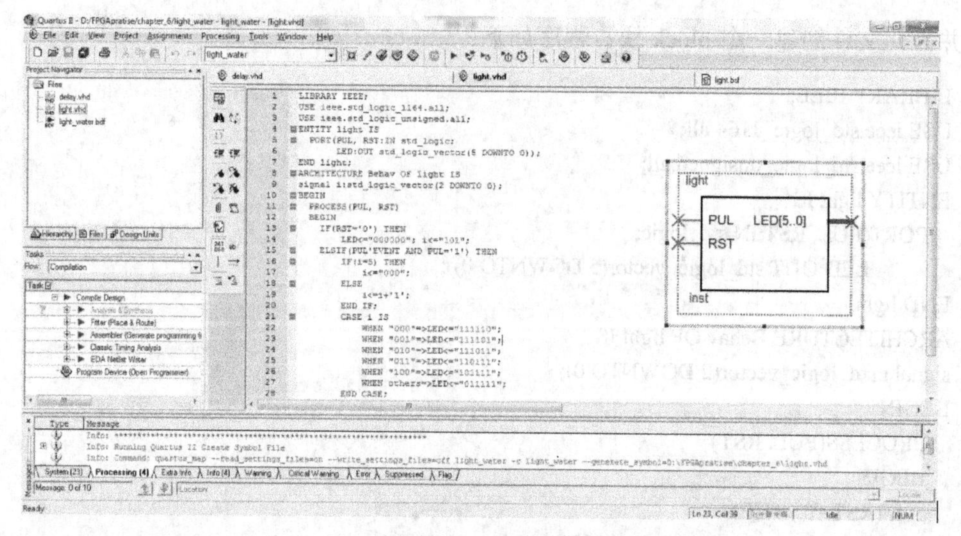

图 6-18　light 模块

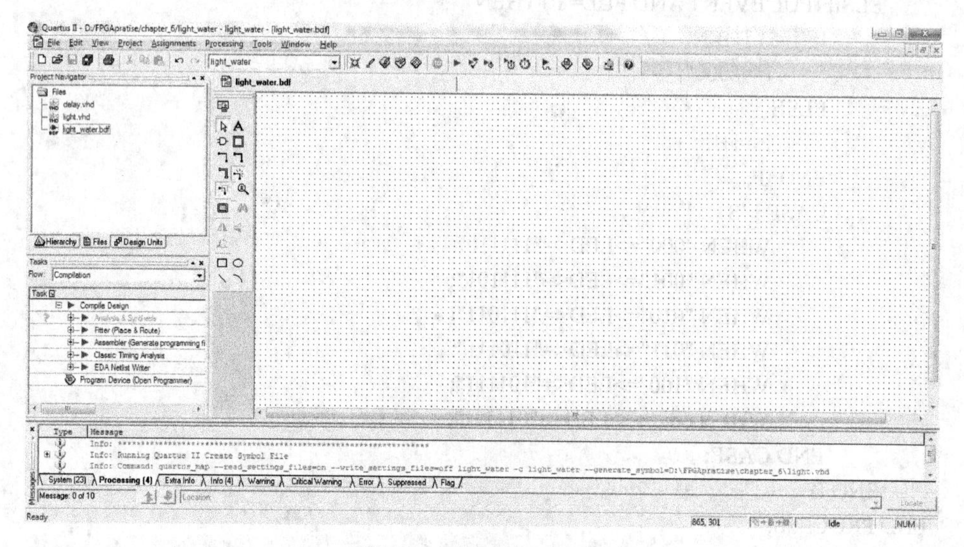

图 6-19　图形输入界面

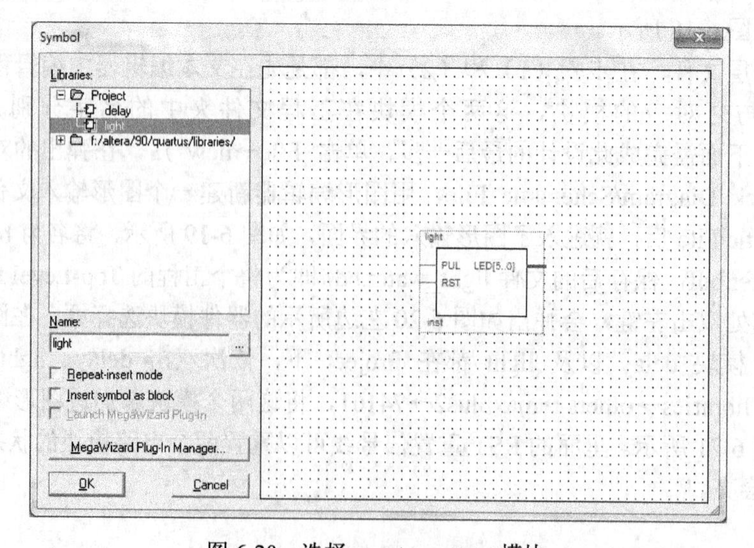

图 6-20　选择 counter_output 模块

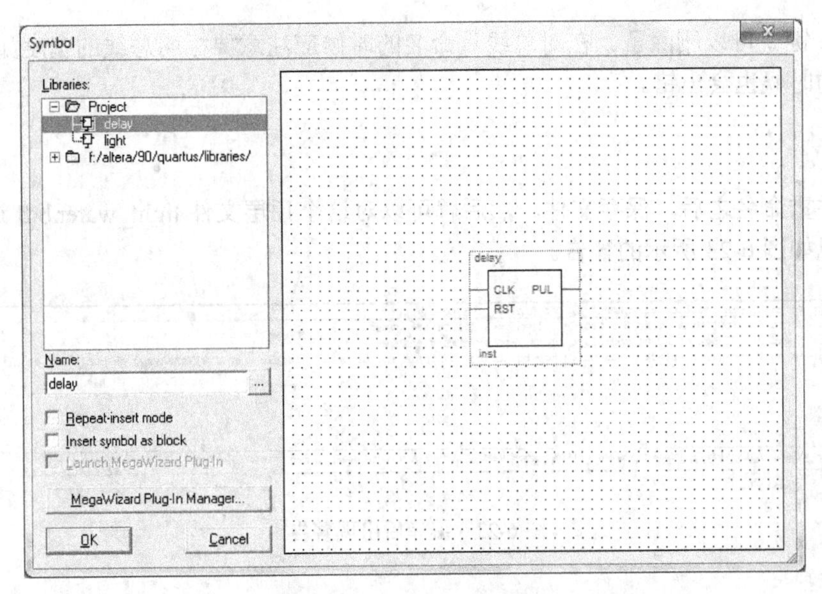

图 6-21　选择 decode 模块

注意：各个模块的后缀名是.bsf 块符号文件，而工程的 light_water 的 top-level 实体的后缀是.bdf 的设计文件。

添加完毕两个模块之后，还应添加输入输出符号，接下来的工作就是用信号线把模块之间对应的端口连接起来，且系统的输入信号与输入符号相连，系统的输出信号与输出符号相连。

输入符号：

输出符号：

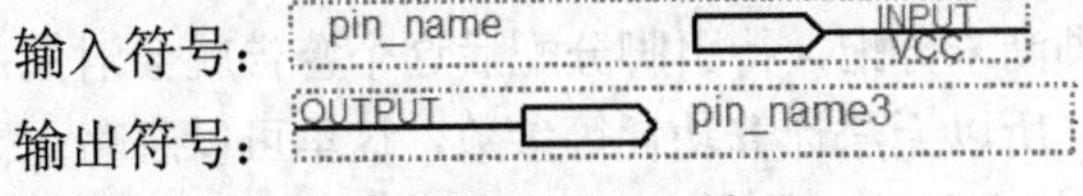

连接好的整个系统如图 6-22 所示。

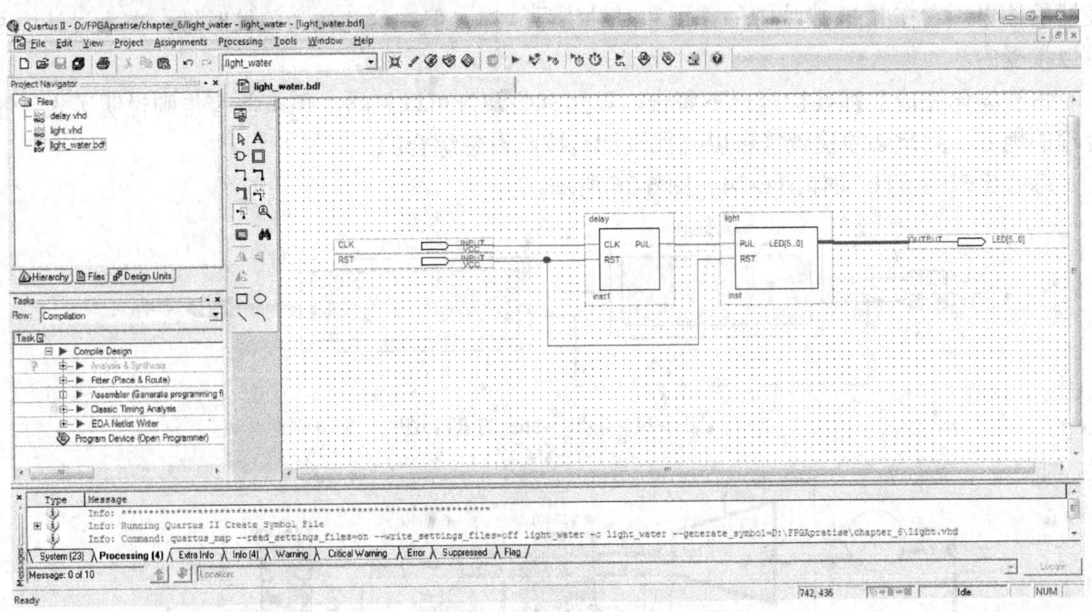

图 6-22　连接好的整个系统

整个系统的输入信号只有两个，分别是时钟信号 CLK 和电路重置信号 RST。

图 6-22 的连线中，单根信号线由工具 ⌝ 画出，而信号总线则由 ⌝ 画出，双击输入输出符号可以改变输入输出信号的名字。要删除某根信号线，可以先用鼠标单击选中要删除的信号线，

然后按 Delete 键就可以删除了。在对总线重命名的时候应注意要标明总线的宽度如 result[3..0]，不然在编译的时候也会出错。

3. 编译

连接好并重命名之后，保存文件，然后就可以对这个顶层文件 light_water.bdf 进行编译了，编译完将出现如图 6-23 所示的警告。

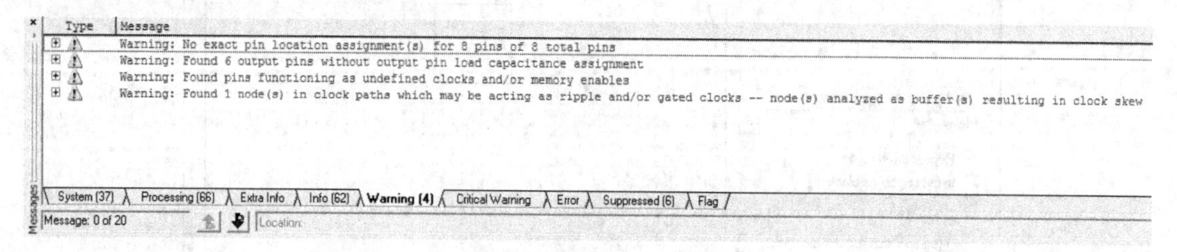

图 6-23　编译后出现警告

警告内容：

（a）Warning: No exact pin location assignment(s) for 8 pins of 8 total pins

（b）Warning: Found 6 output pins without output pin load capacitance assignment

（c）Warning: Found pins functioning as undefined clocks and/or memory enables

（d）Warning: Found 1 node(s) in clock paths which may be acting as ripple and/or gated clocks -- node(s) analyzed as buffer(s) resulting in clock skew

出现的警告没有大碍。警告（a）说明管脚尚未分配，待引脚分配后这个警告就会消失；警告（b）表示没有给出输出引脚指定负载电容，所以无法计算功耗等参数，这里可以忽略；警告（c）在配置引脚时自动解除，对仿真也不会有什么影响；警告（d）表示 delay 模块的输出是触发器的输出，它在 light 模块中的作用和时钟信号一样，但在这儿作为门控时钟，在本设计中是可以接受的。

每次编译完成后都要检查一下警告，虽然有些警告可以忽略，但有些警告则说明了设计不合理的地方，因此必须检查警告以确保设计是按照设想综合的。

综合出来的 RTL 图如图 6-24～图 6-26 所示。

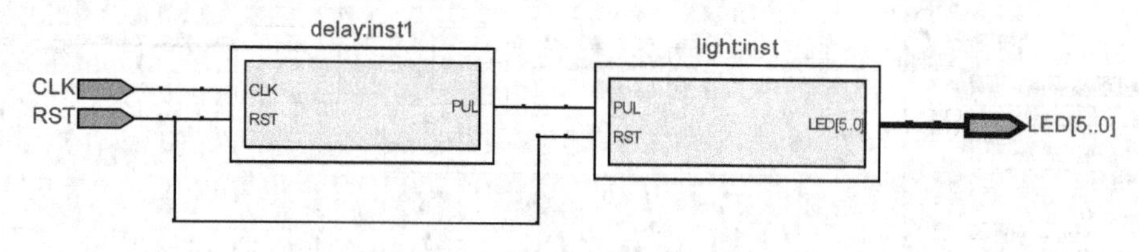

图 6-24　light_water 的 RTL 图

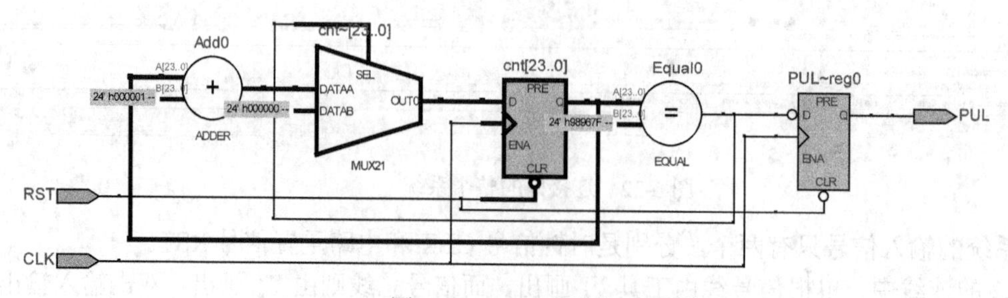

图 6-25　delay 电路的 RTL 图

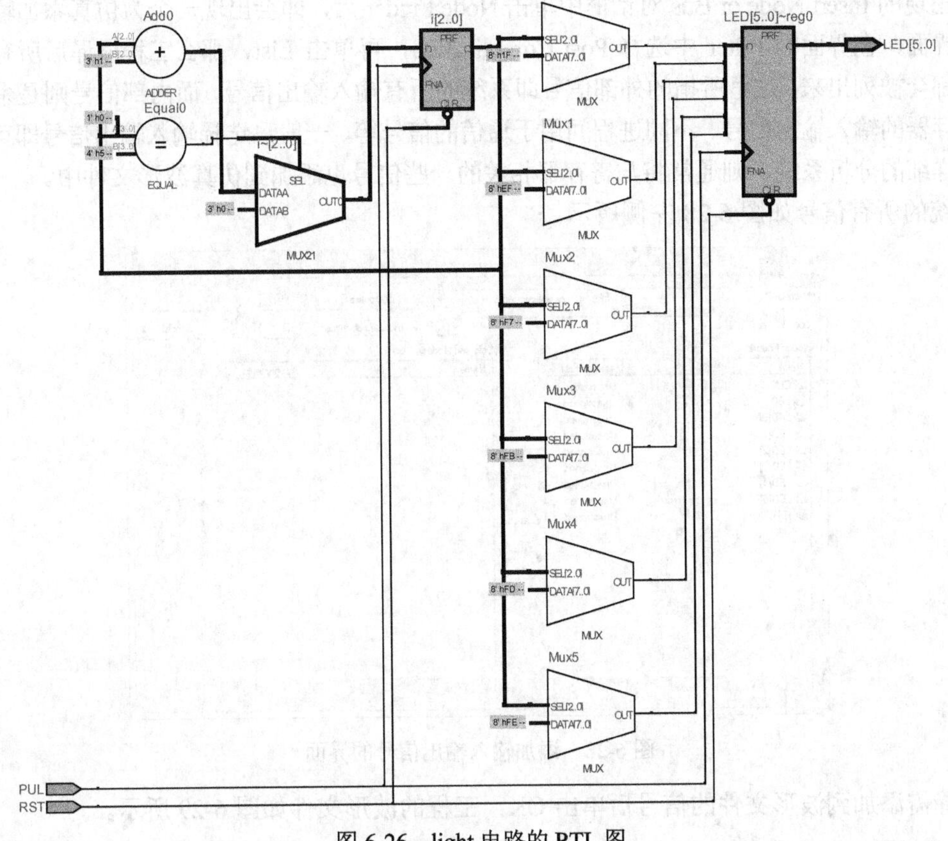

图 6-26　light 电路的 RTL 图

4．时序仿真

首先建立波形文件，单击 File→New→Other Files，在出现的对话框中双击 Vector Waveform File，进入波形文件编辑环境。在图 6-27 中，右击左边空白处，选择 Insert Node or Bus…，添加用以仿真的输入输出信号。需要注意的是，Quartus II 软件自 10.0 版本后就不再自带仿真功能了，相关功能可用 Modelsim 实现，这里仅以 Quartus II 9.0 版本为例进行讲解。

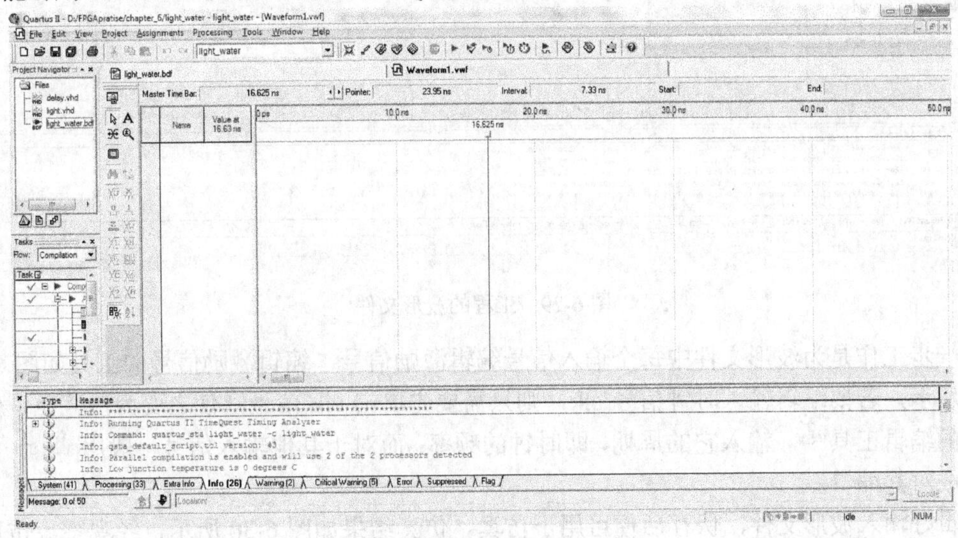

图 6-27　波形文件编辑环境

在出现的 Insert Node or Bus 对话框中单击 Node Finder 后，即会出现一个为仿真添加输入输出信号的界面，在界面的 Filter 中选择 Post-Complication，再单击 List，那么工程编译后所有内外部的信号都会被列出来，这里所指的外部信号即系统的所有输入输出信号，而内部信号则是系统内的一些寄存器的输入输出信号、不同进程间用于通信的信号等，一般只选择输入输出信号即可，如果需要更详细的分析系统，则通常将与寄存器相关的一些信号也添加到仿真波形文件中。

系统的所有信号如图 6-28 左侧所示。

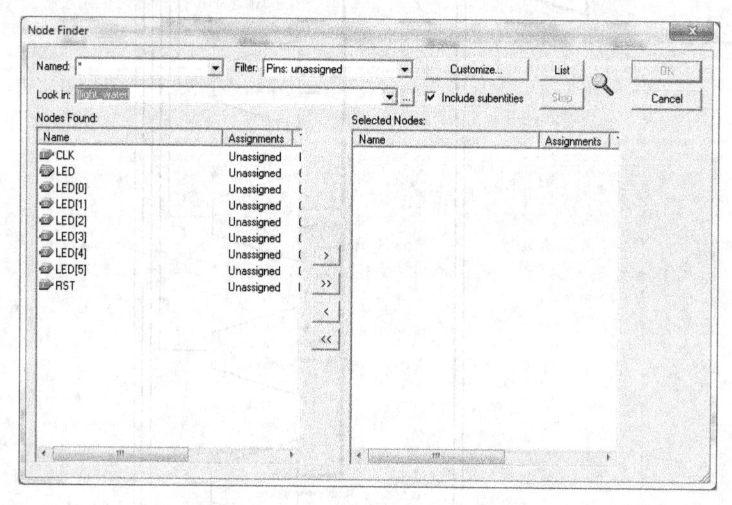

图 6-28　添加输入输出信号的界面

选择需添加到波形文件的信号后单击 OK，工程的波形文件如图 6-29 所示。

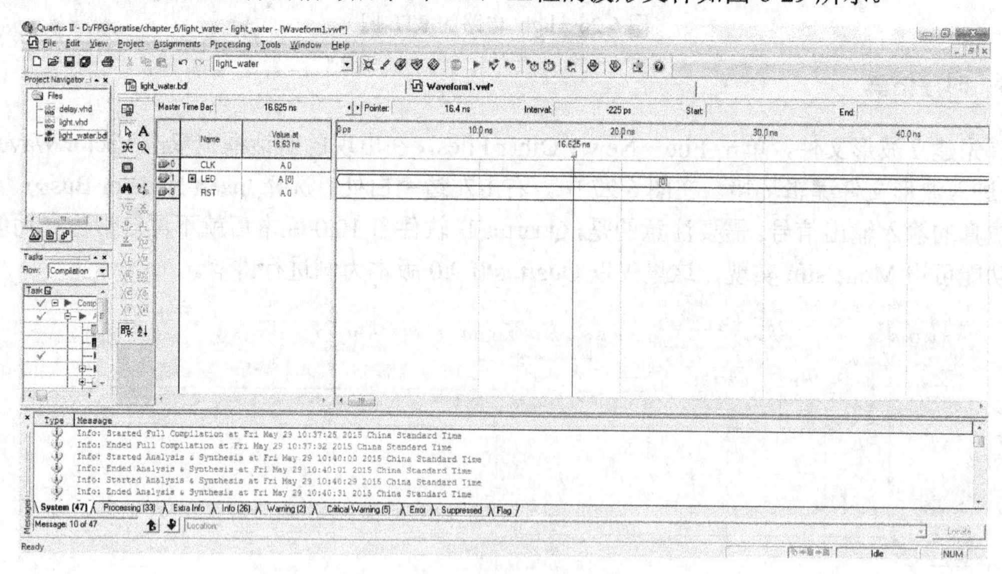

图 6-29　工程的波形文件

下一步工作是为波形文件中每个输入信号编辑激励信号，编辑激励信号的工具如图 6-29 的最左端所示，若要编辑输入时钟信号 clk，则只需要先单击 clk 信号，使之变为浅蓝色，然后运用左端的编辑工具，输入它的周期，即时钟的频率；而对于其他输入信号一般用、就可以完成对其编辑。

编辑好输入波形文件，保存后便可用于仿真。仿真结果如图 6-30 所示，经观察，仿真结果符合设计要求。需要注意的是，由于 Quartus 自带的仿真软件仿真时间过短，所以这里将原代码的 20 ms 所需要的计数数值改小，以便进行仿真。

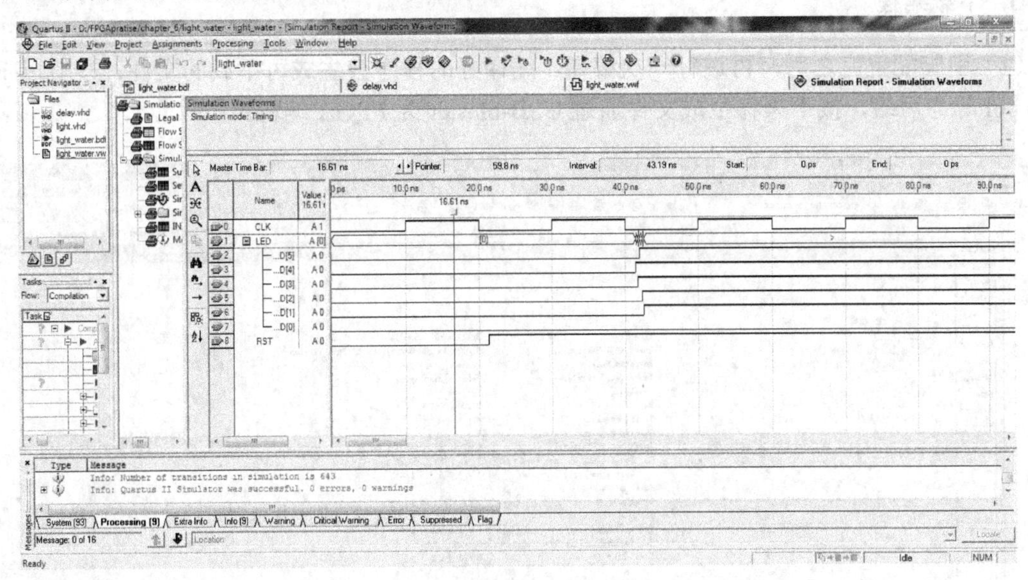

图 6-30　仿真结果

5．引脚配置

根据 EDA 实验平台 younever_v1.2 开发板的原理图，LED[5:0]的 6 个输出信号即 LED[7]～LED[0]，分别对应相应引脚。输入信号分为两类：一类是时钟信号 CLK，另一类是其他控制置位信号 RST。其中 CLK 有固定的输入引脚（第 23、24、27、28 引脚），其他信号根据其使能特性接高电平（与电源接在一起）或者低电平（接地），每一个都可以接在除时钟脚以外的引脚上。另外，为了避免扰乱其他板上的硬件资源，需要在 Setting 中将其他没有用到的引脚置为输入三态高阻。

在 Quartus Ⅱ 中打开如图 6-31 所示的界面，然后逐个对输入信号、输出信号进行引脚的配置，比如双击 Location 下面的空表格就可以设定引脚的位置。

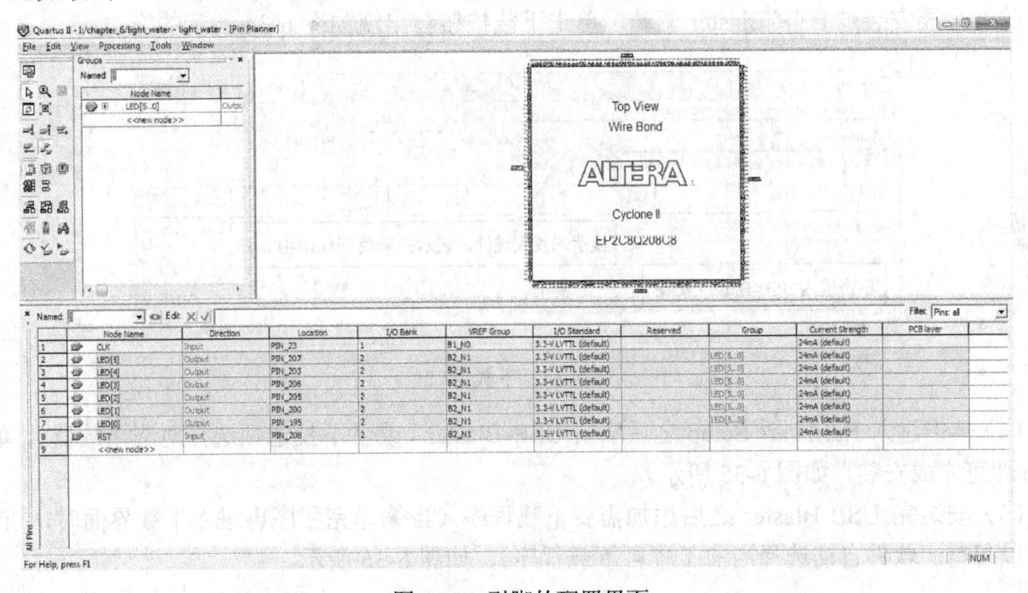

图 6-31　引脚的配置界面

6．下载编程

（1）引脚配置完之后，再进行一次编译，编译好的程序会生成可下载的文件，一般以 jic、sof、pof 等为后缀，接下来将生成文件通过 USB-blaster 为 FPGA 编程。

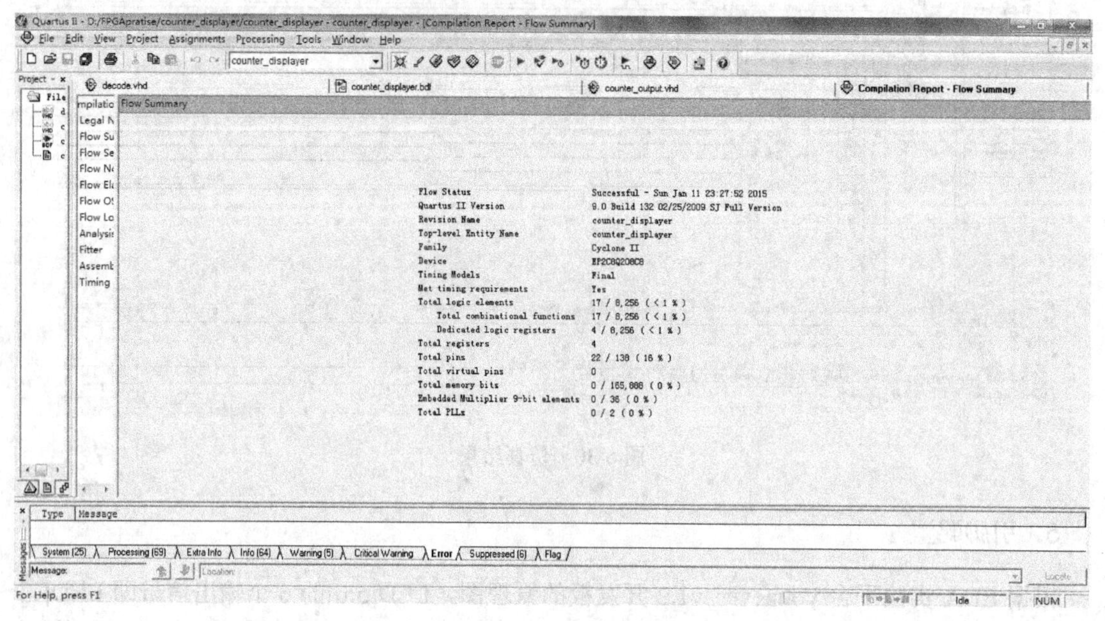

图 6-32　编译界面

（2）只需要在图标工具栏里用鼠标指向 Programmer 图标，或者在 Tools 的下拉菜单中选择 Programmer 即可（见图 6-33）。

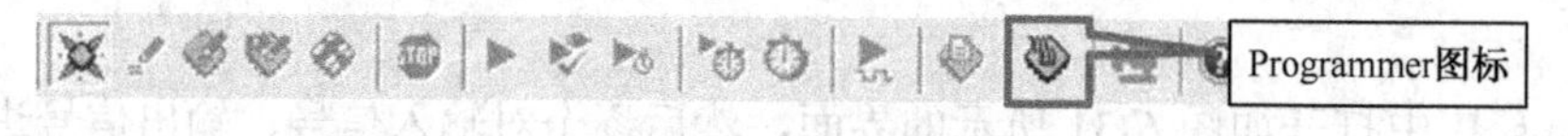

图 6-33　单击下载按钮

（3）只要安装过 USB-Blaster 驱动，单击下载按钮会出现如图 6-34 所示的窗口。

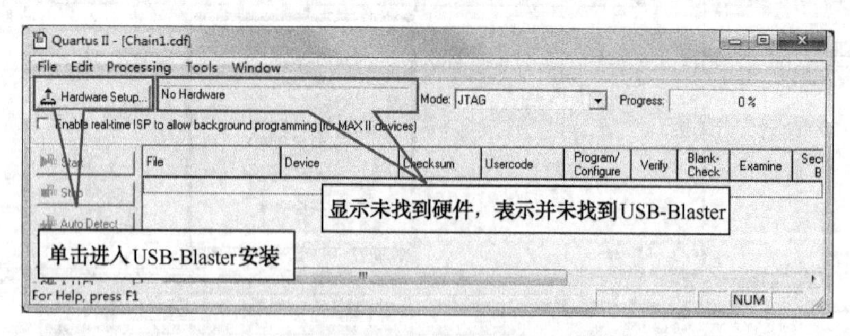

图 6-34　下载窗口

（4）单击进入 Hardware Setup 之后双击 USB-Blaster（或者下拉选项选择对应下载器），单击 close 即可完成安装，如图 6-35 所示。

（5）安装完 USB-Blaster 之后添加需要下载程序（当编译完程序再进入下载界面时，该步骤可以忽略，软件自动选择当前工程可下载程序），如图 6-36 所示。

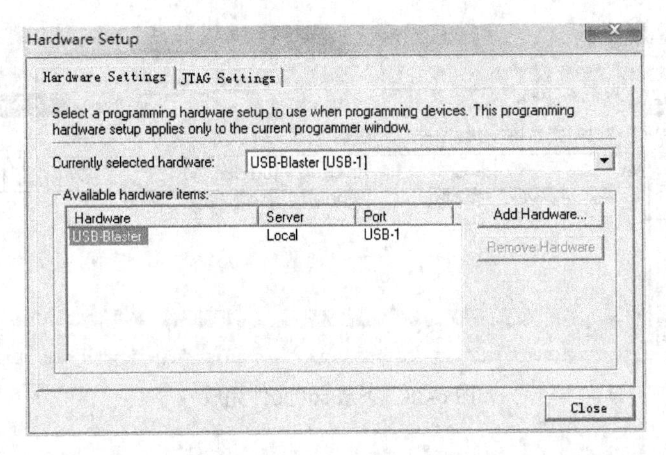

图 6-35　Hardware Setup 窗口

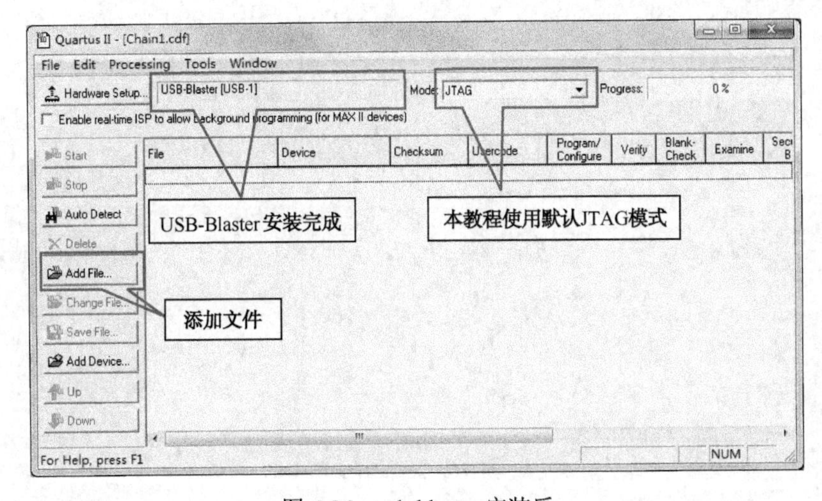

图 6-36　usb-blaster 安装后

（6）调试中使用 sof 后缀的文件，直接下载到 FPGA 中，掉电会被自动清除。如果完成作品后，想要掉电后重启可以再次看到作品的效果，则选择 jic 文件下载到指定配置芯片中（使用说明中会详细介绍）。单击 start 按钮，开始编程，当 progress 进度条显示 100%时，表示下载成功，图 6-37 为加载了 jic 文件后的界面，在 configure 栏打勾，图 6-38 为加载了 sof 文件的界面。

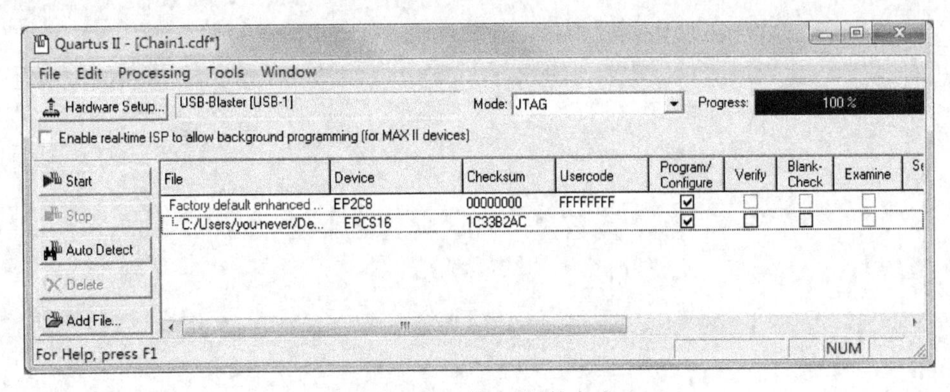

图 6-37　下载 jic 文件完成

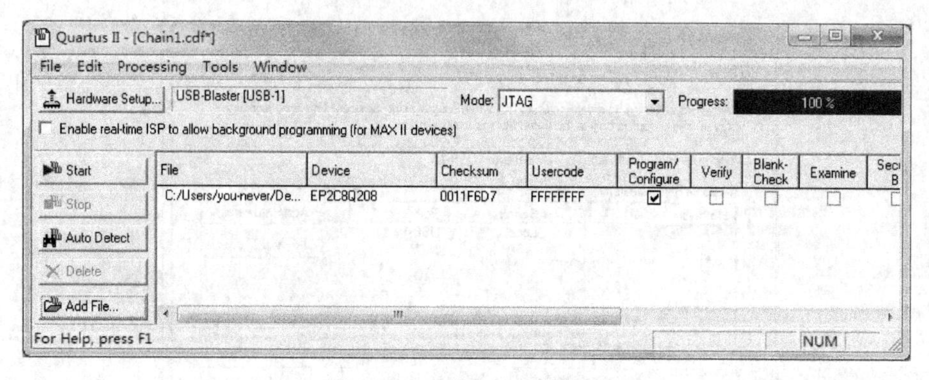

图 6-38　下载 sof 文件完成

第二篇

进阶篇

第 7 章　仿真

7.1　仿真（模拟）概述

7.1.1　仿真简介

对设计的硬件描述和设计结果通过计算机查错、验证的过程，称为仿真或者模拟。仿真主要完成原始描述的正确性的检查、设计结果在逻辑功能和时序上的正确性的检查以及设计结果中违反设计规则的错误的检查。

7.1.2　仿真的级别

所谓仿真（模拟），更具体地说，是从电路的描述中抽象出模型，然后将外部激励信号或数据施加于此模型，通过观察该模型在外部激励信号作用下的响应来判断电路系统是否能实现预期的功能。在数字系统EDA的设计流程中，仿真常应用于不同电路级别的验证，如图 7-1所示。根据不同的电路级别，有不同的仿真工具。

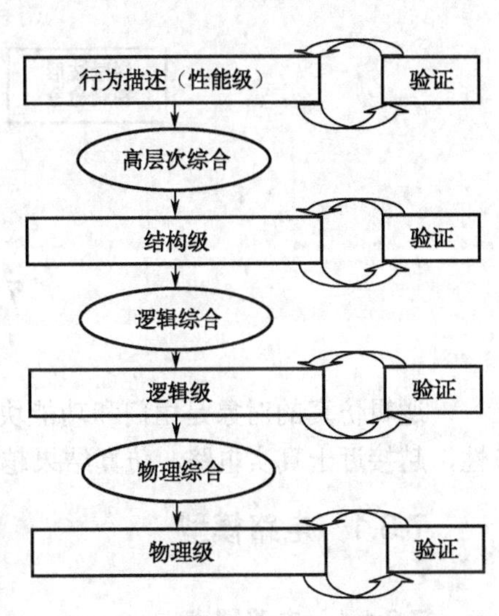

图 7-1　数字系统 EDA 设计流程

常见的仿真级别有高层次仿真、RTL 级仿真、逻辑仿真、电路级仿真、开关级仿真。

高层次仿真是对系统的抽象行为算法或混合描述的电路进行的仿真。仿真的重点是系统功能和系统内部的运算过程。

RTL 级仿真是对基于 RTL 方法描述的电路进行的仿真。重点是仿真数据在系统内元件之间的流动关系。

逻辑仿真是对基于门、触发器和功能块构成的系统进行的仿真。其方法是通过对电路施加激励，观察电路对激励的响应来判断电路的功能是否正确。检查其逻辑功能、延迟特性和负载特性等。

电路级仿真是对基于晶体管、电阻、电容等构成的电路进行的仿真。其方法是通过求解电路方程而得出电路电压和电流，从而求出电路输出波形的一种模拟（如 PSPICE）。电路级仿真具有仿真时间长、精度高的特点。

开关级仿真是介于电路级和逻辑级之间的模拟。将电阻、电容不当作一个元件而当作晶体管和节点的参数来处理的一种模拟方法。其复杂度和仿真时间介于电路级与逻辑级之间。

7.2　仿真系统的构成

如图 7-2 所示，仿真系统由仿真数据、仿真器以及激励波形控制命令构成。计算机模拟仿真实质上是一种数据处理过程。被仿真的电路模型采用表征电路结构或行为的内部数据表示，设计者可以通过硬件描述语言或者图形输入法描述，同时经过编译或者转换形成网表放入到数据库中；仿真时，从数据库中读出的网表文件，转换为仿真用的内部数据，生成模拟驱动程序，形成了仿真数据。激励波形控制命令产生激励波形文件，对同一个电路模型可以施加不同的外部激励波形文件进行多次仿真；同时可以通过发送控制命令对仿真过程进行控制，如设置仿真时间和仿真断点、仿真交互信息显示等。波形文件输入仿真器后，仿真器在驱动程序和波形文件控制下进行仿真，输出波形文件，得到仿真结果。

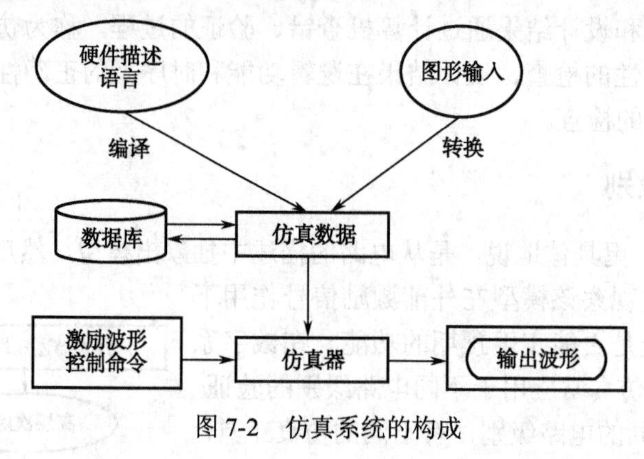

图 7-2　仿真系统的构成

7.3　逻辑仿真模型

逻辑仿真的对象是由门和功能块等元件组成的逻辑电路。逻辑仿真模型反映实际电路的特性，越接近于真实电路，仿真结果越精确，但模型复杂度也随之增加。

7.3.1　电路模型

7.3.1.1　电路网表

逻辑电路是元件的集合。所谓电路网表，是指描述电路拓扑关系的一种数据结构。如果指定了每个元件各端口所连接的信号，就可以唯一确定电路的连接关系。每个元件有其元件模型。一个元件 E 的描述包含元件名 N、模型 M、输入端信号 PI 和输出端信号 PO 四部分，即

E=(N, M, PI, PO)

【例 7-1】　一位加法器的网表如图 7-3 所示，其中元件 E1～E5 可描述为：

-- E=（N,M, PI,PO）

-- E：元件；N：元件名；M：元件模型；　PI：输入；PO：输出

E1, XOR,(X, Y), S1;

E2, XOR, (CIN, S1), SUM;

E3, AND, (X, Y), S2;

E4, AND, (S1, CIN), S3;

E5, OR, (S3, S2), Cout;

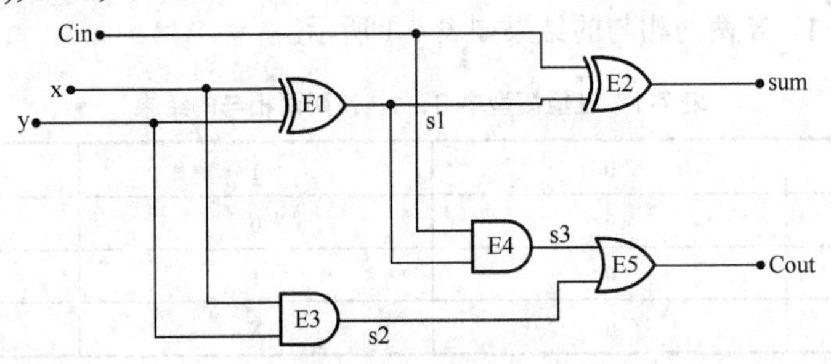

图 7-3　一位加法器的网表图

7.3.1.2　负载表

在仿真时往往需要频繁查找每个信号后所连接的元件。每个信号后所连接的元件称为负载元件。信号与其负载元件的连接关系可由负载表来描述。负载表的描述格式为：

S：E1，E2，…；

【例 7-2】试用负载表描述如图 7-3 所示加法器网表图中每一个信号与其负载元件的连接关系。

负载表由每一个信号与其后连接的负载元件组成。图 7-3 所示负载表可描述为：

X:　　E1，E3;

Y:　　E1，E3;

CIN:　E2，E4;

S1:　　E2，E4;

S2:　　E5;

S3:　　E5;

SUM:　Ø;

COUT:　Ø;

7.3.2　元件模型

逻辑电路中一般包含门元件和具有一定功能的部分元件组成的功能块。元件模型有门的模型与功能块的模型。门的模型突出的是门的功能、参数、扇入、扇出、延迟时间这些方面的信息。功能块的模型注重功能和行为描述，不关心其内部结构和组成。这些模型常用于描述数字系统的结构组成。

7.3.3　信号模型

信号模型用于描述逻辑仿真中信号的逻辑值和信号强度，常见的信号模型有二值模型、三值模型、四值模型、五值模型、九值模型。

1. 二值模型（0，1）

二值模型比较简单，只有 0 与 1 两种状态，但该模型不能模拟竞争冒险等特殊情况。需要注意的是这里的 0 和 1 不是实际电路中的电压或电流值，而是根据阈值人为转换成的逻辑值。

2．三值模型（0，1，X）

三值模型比二值模型多了一个不定态 X，用于表示跳变中的过渡态或者无关态。

三值模型中 0、1、X 两两相与的结果如表 7-1 所示。

表 7-1　三值模型中 0、1、X 两两相与的结果

与	0	1	X
0	0	0	0
1	0	1	X
X	0	X	X

3．四值模型（0，1，X，Z）

四值模型相比三值模型增加了高阻态 Z，用于隔断状态。

四值模型中 0、1、X、Z 四种信号两两相与、相或及线或的结果如表 7-2 所示。

表 7-2　四值模型中四种信号两两相与、相或及线或的结果

S_1	S_2	与	或	线或
Z	0	0	0	0
Z	1	1	1	1
Z	X	X	X	X
Z	Z	X	X	Z

4．五值模型

五值模型包含了 0、1、U（上跳）、D（下跳）、E（不定态）五种状态，用于在逻辑仿真中反映信号状态的过渡过程，模拟出竞争冒险，以体现在实际信号传输的过程中会出现非 0 非 1 的情况。

5．九值模型

在实际的逻辑电路中，信号值分 3 种：0、1、未知 。除了信号值本身外，有时还要区分相同信号值的不同驱动负载能力。信号的驱动能力一般用强度来表示。信号强度分为 5 种，即强制级，弱级，高阻级，未定级和无关“-”。

强制级表示信号连接电源或地，或者是一些输入激励；弱级表示信号通过一较大的电阻与电源或地相连；高阻级表示信号与电源和地相隔离；未定级表示没有初始化的状态；无关“-”表示不必理会。

选取不同信号值和信号强度的组合，就可以构成各种功能的仿真器信号模型。std-logic-1164 定义了一个九值模型。每个值为逻辑电平与强度的组合，其中高阻、未定和无关只有一个电平值（未知）。九值模型及其代表的意义如下：

0：强制 0（Forcing 0）

1：强制 1（Forcing 1）

X：强制未知（Forcing Unknown）

L：弱 0（Weak 0）

H：弱 1（Weak 1）

W：弱未知（Weak Unknown）

Z：高阻（High Impedance）

U：未定（Uninitialized）

一：无关（Don't Care）

例如图 7-4 所示的 CMOS 反相器，当 V_I 为‘1’时，TN 导通，TP 截止，Vo 输出即为强制 0；当 V_I 为‘0’时，TN 截止，TP 导通，Vo 输出即为强制 1。

另外，在电路中信号通过处于导通状态下的晶体管与电源或地相连接，如果输出级电阻较小，如 CMOS 门的输出连接电源或地，那么输出也认为是强制级；如果输出级电阻较大，则认为输出是电阻级的（也即弱级）。

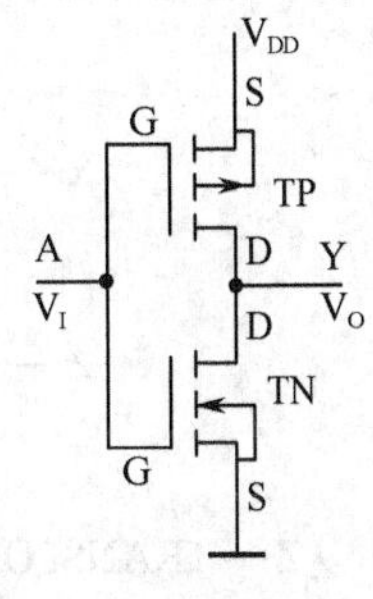

图 7-4 CMOS 反相器

7.3.4 延迟模型

信号通过元件都会有延迟，延迟时间的计算是逻辑仿真的重要功能。考虑延迟信息得到的仿真输出波形可以更精确地反映实际电路的情况。针对元件的延时，人们根据需要建立了一些常用的延时模型，这些模型均有自己的使用特点。

零延迟模型把元件抽象为没有延时的理想元件，常用于简单电路的设计及计算；单位延迟模型默认所有元件延迟时间相同，均为 1 个时间单位；标准延迟模型对每种元件设定一个标准延迟时间，不考虑元件的离散性；上升下降延迟模型分别考虑信号在正跳变和负跳变时的不同延迟时间；模糊延迟模型则给出元件延时的范围，即延时的最大值和最小值。

在 FPGA/CPLD 设计过程中，源设计文件一般不需要建立延时模型。因为源设计采用 VHDL 高级行为描述，即使采用延时模型，也与经 FPGA/CPLD 适配器布线后的结果有很大差异。但是，在 VHDL 中有两种延时模型能用于行为仿真建模：惯性延时和传输延时。需要注意的是，这两种延时模型仅用于仿真，不能被综合。

1. 惯性延时

惯性延时也称为固有延时，是任何电子器件都存在的一种延时特性。物理机制是器件的电容分布效应。若信号的脉宽小于器件的惯性延时，器件对输入的信号不做任何反应。为了使器件对输入信号的变化产生响应，就必须使信号的脉宽大于固有延时。VHDL 中将惯性延时默认为一个无穷小量。但由于不同物理特性器件的惯性延时是不同的，为了在行为仿真中更加逼真地模仿电路的这种延时特性，VHDL 提供了有关的语句：

```
Z<=X after 5 ns;   --惯性延时
```

在 VHDL 语句中如果不特别说明，产生的延时一定是惯性延时。上述语句惯性延时默认就是平时使用的情况：

```
Z <= X;            --惯性延时默认
```

惯性延时示意图如图 7-5 所示。

2. 传输延时

与惯性延时不同，传输延时并不考虑信号的持续时间，它仅仅对信号延迟一个时间段。任何宽度的输入信号在经过传输延时后，将完全复现在输出端。VHDL 中，传输延时表示连线的延时，它对延时器件、PCB 板上的连线延时和 ASIC 上的通道延时的建模特别有用。VHDL 中的传输延时由关键字 TRANSPORT 引导，示意图如图 7-6 所示。

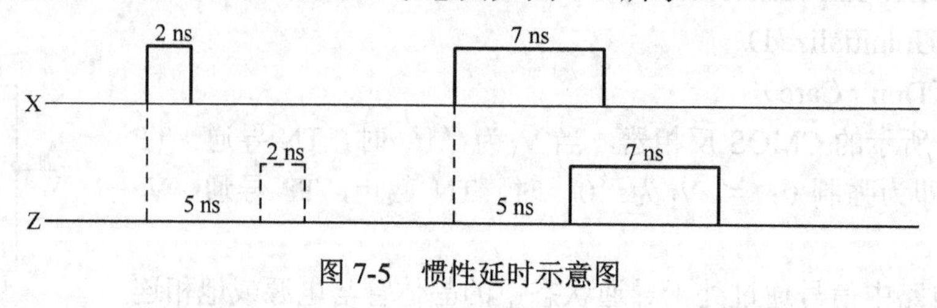

图 7-5　惯性延时示意图

Z<= TRANSPORT X after 5 ns;

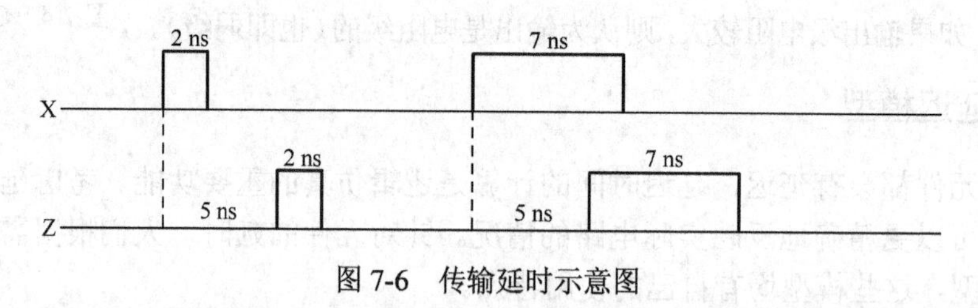

图 7-6　传输延时示意图

注意：虽然产生两种延时的物理机制不同，但在行为仿真中，传输延时与惯性延时造成的延时效应是一致的。在综合过程中，综合器将忽略 after 后面所有的延时设置。

7.4　逻辑仿真过程

逻辑仿真过程如图 7-7 所示，启动仿真前必须完成的准备工作包括：①用图形输入法或文本编辑器描述被仿真电路，经过编译形成网表放入到数据库中；②产生波形文件。仿真启动后，首先从数据库中读出网表文件转换为仿真用的内部数据，生成模拟驱动程序，再读入波形文件，接着在驱动程序和波形文件控制下进行模拟，模拟结果由输出波形文件和模拟报告组成。仿真过程正常结束或用户中断后，仿真器并不退出，而是处在等待命令，以便输入交互命令以观察和修改模拟状态等。

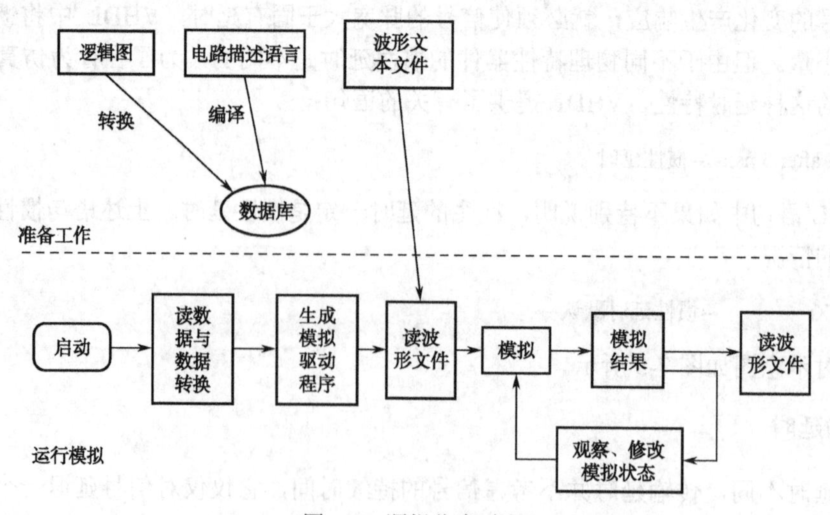

图 7-7　逻辑仿真过程

7.5 简单 Testbench 设计

7.5.1 VHDL 仿真概述

VHDL 仿真框架如图 7-8 所示，仿真过程如图 7-9 所示。仿真时一般需要准备好设计项目元件和波形激励文件，除非被仿真项目元件本身是自激励，则无须输入波形激励；须后经过编译与综合，最后经由仿真器进行功能仿真和时序仿真。常用的 VHDL 仿真器如 Modelsim。

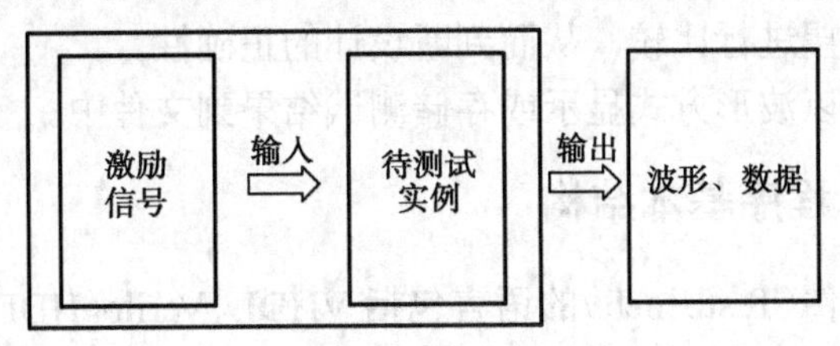

图 7-8 VHDL 仿真框架

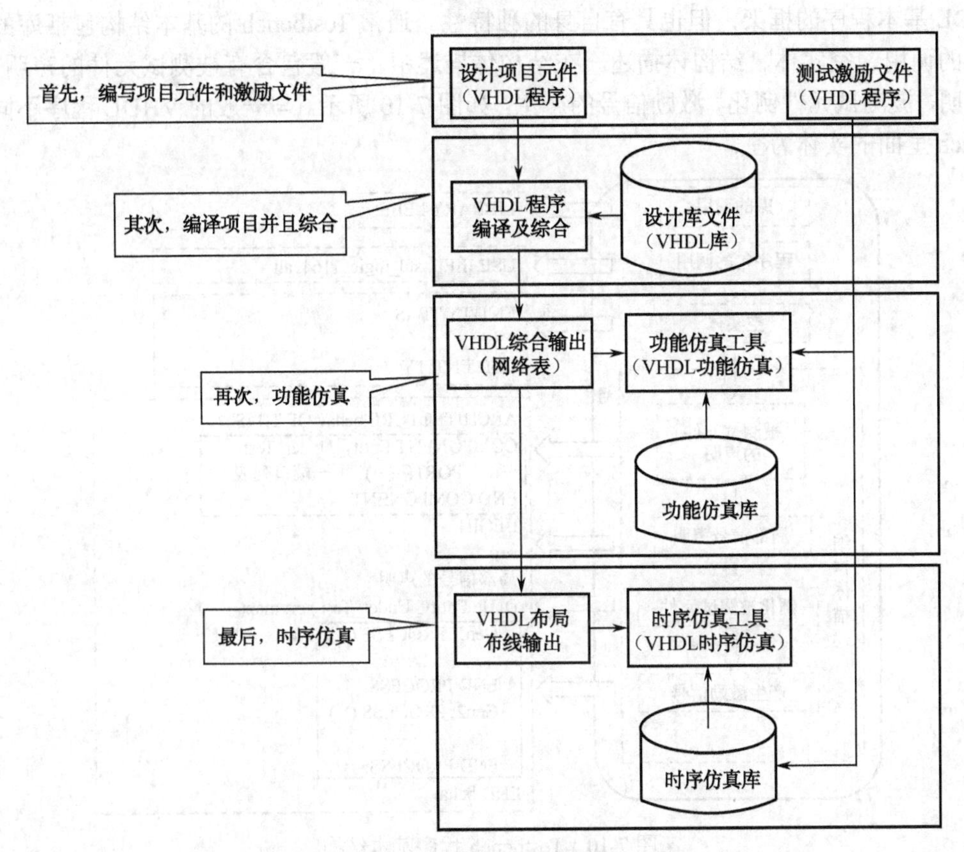

图 7-9 VHDL 仿真过程

仿真测试平台文件（Testbench）是可以用来验证所设计的硬件模型正确性的 VHDL 模型，它为所测试的元件提供了激励信号，可以以波形的方式显示仿真结果或把测试结果存储到文件中。这里所说的激励信号可以直接集成在测试平台文件中，也可以从外部文件中加载。

简单地说，Testbench 是一种验证的手段。为了对数字系统设计的输出正确性进行评估，

Testbench 提供了一个模拟实际环境的输入激励和输出校验的平台，在这个平台上我们可以从软件层面上对使用硬件描述语言（HDL）设计的电路进行仿真验证，测试设计电路的功能性能是否与预期的目标相符。相比其他仿真验证手段，例如 Quartus II 10.0 之前的版本自带的仿真功能，Testbench 可以提供的激励信号的频率范围更加宽阔，信号波形更加复杂多样，而且实现起来也相对方便。使用 Testbench 进行仿真验证在日常工程实践中也是一种常用的手段。

一般而言，编写 Testbench 进行测试主要有下面四个步骤：

（1）实例化需要测试的设计（DUT，Design Under Test）；

（2）产生模拟激励（波形）；

（3）将产生的激励加入到被测试模块并观察其输出响应；

（4）将输出响应与期望进行比较，从而判断设计的正确性。

其中，输出响应可以以波形方式显示或存储测试结果到文件中。

7.5.2 Testbench 程序基本结构

编写仿真测试平台文件（Testbench）的语言包括 VHDL、VerilogHDL、SystemVerilog、SystemC等，本书仅涉及 VHDL 编写仿真测试平台文件的方法。Testbench 也是 VHDL 的程序之一，它遵循 VHDL 基本程序的框架，但也具有自身的独特性。通常 Testbench 的基本结构包括库的调用、程序包的调用、空实体、结构体描述。在结构体描述中，一般包含有被测试元件的声明、局部信号声明、被测试元件例化、激励信号的产生，如图 7-10 所示。与一般的 VHDL 程序不同的是，Testbench 里面的实体为空。

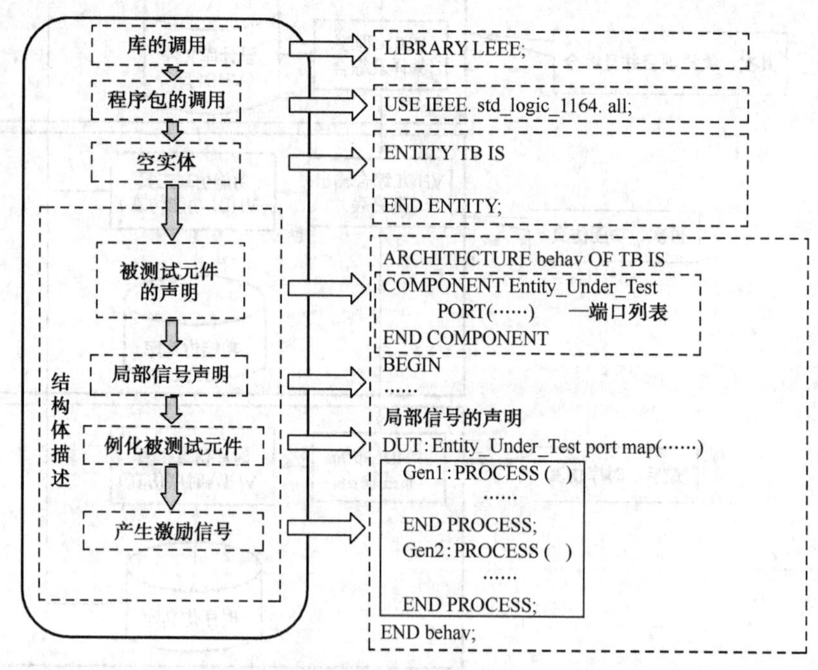

图 7-10 Testbench 程序基本结构

7.5.3 激励信号的产生

激励信号产生的方式一般有两种，一种是以一定的离散时间间隔产生激励信号，另一种是基于实体的状态产生激励信号。需要注意的是，在 Testbench 程序中一定要对所有的激励信号赋初始值。下面通过实例，讲述激励信号的产生方法。

7.5.3.1 时钟信号的产生

时钟信号属于周期性出现的信号，是同步设计中最重要的信号之一。如图 7-11 所示，时钟信号分为两类，即占空比为 50%的对称时钟信号与占空比不是 50%的非对称时钟信号。

（a）对称时钟信号　　（b）非对称时钟信号

图 7-11 时钟信号

Testbench 中产生时钟信号方式有两种，一种是使用并行的信号赋值语句，还有一种是使用 process 进程。下面分别通过两个例子来说明如何用这两种方法来产生所需的时钟信号。

【例 7-3】 请用并行信号赋值语句产生如图 7-12 所示的 clk1、clk2、clk3 信号。

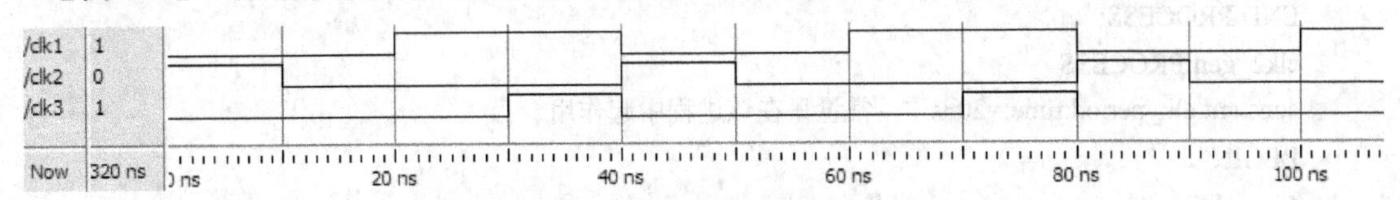

图 7-12 使用并行的信号赋值语句产生时钟信号

观察图 7-12，我们发现 clk1 为对称时钟信号，其初始值可以在信号定义时赋值；clk2 和 clk3 为非对称时钟信号，其起始值可以在语句中赋值。这两种信号的产生方式有所不同，相对而言，对称时钟信号的产生相对简单一些。

并行信号赋值语句的实现如下：

```
......
signal clk1:std_logic:='0';
signal clk2:std_logic;
signal clk3:std_logic;
......
clk1<=not clk1 after clk_period/2;
clk2<='0' after clk_period/4 when clk2='1' else
        '1' after 3*clk_period/4 when clk2='0' else
        '1';                              --此值实际上是定义 clk2 的起始值
clk3<='0' after clk_period/4 when clk3='1' else
        '1' after 3*clk_period/4 when clk3='0' else
        '0';
......
```

【例 7-4】 使用 process 进程产生如图 7-13 所示的 clk1、clk2 信号。

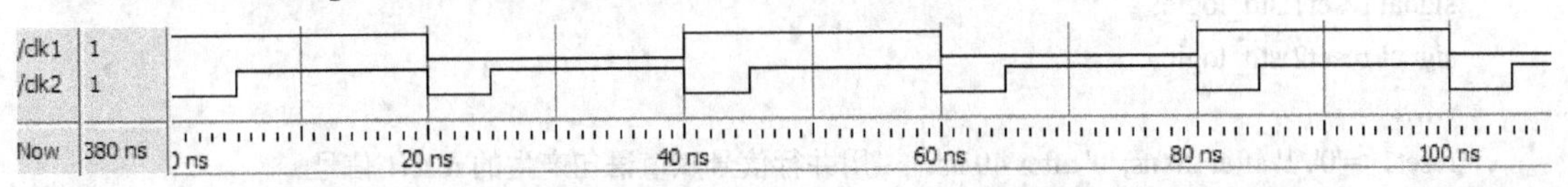

图 7-13 使用 process 进程产生时钟信号

观察图 7-13，我们也可以发现 clk1 为对称时钟信号，clk2 为非对称时钟信号，但这两种信号用 process 进程实现的方法基本一致。

process 进程实现如下：

```
……
signal clk1:std_logic;
signal clk2:std_logic;
……
clk1_gen:PROCESS
constant clk_period:time:=40ns;   --常量只在该进程中起作用
BEGIN
      clk1<='1';
      wait for clk_period/2;
      clk1<='0';
      wait for clk_period/2;
END PROCESS;
clk2_gen:PROCESS
constant clk_period:time:=20ns;   --常量只在该进程中起作用
BEGIN
      clk2<='0';
      wait for clk_period/4;
      clk2<='1';
      wait for 3*clk_period/4;
END PROCESS;
……
```

7.5.3.2 复位信号的产生

数字系统往往需要复位信号对系统进行复位，以便初始化系统。Testbench 中产生复位信号方式也是两种，一种是并行赋值语句实现，另一种是在进程中设定。下面用例 7-5 加以说明。

【例 7-5】 如图 7-14 所示，请用并行信号赋值语句产生的 reset1 信号，用 process 进程产生 reset2 信号。

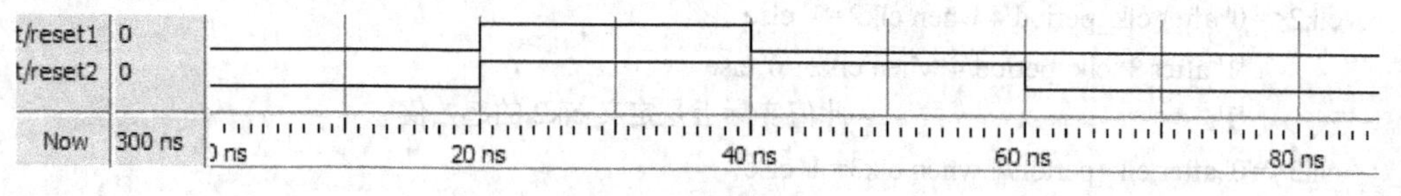

图 7-14　复位信号

程序如下：

```
……
signal reset1:std_logic;
signal reset2:std_logic;
……
reset1<='0','1' after 20 ns, '0' after 40 ns;   --用并行信号赋值语句产生的 reset1 信号

reset2_gen:PROCESS                              --用 process 进程产生 reset2 信号
BEGIN
      reset2<='0';
```

```
        wait for 20 ns;
        reset2<= '1';
        wait for 40 ns;
        reset2 <= '0';
        wait;
    END PROCESS;
    ……
```

7.5.3.3 复杂周期信号的产生

对于复杂的周期性信号，一般可以使用 process 进程来产生。一般而言，较为关键的是正确判断出信号的周期。下面通过一个例子说明。

【例 7-6】 如图 7-15 所示，请用 process 进程产生周期信号 period1，period2。

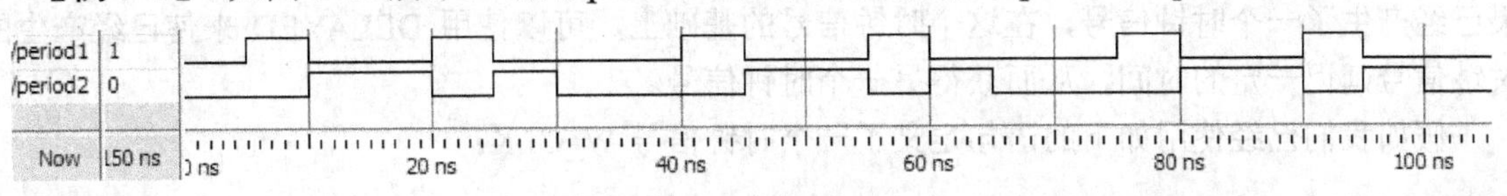

图 7-15 复杂周期性信号

观察图 7-15，我们可以发现两个周期信号 period1，period2 的周期均是 35 ns，可在一个 process 进程中实现。

程序如下：

```
    ……
    signal period1,period2:std_logic:='0';
    ……
    TB:PROCESS
    BEGIN
        period1<='1' after 5 ns, '0' after 10 ns, '1' after 20 ns, '0' after 25 ns;
        period2<='1' after 10 ns, '0' after 20ns, '1' after 25 ns, '0' after 30 ns;
        wait for 35 ns;
    END PROCESS;
    ……
```

或者可以采用下面的写法：

```
    ……
    signal period1,period2:std_logic;
    ……
    period1_gen:PROCESS
    BEGIN
        period1 <='0';wait for 5 ns;
        period1 <='1';wait for 5 ns;
        period1 <='0';wait for 10 ns;
        period1 <='1';wait for 5 ns;
        period1 <='0';wait for 10 ns;
    END PROCESS;
```

```
period2_gen:PROCESS
BEGIN
    period2 <='0';wait for 10 ns;
    period2 <='1';wait for 10 ns;
    period2 <='0';wait for 5 ns;
    period2 <='1';wait for 5 ns;
    period2 <='0';wait for 5 ns;
END PROCESS;
……
```

7.5.3.4 使用 DELAYED 属性产生两相关性信号

如 2.7.3 节所言，delayed 是 VHDL 的预定义属性，使用它可以产生两个相关性的信号。如果已经产生了一个时钟信号，在这个时钟信号的基础上，可以使用 DELAYED 来使已经产生的时钟信号延迟一定的时间，从而获得另一个时钟信号。

假如我们已经使用如下的语句定义了一个时钟信号 W_CLK：

```
W_CLK <= '1' after 30 ns when W_CLK = '0' else
            '0' after 20 ns;
```

然后可以使用如下的延迟语句获得一个新的时钟信号 DLY_W_CLK，它比 W_CLK 延迟了 10 ns：

```
DLY_W_CLK <= W_CLK'DELAYED(10 ns);
```

以上两个时钟信号波形如图 7-16 所示。

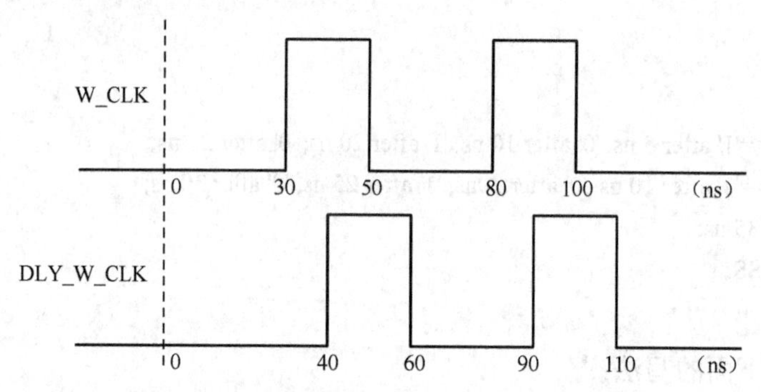

图 7-16　利用延迟语句由信号 W_CLK 产生

【例 7-7】 如图 7-17 所示，请编程实现信号 period1，period2，要求用到 DELAYED 属性。

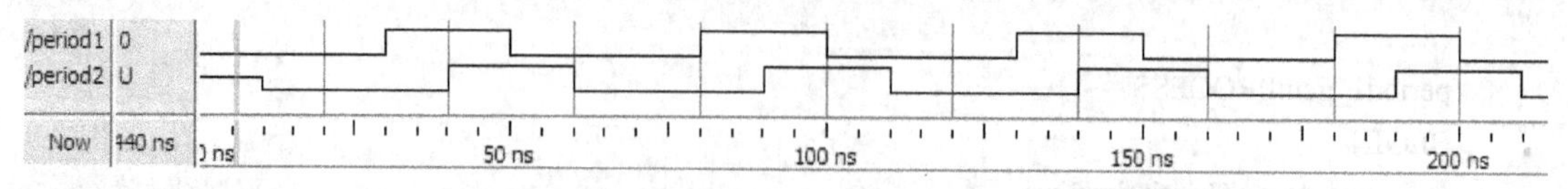

图 7-17　使用 DELAYED 属性产生两相关性信号

程序如下：

```
……
signal period1,period2:std_logic;
……
```

```
period1 <= '1' after 30 ns when period1='0' else
           '0' after 20 ns when period1='1' else
           '0';
period2 <= period1'delayed(10 ns); --利用 DELAYED 属性，由 period1 产生 period2
……
```

7.5.3.5 一般的激励信号

一般的激励信号通常在 process 进程中定义，而在 process 进程中一般需要使用 wait 语句。所定义的普通的激励信号常用来作模型的输入信号。

【例 7-8】 如图 7-18 所示，请编程产生信号 test_vector1 和 test_vector2。

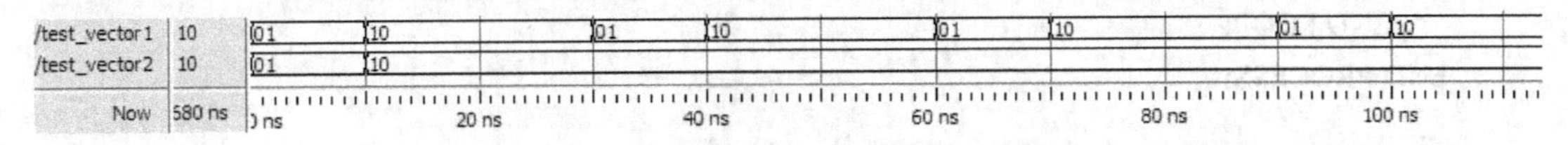

图 7-18 一般的激励信号 DLY_W_CLK

程序如下：

```
……
signal test_vector1: std_logic_vector (1 DOWNTO 0);
signal test_vector2: std_logic_vector (1 DOWNTO 0);
……
TB1:PROCESS    --在进程 TB1 中产生信号 test_vector1
BEGIN
    test_vector1 <= "01";
    wait for 10 ns;
    test_vector1 <= "10";
    wait for 20 ns;
END PROCESS;

TB2:PROCESS    --在进程 TB2 中产生信号 test_vector2
BEGIN
    test_vector2 <= "01";
    wait for 10 ns;
    test_vector2 <= "10";
    wait;
END PROCESS;
……
```

【例 7-9】 输入信号 test_ab 和 test_sel 均为 2bit，试用 VHDL 产生这两个输入信号以覆盖所有的输入情况。输入信号向量 test_ab 和 test_sel 均为 2bit，产生的输入情况共有（2×2）×（2×2）=16 种可能。

实现程序如下：

```
……
signal test_ab:std_logic_vector(1 DOWNTO 0);
signal test_sel:std_logic_vector(1 DOWNTO 0);
```

```
……
double_loop:PROCESS
BEGIN
    test_ab<="00";
    test_sel<="00";
    FOR I IN 0 TO 3 LOOP
        FOR J IN 0 TO 3 LOOP
            wait for 10 ns;
            test_ab<=test_ab+1;
        END LOOP;
        test_sel<=test_sel+1;
    END LOOP;
END PROCESS;
……
```

程序对应的时序图如图 7-19 所示。这里，Testbench 中使用了 for 循环。因为 Testbench 不需综合，所以 for 循环的使用是合法的，但在设计中则不推荐使用 for 循环。

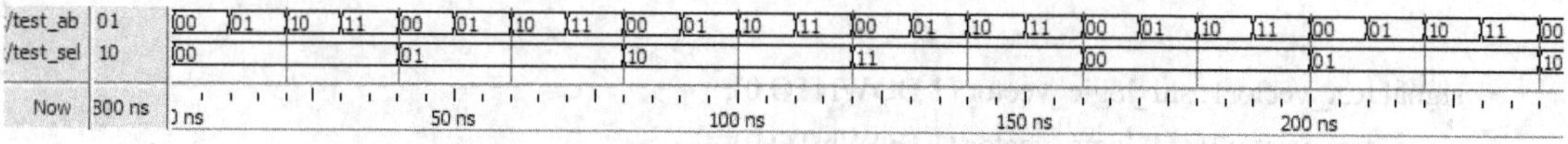

图 7-19　产生两个 test_vector 中所有可能的输入情况

需要特别注意的是，如果同一个信号在两个进程中进行赋值，若在某些时间段内发生了冲突，就会出现不定状态，如例 7-10 所示。因此同一信号不允许在不同的进程中赋值。

【例 7-10】 同一个信号在两个进程中进行赋值，在某些时间段内发生了冲突，出现不定状态的情况。

程序如下：

```
……
signal test_vector:std_logic_vector(2 DOWNTO 0);
signal reset:std_logic;
……
gen1:PROCESS
BEGIN
    reset <= '1';
    wait for 100 ns;
    reset <= '0';
    test_vector <= "000";       --test_vector 在 gen1 赋值
    wait;
END PROCESS;

gen2:PROCESS
BEGIN
    wait for 200 ns;
    test_vector <= "001";       --test_vector 在 gen2 中赋值
    wait for 200 ns;
```

```
        test_vector <= "011";          --test_vector 在 gen2 中赋值
    END PROCESS;
    ……
```

对应的时序图如图 7-20 所示。

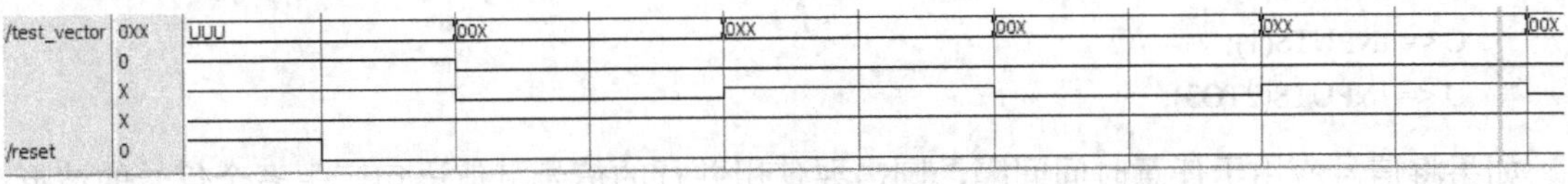

图 7-20　错误的激励信号

7.5.3.6　动态激励信号

动态激励信号，就是输入激励信号与被仿真的实体（DUT）的行为模型相关，即 DUT 的输入激励信号受模型的行为所影响。

如下信号的定义，模型的输入信号 Sig_A 就和模型输出信号 Count 相关。

```
    ……
    PROCESS(Count)
    BEGIN
        CASE Count IS
        when 2 =>
            Sig_A <= '1' after 10 ns;
        when others =>
            Sig_A <= '0' after 10 ns;
        END CASE;
    END PROCESS;
    ……
```

7.5.3.7　测试矢量

在实际应用中，我们常常将一组固定的输入输出矢量值存储在一个常量表或一个 ASCII 文件中，然后将这些值应用到输入信号从而产生激励信号。这里所说的固定输入输出矢量值就称为测试矢量。矢量的值序列可以使用多维数组或使用多列记录来描述。

如下面的数据表存储了输入矢量：

```
    CONSTANT NO_OF_BITS: INTEGER := 4;
    CONSTANT NO_OF_VECTORS: INTEGER := 5;
    TYPE TABLE_TYPE IS ARRAY (1 TO NO_OF_VECTORS) OF STD_LOGIC_VECTOR(1 TO
NO_OF_BITS);
    CONSTANT INPUT_VECTORS: TABLE_TYPE := ("1001", "1000", "0010", "0000", "0110");
    SIGNAL INPUTS: STD_LOGIC_VECTOR(1 TO NO_OF_BITS);
    SIGNAL A, B, C: STD_LOGIC;
    SIGNAL D: STD_LOGIC_VECTOR(0 TO 1);
```

假设所测试的实体（DUT）具有 4 个输入：A、B、C 和 D 信号，如果以一般的时间间隔应用测试矢量，则可以使用一个 GENERATE 语句，例如：

```
G1: for J in 1 to NO_OF_VECTORS generate
INPUTS <= INPUT_VECTORS(J) after (VECTOR_PERIOD*J);
END GENERATE G1;
A <= INPUTS(1);
B <= INPUTS(4);
C <= INPUTS(1);
D <= INPUTS(2TO3);
```

如果将信号应用于任意时间间隔，则需要使用并行的信号赋值语句产生多个信号的波形；使用这种方法可以将一个矢量赋值给多个信号，例如下面的代码：

```
INPUTS <= INPUT_VECTORS(1) after 10 ns;
          INPUT_VECTORS(2) after 25 ns;
          INPUT_VECTORS(3) after 30 ns;
          INPUT_VECTORS(4) after 32 ns;
          INPUT_VECTORS(5) after 40 ns;
```

7.5.4　Testbench 设计实例

下面通过两个例子，分别说明 Testbench 在组合逻辑电路和时序逻辑电路中的应用。

【例 7-11】 2 位全加器的设计与验证。

2 位全加器设计的程序如下：

```
LIBRARY IEEE;
USE IEEE.std_logic_1164.all;
USE IEEE.std_logic_unsigned.all;

ENTITY adder_2 IS
    PORT(CIN:IN STD_LOGIC;
         a,b:IN STD_LOGIC_VECTOR(1 DOWNTO 0);
         s:OUT STD_LOGIC_VECTOR(1 DOWNTO 0);
        cout:out std_logic);
END adder_2;

ARCHITECTURE beh OF adder_2 IS
signal sint:STD_LOGIC_VECTOR(2 DOWNTO 0);
signal aa,bb:STD_LOGIC_VECTOR(2 DOWNTO 0);
BEGIN
    aa<='0' & a(1 DOWNTO 0);
    bb<='0' & b(1 DOWNTO 0);
    sint<=aa+bb+cin;
    s(1 DOWNTO 0)<=sint(1 DOWNTO 0);
    cout<=sint(2);
END beh;
```

设计好 2 位全加器后，需要对该电路进行验证，在这里，主要是验证对于所有可能的输入情况是否能够产生预期输出。程序中 cin 代表 1bit 的进位输入，a 跟 b 表示 2bit 的相加数，s 为舍弃进位后 2bit 的和，cout 为进位输出。所以，需要设计产生 cin、a、b 三种信号以保证有 2×（2×2）×（2×2）=32 种输入情况，同时验证在对应的输入情况下，s 跟 cout 的输出是否符合要求。产生的 cin、a、b 三种信号波形如图 7-21 所示。

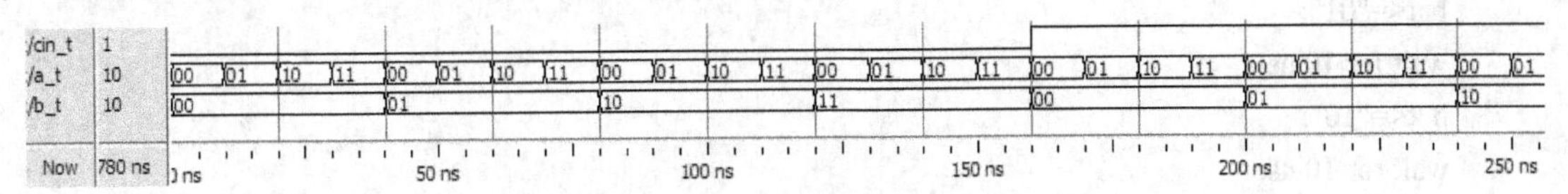

图 7-21　2 位全加器的激励信号

2 位全加器的验证，即 Testbench 如下：

```
--库、程序包的调用
LIBRARY IEEE;
USE IEEE.std_logic_1164.all;
--Testbench 实体(空实体)定义
ENTITY adder_2_vhd_tst IS
END adder_2_vhd_tst;
ARCHITECTURE adder_2_arch OF adder_2_vhd_tst IS
SIGNAL a_t : STD_LOGIC_VECTOR(1 DOWNTO 0);
SIGNAL b_t : STD_LOGIC_VECTOR(1 DOWNTO 0);
SIGNAL cin_t : STD_LOGIC;
SIGNAL cout_t : STD_LOGIC;
SIGNAL s_t : STD_LOGIC_VECTOR(1 DOWNTO 0);
COMPONENT adder_2        --被测元件的声明
    PORT (
    a : IN STD_LOGIC_VECTOR(1 DOWNTO 0);
    b : IN STD_LOGIC_VECTOR(1 DOWNTO 0);
    cin : IN STD_LOGIC;
    cout : OUT STD_LOGIC;
    s : OUT STD_LOGIC_VECTOR(1 DOWNTO 0)
    );
END COMPONENT;
BEGIN
    i1 : adder_2          --被测元件的例化
    PORT MAP (a => a_t,    b => b_t,   cin => cin_t, cout => cout_t, s => s_t);
--激励信号的产生
TB:PROCESS
BEGIN
a_t<="00";b_t<="00";cin_t<='1';
wait for 10 ns;
b_t<="01";
wait for 10 ns;
b_t<="10";
wait for 10 ns;
b_t<="11";
wait for 10 ns;
```

```
a_t<="01";b_t<="00";
wait for 10 ns;
b_t<="01";
wait for 10 ns;
b_t<="10";
wait for 10 ns;
b_t<="11";
wait for 10 ns;

a_t<="10";b_t<="00";
wait for 10 ns;
b_t<="01";
wait for 10 ns;
b_t<="10";
wait for 10 ns;
b_t<="11";
wait for 10 ns;

a_t<="11";b_t<="00";
wait for 10 ns;
b_t<="01";
wait for 10 ns;
b_t<="10";
wait for 10 ns;
b_t<="11";
wait for 10 ns;
END PROCESS TB;
END adder_2_arch;
```

以上 Testbench 就可以用来对 2 位全加器进行验证。

观察上面的 Testbench，我们发现，当加法器位数增加时，要覆盖所有可能的输入，此方法需要罗列的情况成倍数增加，代码书写将会非常麻烦，那么，有没有一种较为简单便捷的方法呢？与例 7-9 方法类似，只要把进程中的程序换成下面的方法即可。

```
TB:PROCESS
BEGIN
    a_t   <="00";
    b_t   <="00";
    cin_t   <='0';
    FOR K IN 0 TO 1 LOOP
        FOR I IN 0 TO 3 LOOP
            FOR J IN 0 TO 3 LOOP
                wait for 10 ns;
                 a_t <= a_t + 1;
            END LOOP;
```

```
            b_t <= b_t + 1;
        END LOOP;
        cin_t <= NOT cin_t;
    END LOOP;
END PROCESS TB;
```

相比原来的程序，这种方法的表述语句简洁且不易出错。

最后，仿真的结果如图 7-22 所示，通过对波形进行分析可知，本设计的功能正常。

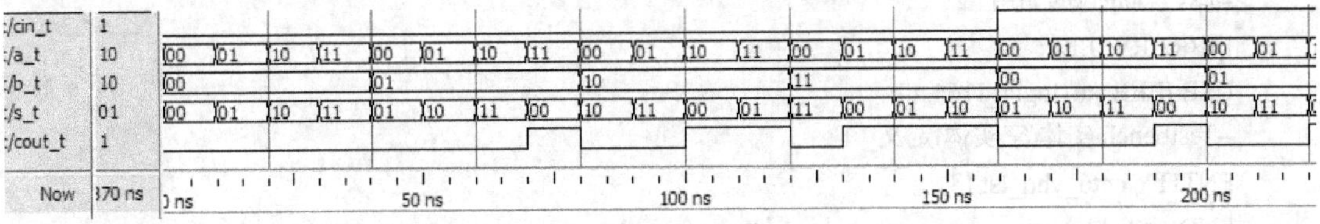

图 7-22　2 位全加器的验证

【例 7-12】 六进制计数器的设计。

六进制计数器的设计程序如下：

```
LIBRARY IEEE;
USE IEEE.std_logic_1164.all;
USE IEEE.std_logic_unsigned.all;
USE IEEE.std_logic_arith.all;

ENTITY cnt6 IS
PORT(clr,en,clk:in std_logic;
     q:out std_logic_vector(2 DOWNTO 0)
  );
END cnt6;

ARCHITECTURE rtl OF cnt6 IS
signal tmp:std_logic_vector(2 DOWNTO 0);
BEGIN
    PROCESS(clk)
    BEGIN
        IF(clk'event and clk='1') THEN
            IF(clr='0')THEN
                tmp<="000";
            ELSIF(en='1') THEN
                IF(tmp="101")THEN
                    tmp<="000";
                ELSE
                    tmp<=unsigned(tmp)+'1';
                END IF;
            END IF;
        END IF;
    q<=tmp;
```

```
    END PROCESS;
END rtl;
```

同样，设计好六进制计数器后，需要对该电路进行验证，在这里，clr、en、clk 分别表示清零信号、使能信号、时钟信号，q 为 3 位计数输出信号。我们需要验证在 clk 时钟信号下，clr、en 分别置 0 和 1，对应的 q 是否输出期望值。

六进制计数器的设计的验证，即 Testbench 如下：

```
--库、程序包的调用
LIBRARY IEEE;
USE IEEE.std_logic_1164.all;
--Testbench 实体(空实体)定义
ENTITY cnt6_vhd_tst IS
END cnt6_vhd_tst;
ARCHITECTURE cnt6_arch OF cnt6_vhd_tst IS

SIGNAL clk : STD_LOGIC;
SIGNAL clr : STD_LOGIC;
SIGNAL en : STD_LOGIC;
SIGNAL q : STD_LOGIC_VECTOR(2 DOWNTO 0);
constant clk_period :time :=10 ns;
COMPONENT cnt6          --被测元件的声明
    PORT (
    clk : IN STD_LOGIC;
    clr : IN STD_LOGIC;
    en : IN STD_LOGIC;
    q : OUT STD_LOGIC_VECTOR(2 DOWNTO 0)
    );
END COMPONENT;
BEGIN
    i1 : cnt6    --被测元件的例化
    PORT MAP (clk => clk,   clr => clr,  en => en,   q => q);
--激励信号的产生
clk_gen:PROCESS
BEGIN
    wait for clk_period/2;
    clk<='1';
    wait for clk_period/2;
    clk<='0';
END PROCESS;

clr_gen:PROCESS
BEGIN
    clr<='0';
    wait for 15 ns;
    clr<='1';
```

```
        wait;
    END PROCESS;

    en_gen:PROCESS
    BEGIN
        en<='0';
        wait for 25 ns;
        en<='1';
        wait;
    END PROCESS;
    END cnt6_arch;
```

以上 Testbench 就可以用来对六进制计数器进行验证。仿真的结果如图 7-23 所示，通过对波形进行分析可知，本设计功能正常。

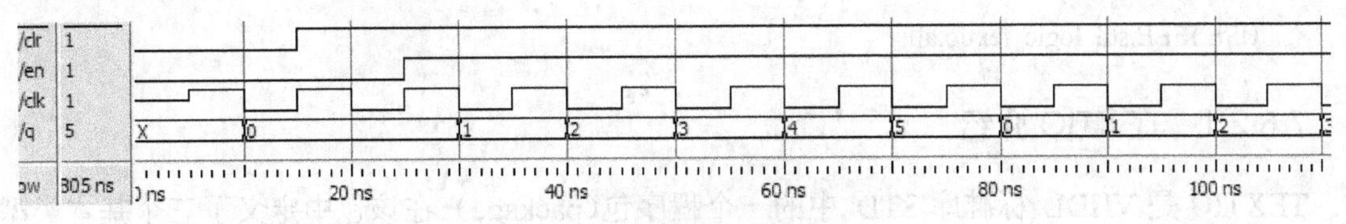

图 7-23　六进制计数器的验证

7.6　高级 Testbench 介绍

7.6.1　高级 Testbench 概述

前一节内容中的验证方法都是比较简单的，这里称为简单 Testbench，一般结构如图 7-1 所示。所输出的结果以波形或者数据显示，需要人工分析其结果的正确性，如果被测信号数量较多且时序复杂，工作量会非常巨大。

高级 Testbench 是在简单 Testbench 基础上改进的，能够自动读入测试矢量文件、完成输出值和期望值的比较等功能，如图 7-24 所示。相比简单 Testbench，高级 Testbench 更显得智能化，也减少了人工分析的烦琐工作。

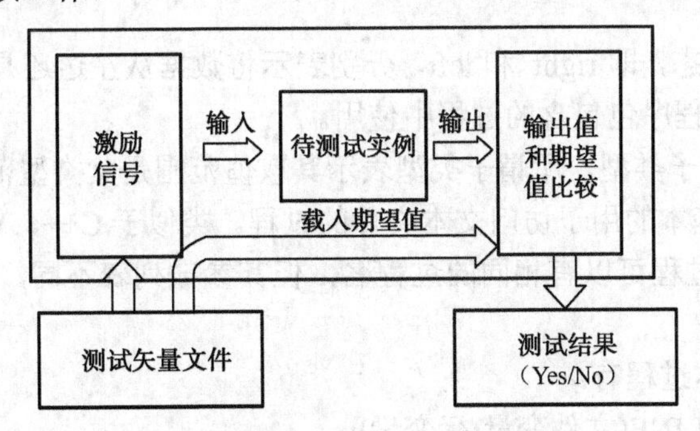

图 7-24　高级 Testbench 的一般结构

7.6.2 文件 I/O 的读写

仿真时，VHDL 允许设计人员从文件加载数据或将数据存储到文件中。比如用户定义的测试矢量可以保存在文件中，然后在仿真时从文件中读取这些测试矢量。另外，仿真的结果也可以保存在文件中。

VHDL 标准中的文件 I/O 主要是由 TEXTIO 程序包提供的，用于仿真且综合工具不能综合。标准库 STD 中的 TEXTIO 定义的程序包只能使用 BIT 和 BIT_VECTOR 数据类型，其引用的格式为：

```
LIBRARY STD;
USE STD.textio.all;
```

如果要使用 STD_LOGIC 和 STD_LOGIC_VECTOR，则要调用 STD_LOGIC_TEXTIO，格式为：

```
LIBRARY IEEE;
USE IEEE.std_logic_textio.all;
```

7.6.2.1 TEXTIO 介绍

TEXTIO 是 VHDL 标准库 STD 中的一个程序包（package）。在该包中定义了三个基本类型：LINE 类型、TEXT 类型以及 SIDE 类型。另外，还有一个子类型（subtype）WIDTH。此外，在该程序包中还定义了一些访问文件所必须的过程（procedure），如图 7-25 所示。

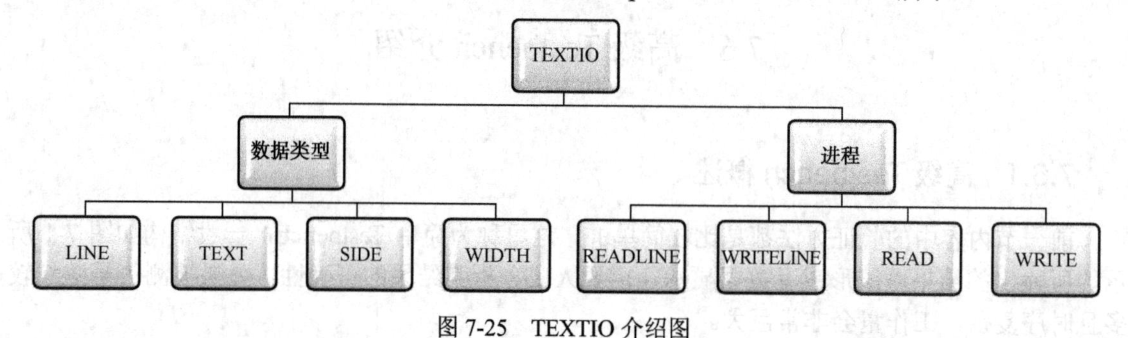

图 7-25 TEXTIO 介绍图

其中，TEXT 为 ASCII 文件类型。定义成 TEXT 类型的文件是长度可变的 ASCII 文件。需要注意的是 VHDL'87 和 VHDL'93 在使用文件方面有较大的差异，在编译时注意选择对应的标准。

SIDE 只能有两种状态，即 right 和 left，分别表示将数据从左边还是从右边写入行变量。该类型主要是在 TEXTIO 程序包包含的过程中使用。

WIDTH 为自然数的子类型。所谓子类型表示其取值范围是父类型范围的子集。

TEXTIO 也提供了基本的用于访问文本文件的过程。类似于 C++，VHDL 提供了重载功能，即完成相近功能的不同过程可以有相同的过程名，但其参数列表不同，或参数类型不同或参数个数不同。

TEXTIO 提供的基本过程有：

1．procedure READLINE(文件变量;行变量);

　　---用于从指定文件读取一行数据到行变量中。

2．procedure WRITELINE(文件变量;行变量);

---用于向指定文件写入行变量所包含的数据。

3．procedure READ(…);

---可重载，用于从行变量中读取相应数据类型的数据。

4．procedure WRITE(…);

---可重载，用于将数据写入行变量。

7.6.2.2 文件基本操作

1．定义文件

TEXTIO程序包中可操作的文件主要包含两大类：integer和text。integer文件中的数据是以二进制存取的，不能被人识别，只有integer型的数据能够存入这类文件。text文件是可以读取的ASCII码，可以被人识别。integer 、bit_vector（x downto x）、string（x downto 1）、std_logic_vector（x downto 0）及bit等类型都可以被存入此类文件。

对文件进行操作之前，需要对将要进行操作的文件进行定义，在93版的VHDL中，文件定义的方式如下：

```
FILE file_handle: text open read_mode is "目录＋文件.后缀"---(输入文件的说明)
FILE file_handle: text open write_mode is "目录＋文件.后缀"---(输出文件的说明)
```

在87版的VHDL中，文件定义的方式:

```
FIEL file_handle: text is in "目录＋文件.后缀"---(输入文件的说明)
FIEL file_handle: text is out "目录＋文件.后缀"---(输出文件的说明)
```

如果在支持93版的VHDL语言中使用了87版的格式，仿真时会提示：

warning：FILE declaration was written using 1076-1987 syntax.

2．打开文件

定义文件句柄后就可以在程序中打开指定文件，同时指定打开模式。93版的VHDL可以使用file_open()进行文件打开操作，其中文件打开操作的函数使用方法如下：

```
file_open(fstatus,file_handle, filenamee);
```

其中，fstatus指示当前文件状态，但是在使用前首先得定义：

```
variable fstatus:FILE_OPEN_STATUS;
```

状态一般有四种，即OPEN_OK，STATUS_ERROR，NAME_ERROR，MODE_ERROR。file_handle 即是上一步定义的文件句柄 file_handle 。filename 是以双引号括起的文件名，如"datain.txt"，也可以加上文件路径。openmode是指打开该文件的模式，文件打开有read_mode,write_mode,append_mode三种。

3．读写文件

打开文件后就可以对文件进行读写操作，其语句格式如下：

```
realine(文件变量，行变量);-- 将文件中的一行数据读至行变量中。
```

read (行变量，数据变量)；--行变量中保存的数据取 n 位放至数据变量 v 中，n 为数据变量 v 的数据位数。在此之前，需要定义好行变量和数据变量。

write(行变量，数据变量);--将一个数据写到某一行中。

write(行变量，数据变量，起始位置，字符数);--起始位置为 left 或 right，字符数则表示数据变量写入到行变量后占的位宽。

writeline(文件变量，行变量);--将行变量包含的数据写入到指定文件；

4. 关闭文件

在文件读写完毕后，需使用 file_close(file_handle)**关闭文**件。

如果想判断在文件操作中是否读取到文件的末尾，可以使用函数 ENDFILE(file_handle)进行判断，如果到达文件末尾将返回“真（true)”，否则返回“假（false)”。

下面举一个例子，使用了上面介绍的各种语法。

【例 7-13】 文件 I/O 读写例程。

```
LIBRARY IEEE;
USE STD.TEXTIO.ALL;
USE IEEE.STD_LOGIC_TEXTIO.ALL;
USE IEEE.STD_LOGIC_1164.ALL;
USE IEEE.STD_LOGIC_UNSIGNED.ALL;
ENTITY testin IS
END ENTITY testin;
ARCHITECTURE rtl OF testin IS
BEGIN
    PROCESS
    FILE file_out1, file_in : TEXT; --定义 text 类型的文件句柄
    VARIABLE fstatus1, fstatus2 : FILE_OPEN_STATUS;
    --定义文件状态指示变量
    VARIABLE count : INTEGER := 5; --integer 型
    VARIABLE stringdata : STRING(5 DOWNTO 1) := “SCUTE”; --string 型
    VARIABLE vectordata : BIT_VECTOR(5 DOWNTO 0) := “001000”;      --bit_vector 型
    VARIABLE value : STD_LOGIC_VECTOR(3 DOWNTO 0) := “1111”;
    --std_logic_vector 型
    VARIABLE buf, buf1 : LINE;
    BEGIN
    FILE_OPEN(fstatus1, file_out1, "DATAIN.TXT", WRITE_MODE);
    --创建并打开文件"DATAIN.TXT"
    WRITE(file_out1, STRING'("THE FIRST PARAMETER IS = "));
    --通过 write()函数直接向文件中写入对应类型数据
    READLINE(INPUT, buf);--从控制台输入字符串输入文件
    WRITE(buf, count);
    WRITELINE(file_out1, buf);--向文件中输入 integer 类型数据
    WAIT FOR 20 NS;
    WRITE(buf, STRING'("THE SECOND PARAMETER IS = "));
    WRITE(buf, value);
    WRITELINE(file_out1, buf);--向文件中输入 std_logic_vector 类型数据
```

```
    WAIT FOR 20 NS;
    WRITE(buf, STRING'("THE THIRD PARAMETER IS = "));
    WRITE(buf, vectordata);
    WRITELINE(file_out1, buf);--向文件中输入 bit_vector 类型数据
    WAIT FOR 20 NS;
    WRITE(buf, STRING'("THE FORTH PARAMETER IS = "));
    WRITE(buf, stringdata);
    WRITELINE(file_out1, buf);--向文件中输入 string 类型数据
    WRITE(file_out1, STRING'("END OF FILE"));
    FILE_CLOSE(file_out1);
    WAIT FOR 100 NS;
    FILE_OPEN(fstatus1, file_out1, "DATAIN.TXT", READ_MODE);
    --以读取模式打开文件
    READLINE(file_out1, buf);--读取文件数据并输出到控制台界面
    WRITELINE(OUTPUT, buf);
    FILE_CLOSE(file_out1);--关闭文件
    WAIT FOR 100 NS;
    FILE_OPEN(fstatus1, file_in, "STD_INPUT", READ_MODE);
    --以控制台作为文件输入
    FILE_OPEN(fstatus2, file_out1, "STD_OUTPUT", WRITE_MODE);
    --以控制台作为文件输出
    READLINE(file_in, buf);
    WRITELINE(file_out1, buf);
    WAIT;
    END PROCESS;
END rtl;
```

在 modelsim 中运行，控制台将做如下操作：

```
VSIM 10>run 500 ns
>>scut
#THE FIRST PARAMETER IS = scut5
>>electronic
```

等待数秒后，在 modelsim 工程目录下将会新建一个“DATAIN.TXT”文本文档，打开文档其内容如图 7-26 所示。

```
THE FIRST PARAMETER IS = scut5
THE SECOND PARAMETER IS = 1111
THE THIRD PARAMETER IS = 001000
THE FORTH PARAMETER IS = SCUTE
END OF FILE
```

图 7-26　DATAIN.TXT 文件内容

对比可知，以上结果和程序一一对应。

【例 7-14】 TEXTIO 使用例程。

```
USE STD.TEXTIO.ALL;
ENTITY formatted_io IS
END formatted_io;
```

```
ARCHITECTURE behavioral OF formatted_io IS
BEGIN
  PROCESS
    FILE outfile:TEXT;
    VARIABLE fstatus:FILE_OPEN_STATUS;
    VARIABLE count:INTEGER:=5;
    VARIABLE value:BIT_VECTOR(3 DOWNTO 0):=X"6";
    VARIABLE buf:LINE;
    BEGIN
      FILE_OPEN(fstatus,outfile,"myfile.txt",write_mode);                --打开文件
      WRITE(buf,STRING'("This is an example of formatted I/O"));          --写入信息
      WRITELINE(outfile,buf);
      WRITE(buf,STRING'("The First Parameter is ="));
      WRITE(buf,count);
      WRITE(buf,' ');
      WRITE(buf,STRING'("The Second Parameter is ="));
      WRITE(buf,value);
      WRITELINE(outfile,buf);
      WRITE(buf,STRING'("...and so on"));
      WRITELINE(outfile,buf);
      FILE_CLOSE(outfile);                                               --关闭文件
      WAIT;
    END PROCESS;
  END ARCHITECTURE behavioral;
```

在 ModelSim 的输出结果如图 7-27 所示。

```
This is an example of formatted I/O
The First Parameter is =5 The Second Parameter is =0110
...and so on
```

图 7-27　ModelSim 输出结果

7.6.3　VCD 数据库文件

7.6.3.1　VCD 数据库

VCD（Value Change Dump）格式数据库是仿真过程中数据信号变化的记录。它只记录用户指定的信号，其后缀名一般为(*.vcd)。

VCD 文件的主要作用如下：

1．存储波形；

2．波形数据交换；

3．用于测试，很多测试工具都可以读入 VCD 文件，然后根据 VCD 文件产生激励，并且比对输出结果，实现对芯片的测试。

7.6.3.2　用 VCD 文件记录仿真数据

在 VHDL 中没有像 Verilog HDL 那样，直接提供一系列的函数来生成 VCD 文件，但我们可

以借助 ModelSim 的 vcd 命令来实现用 VCD 文件记录仿真数据。

ModelSim 的 vcd 命令使用方式如下：请确认以下两个命令是否正确

1．建立 VCD 文件，具体格式为：

```
vcd file [-dumpports] [-direction] [<filename>] [-map <mapping pairs>]
[-no_strength_range] [-nomap] [-unique]
```

例如，建立一个名为 mylog.vcd 的 VCD 文件“vcd file mylog.vcd”。

2．添加记录对象，具体格式为：

```
vcd add [-r] [-in] [-out] [-inout] [-internal] [-ports] [-file <filename>] [-dumpports] <object_name> ...
```

例如把 testbench2/uut/模块中的所有对象添加到 vcd 数据库中：vcd add testbench2/uut/*　()。

如果需要暂停合作开始记录，可以用下面的语句：

```
vcd off [<filename>] （暂停）
vcd on [<filename>] （开始）
```

关于 ModelSim 的 vcd 命令更详细的说明，可以查看 ModelSim SE Reference Manual，这里仅作简单介绍。

7.6.4 断言语句

7.6.4.1 断言语句介绍

断言语句(Assert)语句可以在仿真的过程中，检查一个条件并报告信息，一般用于程序调试与时序仿真时的人机对话，也是不可综合的语句。

断言语句的书写格式为：

```
ASSERT<条件表达式>
REPORT <出错信息>
SEVERITY <错误级别>;
```

其中，ASSERT 后的条件表达式为布尔表达式，用于模拟执行时的真假判断。若其值为“真”，则跳过下面两个子句，继续执行后面的语句；若其值为“假”，则表示出错，于是执行 REPORT 报告出错信息，同时由 SEVERITY 子句给出错误等级。

ASSERT 后的条件表达式由设计人员自行拟定，没有默认格式。断言语句里面的出错信息与错误等级也都由设计者自行设计，VHDL 不自动生成这些信息。而且，REPORT 后的出错信息必须是字符串，需要用双括号括起来，若缺省出错信息，则系统默认输出错误信息报告为“Assertion Violation”。SEVERITY 后的错误级别要求是预定义的四种错误之一，预定义的四种错误类型分别是：Note（通报）、Warning（警告）、Error（错误）、Failure（失败）。若缺省，则默认为 Error。

7.6.4.2 断言语句的使用方法

断言语句可以在实体、结构体以及进程中使用。下面通过一个例子初步介绍断言语句在仿真时的应用。

【例 7-15】用断言语句判断仿真的时间，如果当前时间为 1000ns，则仿真完成，使用 ERROR 严重级别终止仿真过程。

程序如下：

```
BEGIN
ASSERT(NOW<=1000 ns)
--当（NOW<=1000 ns）不成立时，执行这两条语句
    REPORT "Simulation completed successfully"
    SEVERITY ERROR;
END PROCESS;
```

断言语句判断条件的判断结果为 FALSE，则执行后面的报告及严重级语句，否则跳过这些错误报告语句并继续执行。

放在进程内的断言语句叫顺序断言语句，它在进程内按照顺序执行。放在进程外部的断言语句叫并行断言语句。并行断言语句本质上等同于一个进程，该进程只对条件表达式给出的所有信号敏感。

如果把断言语句单独放在一个进程里面，则该进程称为断言进程。断言进程只能放在结构体里面，且不对任何信号进行赋值操作。例 7-16 就是一个断言进程语句。

【例 7-16】 使用 ASSERT 语句设定一个判断条件，以便对仿真的某个结果或值做出响应。

```
……
PROCESS(q)
BEGIN
ASSERT(q/="1001")
    REPORT "The shifter gets the result!"
    SEVERITY ERROR;
END PROCESS;
……
```

在上面的程序中，如果信号 q 等于“1001”，则终止仿真，并输出 The shifter gets the result!。

7.6.4.3 断言语句的应用实例

下面以一个简单的实例来讲述使用断言语句来响应一个仿真的过程。

【例 7-17】 4 位加减计数器的仿真。所述 4 位加减计数器的位数为 4 位，且带有 CLR 清零端。当 DIR 信号为高电平时，计数器为加 1 计数器；当 DIR 信号为低电平时，为减 1 计数器。

4 位加减计数器的设计程序如下：

```
LIBRARY IEEE;
USE IEEE.std_logic_1164.all;
USE IEEE.std_logic_unsigned.all;
--定义实体
ENTITY counter IS
  PORT(CLK,CLR,DIR:IN std_logic;
        CT_RESULT:OUT std_logic_vector(3 DOWNTO 0));
END counter;
--定义实体的功能
```

```
ARCHITECTURE behav OF counter IS
signal TMP:std_logic_vector(3 DOWNTO 0);
BEGIN
  PROCESS(CLK,CLR)
  BEGIN
    IF(CLR='1') THEN        --清零
      TMP<="0000";
    ELSIF(CLK'EVENT AND CLK='1') THEN
      IF(DIR='1') THEN      --当 DIR 为高电平时，计数器为加 1 计数器
        TMP<=TMP+1;
      ELSE
        TMP<=TMP-1;         --当 DIR 为低电平时，计数器为减 1 计数器
      END IF;
    END IF;
  END PROCESS;
  CT_RESULT<=TMP;
END behav;
```

4 位加减计数器的仿真程序如下：

```
--声明使用的库
LIBRARY IEEE;
USE IEEE.std_logic_1164.all;
--定义一个没有端口的实体
ENTITY counter_vhd_tst IS
END counter_vhd_tst;
--声明待测试的实体
ARCHITECTURE counter_arch OF counter_vhd_tst IS
--仿真时钟信号的周期
CONSTANT clk_period:TIME:=40 ns;
--定义激励信号
SIGNAL clk : STD_LOGIC:='0';
SIGNAL clr : STD_LOGIC:='0';
SIGNAL ct_result : STD_LOGIC_VECTOR(3 DOWNTO 0);
SIGNAL dir : STD_LOGIC:='0';
COMPONENT counter
  PORT (
    clk : IN STD_LOGIC;
    clr : IN STD_LOGIC;
    ct_result : OUT STD_LOGIC_VECTOR(3 DOWNTO 0);
    dir : IN STD_LOGIC
    );
END COMPONENT;
BEGIN
--例化待测试的实体，并连接激励信号
```

```
        i1 : counter
        PORT MAP (
        clk => clk,
        clr => clr,
        ct_result => ct_result,
        dir => dir
        );
    --时钟产生进程
        CLK_GEN:PROCESS
     BEGIN
          clk<='1';
          wait for clk_period/2;
          clk<='0';
          wait for clk_period/2;
     END PROCESS;
    --激励信号产生进程
        TB:PROCESS
       BEGIN
          clr<='1';
          dir<='1';
          wait for 20 ns;
          clr<='0';
          wait for 280 ns;
          dir<='0';
          wait for 320 ns;
          wait;--进程挂起
       END PROCESS;
    --ASSERT 语句
        PROCESS(ct_result)
       BEGIN
          ASSERT(ct_result/="1001")
          REPORT "The counter gets to nine!"
          SEVERITY ERROR;
       END PROCESS;
    END counter_arch;
```

当计数到“1001”时，在 Modelsim 的信息栏输出所要报告的信息：

```
# ** Error: The counter gets to nine!
#    Time: 840 ns   Iteration: 3   Instance: /counter_vhd_tst
# ** Error: The counter gets to nine!
#    Time: 1480 ns   Iteration: 3   Instance: /counter_vhd_tst
```

在 ModelSim 的输出波形如图 7-28 所示。

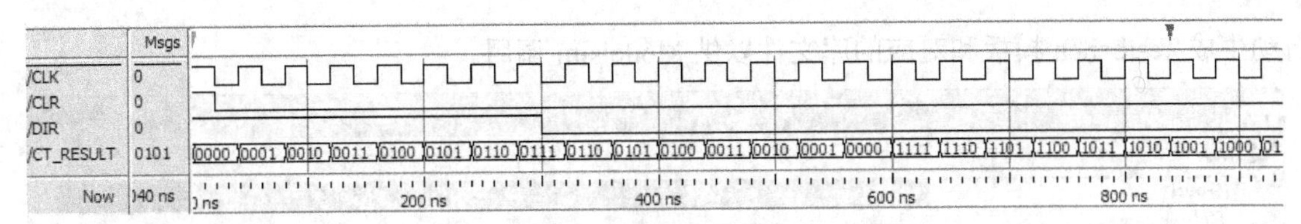

图 7-28　四位加减器的验证

7.7　Modelsim 软件的使用

7.7.1　Modelsim 软件简介

Mentor Graphic 公司开发的 Modelsim 软件可以算得上是业界最优秀的 HDL 仿真调试软件。该软件仿真环境界面友好、个性化，采用直接优化的编译技术、单一内核仿真技术，具有更快的编译仿真速度，还集成了性能分析、波形比较、代码覆盖功能。而且它的编译代码与平台无关，有利于 IP 核保护。除此之外，它支持 SystemC、C、SystemVerilog 语言等的调试和仿真，功能强大，因而是 FPGA/ASIC 设计的首选仿真软件。

Modelsim 不仅能支持 HDL 语言的功能仿真，还能结合 FPGA 生产商的软件提供的参数进行更贴近现实的时序仿真。大多数 FPGA 器件厂商提供了与 Modelsim 软件的接口，方便设计者仿真调试设计单元。现代电子设计越来越复杂，因此掌握一款功能强大的仿真软件非常重要。

Modelsim 版本众多，大版本以数字命名，又有以字母为后缀的小版本。每个版本分为 SE、LE、PE 三种，这三种版本以 SE 版本的功能最完善，本章采用 Quartus II 11.0 版本和 Modelsim 10.0c 版本介绍如何使用 Modelsim 软件进行仿真。

7.7.2　从 Quartus II 调用 Modelsim 软件进行仿真

自 Quartus II 10.0 版本以后，Quartus II 不再自带仿真功能，但是使用者可以非常方便地从 Quartus II 软件调用 Modelsim 进行仿真。当然也可以直接使用 Modelsim 进行仿真。前者的调用方法比较简单，这里仅介绍前者。需要注意的是，不是所有版本的 Modelsim 都能被 Quartus II 调用，事前需要确定两个软件的版本是否相互兼容。

为了尽快使初学者入门，下面将通过一个仿真实例【例 7-18】，对前文所述的 ASSERT 断言语句和文件操作 TEXTIO 程序包进行综合运用，介绍从 Quartus II 调用 Modelsim 软件进行仿真的全过程。

【例 7-18】 设计一个 8 位加法器，然后进行仿真验证。要求用 Testbench 文件从文本文件中读取激励信号矢量，并将仿真的结果和文本文件中的期望值进行比较，自动完成验证过程。

1. 编写 testbench 文件

首先，建立相应的工程。Quartus II 没有把 Modelsim 列为默认仿真软件，因此在 Quartus II 工程创建之后需设置 Modelsim 作为仿真软件（也可以在工程创建的时候就指定它为仿真软件）。先单击 assignments→setting 进入 setting 窗口，再单击左边 Category 目录的 EDA Tool Settings→Simulation，进入该界面后设置 Tool name 名字为 Modelsim，并且选择下面的 Format for output netlist 为 VHDL，如图 7-29 所示。成功配置 Modelsim 为该工程的仿真软件后，后续 Quartus 将自动生成 Testbench 模板和对应的库文件以供 Modelsim 调用。

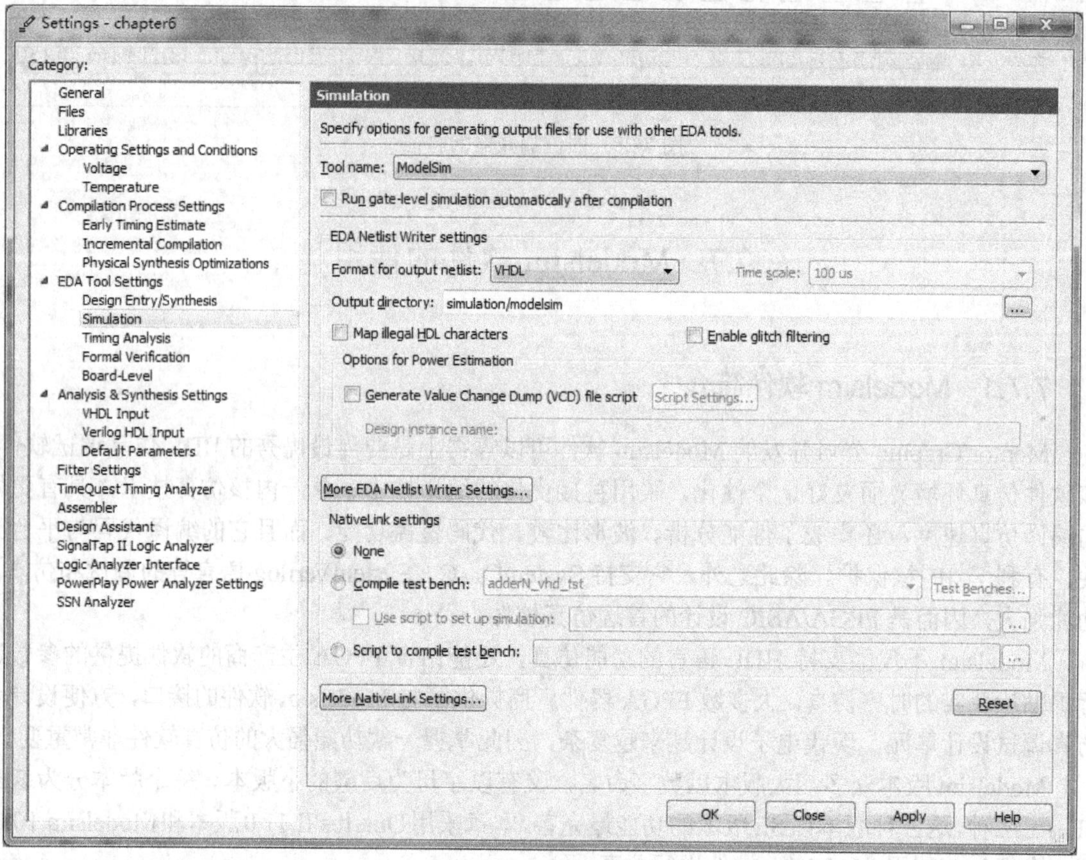

图 7-29　设置仿真软件环境

接着设计一个 8 位加法器。先进行一位加法器的设计，然后将此一位加法器连接拓展得到 8 位加法器。

```
--一位加法器
LIBRARY IEEE;
USE IEEE.std_logic_1164.all;
ENTITY adder IS
    PORT (a      : in std_logic;
          b      : in std_logic;
          cin    : in std_logic;
          sum    : out std_logic;
          cout : out std_logic);
END adder;
ARCHITECTURE rtl OF adder IS
BEGIN
    sum <= (a xor b) xor cin;
    cout <= (a and b) or (cin and a) or (cin and b);
END rtl;

--N 位加法器（顶层文件）
```

```
--加法器的数据宽度由 N 决定
LIBRARY IEEE;
USE IEEE.std_logic_1164.all;
ENTITY adderN IS
      generic(N : integer := 8);
      PORT (a       : IN std_logic_vector(N downto 1);
            b       : IN std_logic_vector(N downto 1);
            cin    : IN std_logic;
            sum    : OUT std_logic_vector(N downto 1);
            cout : OUT std_logic);
END adderN;
-- N 位加法器的结构描述法实现
ARCHITECTURE structural OF adderN IS
COMPONENT adder
  PORT (a        : IN std_logic;
        b        : IN std_logic;
        cin     : IN std_logic;
        sum     : OUT std_logic;
        cout : OUT std_logic);
END COMPONENT;
signal carry : std_logic_vector(0 to N);
BEGIN
      carry(0) <= cin;
      cout <= carry(N);
      --例化一位加法器 N 次
      gen: FOR I IN 1 TO N GENERATE
      add: adder PORT map(
          a => a(I),
          b => b(I),
          cin => carry(I - 1),
          sum => sum(I),
          cout => carry(I));
    END GENERATE;
END structural;
--N 位加法器的行为描述法实现
ARCHITECTURE behavioral OF adderN IS
BEGIN
      p1: process(a, b, cin)
      variable vsum : std_logic_vector(N DOWNTO 1);
      variable carry : std_logic;
      BEGIN
      carry := cin;
      FOR i IN 1 TO N LOOP
            vsum(i) := (a(i) xor b(i)) xor carry;
            carry := (a(i) and b(i)) or (carry and (a(i) or b(i)));
```

```
        END LOOP;
        sum <= vsum;
        cout <= carry;
        END process p1;
    END behavioral;
```

完成设计后对工程进行编译，编译成功后在 Tasks 窗口中的 EDA Netlist Writer 也显示被编译了，这是因为 Quartus II 需要另外编译库文件供 Modelsim 调用，如图 7-30 所示。

接下来，设计矢量文件用于输入激励信号以及预期结果，该文件命名为 vectors.txt，保存在该工程目录下的 simulation/modelsim 文件夹中（设置中 Output Directory 就是指定仿真激励文件所在处，编译工程时会自动生成）。矢量文件的内容如图 7-31 所示。

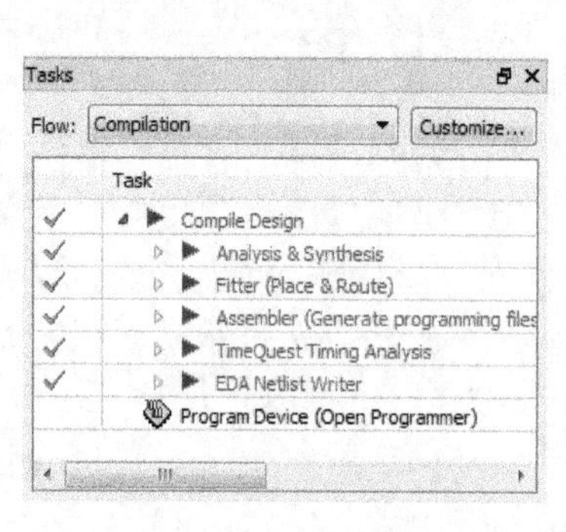

图 7-30　Tasks 窗口

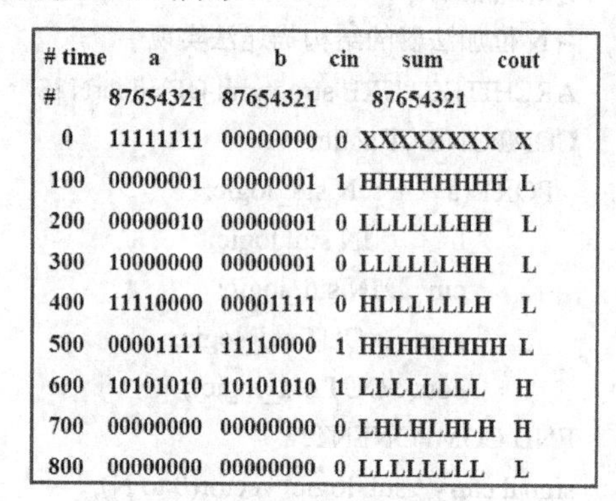

# time	a	b	cin	sum	cout
#	87654321	87654321		87654321	
0	11111111	00000000	0	XXXXXXXX	X
100	00000001	00000001	1	HHHHHHHH	L
200	00000010	00000001	0	LLLLLLHH	L
300	10000000	00000001	0	LLLLLLHH	L
400	11110000	00001111	0	HLLLLLLH	L
500	00001111	11110000	1	HHHHHHHH	L
600	10101010	10101010	1	LLLLLLLL	H
700	00000000	00000000	0	LHLHLHLH	H
800	00000000	00000000	0	LLLLLLLL	L

图 7-31　矢量文件内容

其中，0 表示输入值 0；1 表示输入值 1；L 表示期望值 0；H 表示期望值 1；X 表示无关值。需要注意的是：对于期望值 sum，由于其更新的时间要比输入的 a、b 慢 100 ns，所以，当 a、b 的输入值变化时，100 ns 后 sum 的值才会更新。

建立矢量文件后，接着编写 Testbench 文件。设计者一般并不需要全部编写 Testbench 文件，可以让 Quartus 自动生成模板，然后将其修改就可以了。

单击 Processing→Start→Start Test Bench Template Writer，就会自动生成对应的 Testbench 模板，如图 7-32 所示。

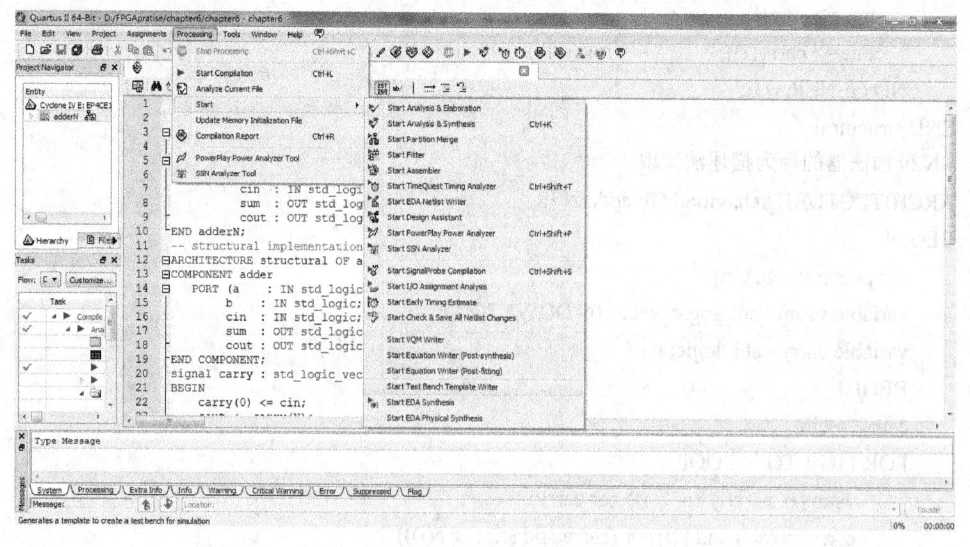

图 7-32　生成 Testbench 模板文件

自动生成的 Testbench 文件在该工程目录 simulation/modelsim 下，打开之后如图 7-33 所示。

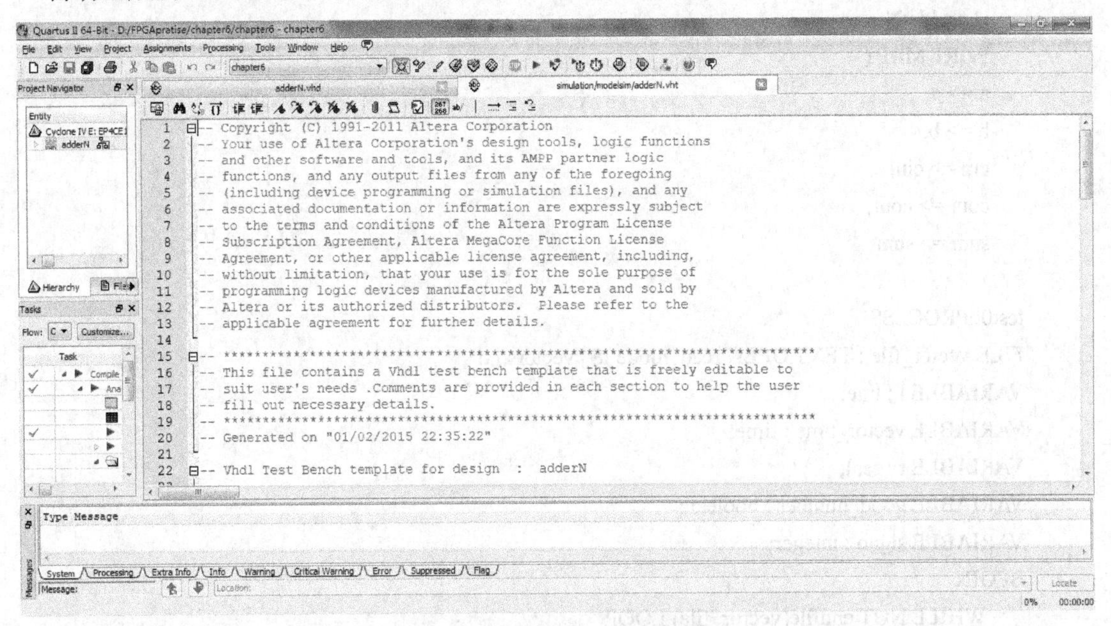

图 7-33　生成的 Testbench 模板

由此，将 Testbench 模板文件修改如下：

```
--引用库声明
LIBRARY IEEE;
USE IEEE.std_logic_1164.all;
USE STD.textio.all;
ENTITY adderN_vhd_tst IS
END adderN_vhd_tst;
ARCHITECTURE adderN_arch OF adderN_vhd_tst IS
-- 声明一个多位信号
SIGNAL ports : std_logic_vector(26 DOWNTO 1) := (OTHERS => 'Z');
-- 为几个端口声明别名以方便操作
ALIAS a      : std_logic_vector(8 DOWNTO 1) IS ports(26 DOWNTO 19);
ALIAS b      : std_logic_vector(8 DOWNTO 1) IS ports(18 DOWNTO 11);
ALIAS cin    : std_logic    IS ports(10);
ALIAS sum    : std_logic_vector(8 DOWNTO 1) IS ports(9 DOWNTO 2);
ALIAS cout : std_logic    IS ports(1);
--声明加法器
COMPONENT adderN
    PORT (
    a : IN STD_LOGIC_VECTOR(8 DOWNTO 1);
    b : IN STD_LOGIC_VECTOR(8 DOWNTO 1);
    cin : IN STD_LOGIC;
    cout : OUT STD_LOGIC;
    sum : OUT STD_LOGIC_VECTOR(8 DOWNTO 1)
    );
END COMPONENT;
```

```
BEGIN
    i1 : adderN
    PORT MAP (
    a => a,
    b => b,
    cin => cin,
    cout => cout,
    sum => sum
    );
test0: PROCESS
FILE vector_file : TEXT OPEN read_mode IS "vectors.txt";
VARIABLE l : line;
VARIABLE vector_time : time;
VARIABLE r : real;
VARIABLE good_number : boolean;
VARIABLE signo : integer;
BEGIN
    WHILE NOT endfile(vector_file) LOOP
        readline(vector_file, l);                  --读取一行字符串
        read(l, r, good => good_number);      --提取字符串中的数据
        NEXT WHEN NOT good_number;
        vector_time := r * 1 ns;                -- 将实数转变成时间
        IF (now < vector_time) THEN
        WAIT FOR vector_time - now;
        END IF;
        signo := 26;
        --把 ASCII 码的字符转换为矢量逻辑变量
        FOR i IN l'RANGE LOOP
                CASE l(i) IS
                        WHEN '0' =>
                         ports(signo) <= '0';
                        WHEN '1' =>
                         ports(signo) <= '1';
                        WHEN 'h' | 'H' =>
                         ASSERT ports(signo) = '1';
                        WHEN 'l' | 'L' =>
                         ASSERT ports(signo) = '0';
                        WHEN 'x' | 'X' =>
                         NULL;
                        WHEN ' ' | ht =>
                         NEXT;
                        WHEN OTHERS =>
                         ASSERT false
                              REPORT "Illegal character in vector file: "& l(i);
                         EXIT;
```

```
            END CASE;
            signo := signo - 1;
        END LOOP;
    END LOOP;
    ASSERT false REPORT "Test complete";
    WAIT;
END PROCESS;
END adderN_arch;
```

建立了 Testbench 文件后，就可以从 Quartus II 软件调用 Modelsim 进行仿真了。单击 Assignments→Setting，进入 Setting 窗口在左边 Category 中选择 Simulation，单击选中下面 NativeLink settings 一栏中的 Compile test bench，如图 7-34 所示，添加对应的 Testbench 文件，单击该列右边的 Test Benches 进入如图 7-35 所示的窗口。

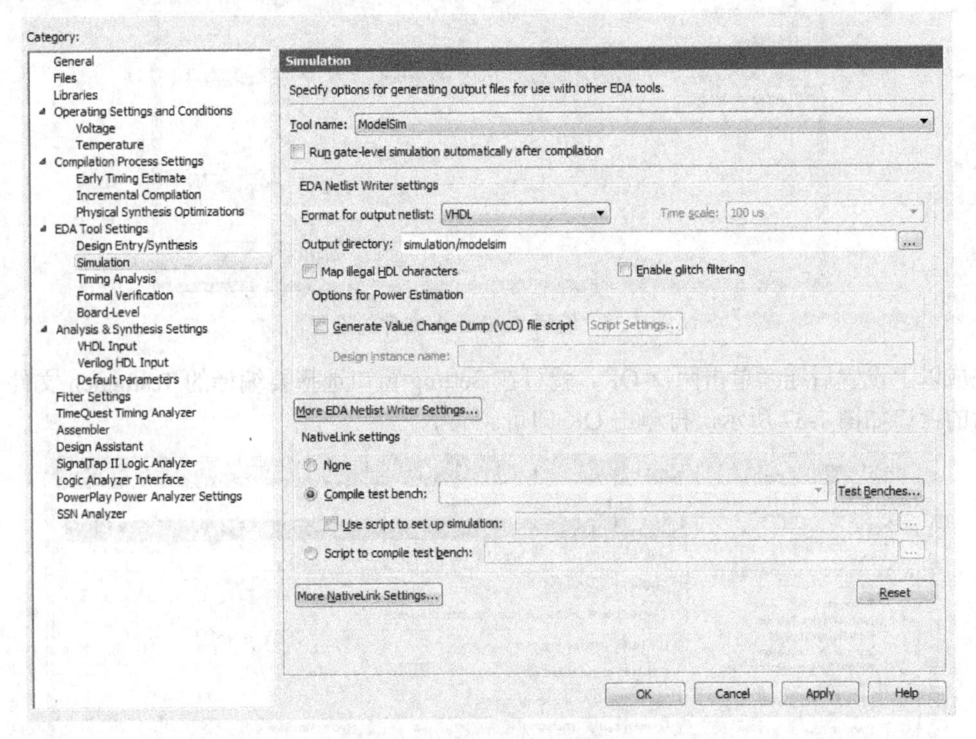

图 7-34　选中 Compile test bench

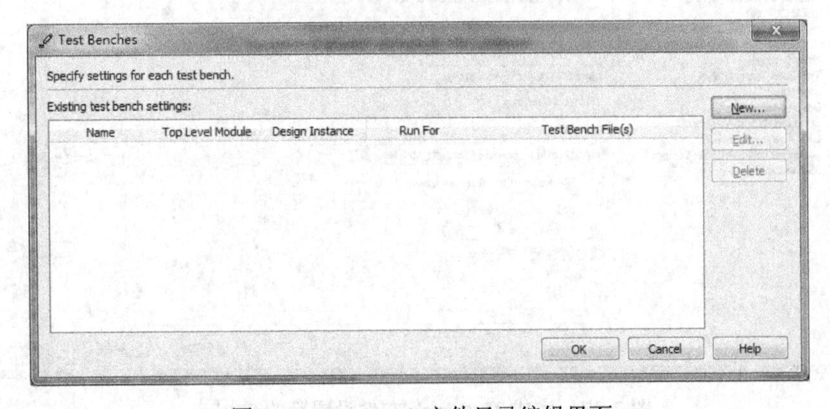

图 7-35　Testbench 文件目录编辑界面

单击图 7-35 所示窗口的 New，进入一个 Edit Test Bench Settings 窗口，先单击 Test bench file 一栏的...添加编写好的 Testbench 文件，回到 Edit Test Bench Settings 窗口单击 Add 即可。其他按照图 7-36 所示进行设置，Test Bench name 和 Top level module in test bench 是 8 位加法器的 Testbench 文件的实体名，i1 是要测试的元件的编号。

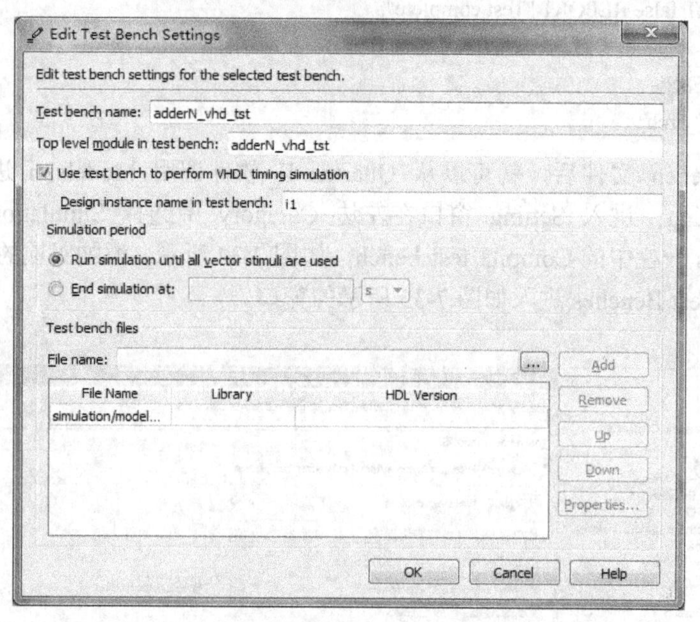

图 7-36　编辑 Testbench 文件的设置

完成以上设置后连续单击两次 OK，就可在 Setting 窗口选择要编译的 Testbench 文件了，选择完后的窗口如图 7-37 所示，再单击 OK 即可。

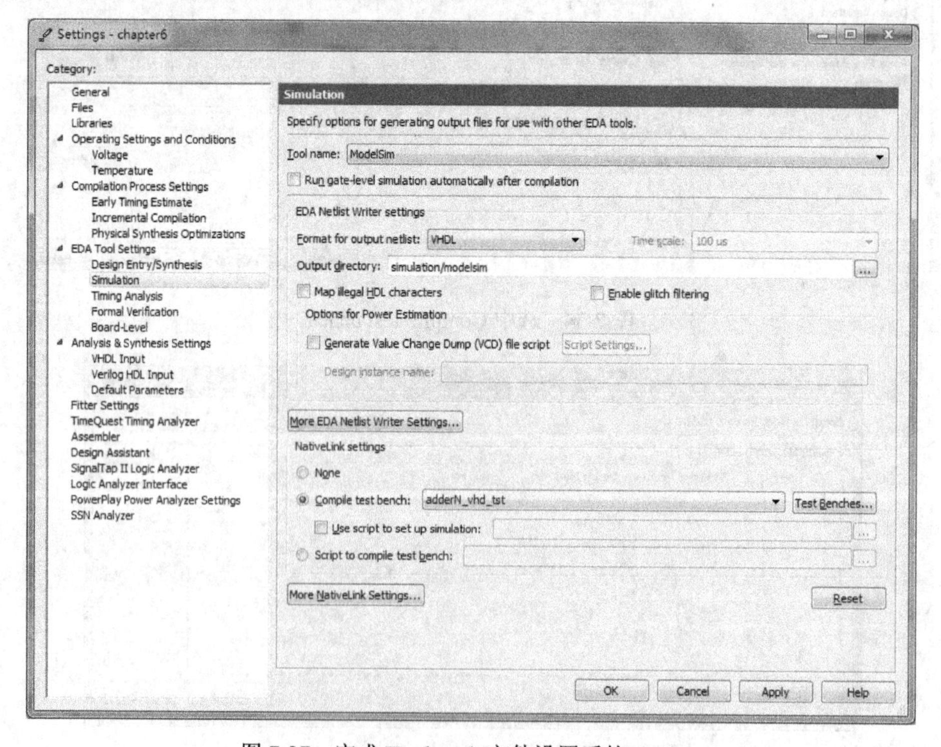

图 7-37　完成 Testbench 文件设置后的 Setting

2．调用 Modelsim 进行逻辑仿真

单击 Tools→Run EDA Simulation Tool→EDA RTL Simulation 调用 Modelsim 进行逻辑仿真，如图 7-38 所示。

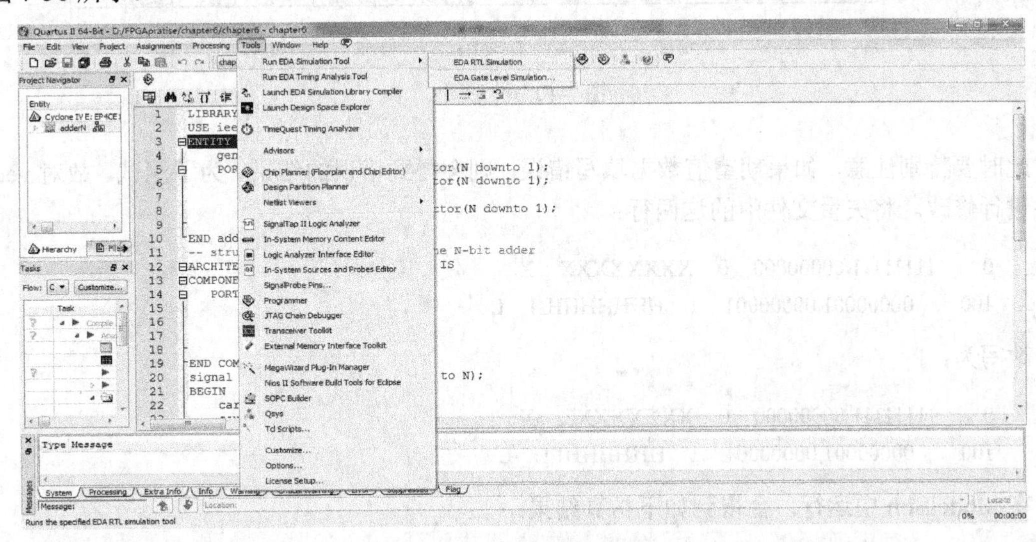

图 7-38　执行逻辑仿真

成功调用 Modelsim 仿真后，仿真窗口如图 7-39 所示，Transcript 一栏出现仿真成功的语句：

** Error: Test complete

#　　Time: 800 ns　Iteration: 0　Instance: /addern_vhd_tst

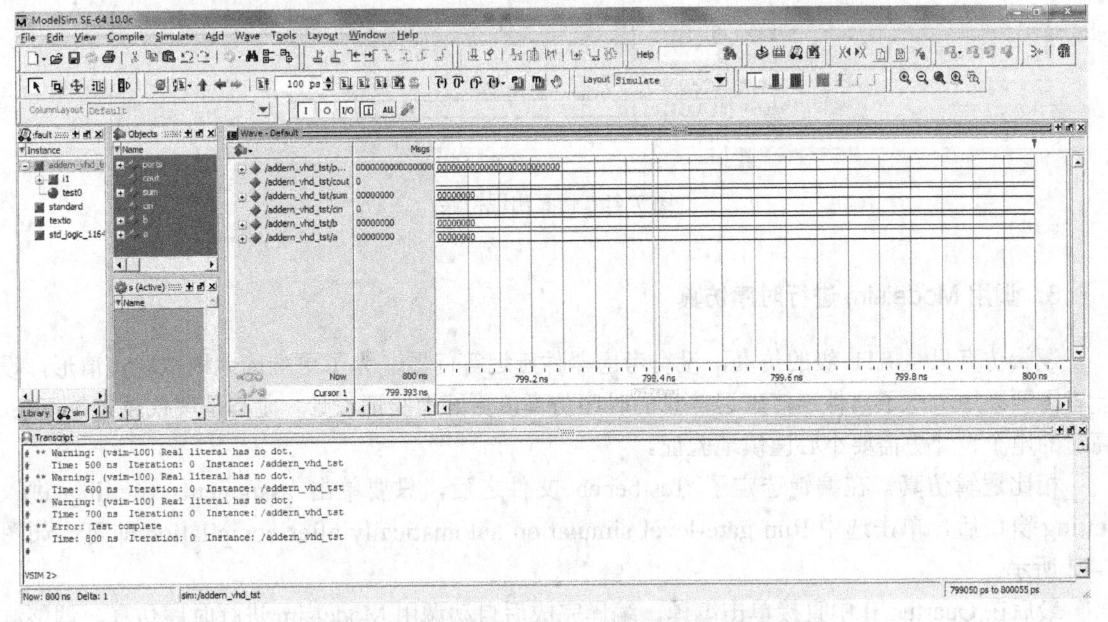

图 7-39　成功调用 Modelsim 进行逻辑仿真后的界面

单击右上角 中的 可以调整波形图的时间轴，使得波形图如图 7-40 所示。

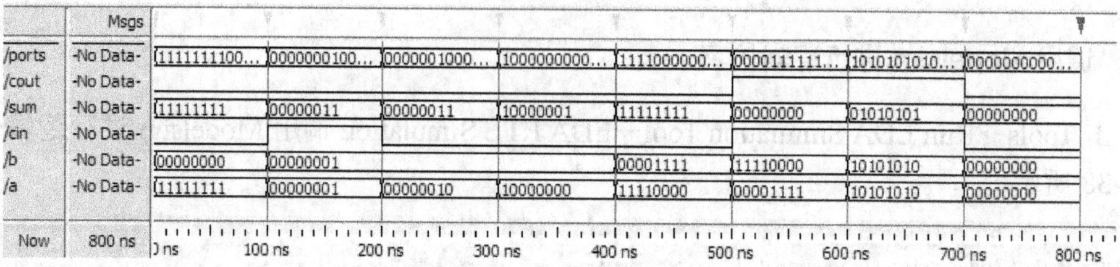

图 7-40　波形图

此时要特别注意，如果期望值数据填写错误，则会得到错误的结果。为了测试，故对 vector 文件进行修改。将矢量文件中的这两行：

```
0       11111111 00000000  0   XXXXXXXX   X
100       00000001 00000001  1   HHHHHHHH   L
```

改写为：

```
0       11111111 00000000  0   XXXXXXXX   X
100       00000001 00000001  1   HHHHHHLL   L
```

在 ModelSim 中运行，会得到如下仿真结果：

```
# ** Error: Assertion violation.
#      Time: 100 ns   Iteration: 0   Instance: /addern_vhd_tst
```

输出窗口出现错误提示，仿真暂停。波形图如图 7-41 所示。

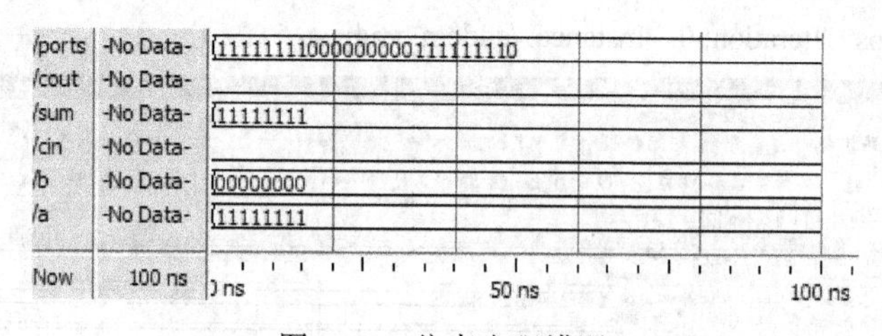

图 7-41　仿真出现错误

3．调用 Modelsim 进行时序仿真

逻辑仿真只是 RTL 级的仿真，没有考虑器件延迟等问题，为了更准确地模拟现实情形，设计者需要采用考虑了器件连接延迟信息的时序仿真以更好地验证设计，尤其是现代越来越复杂、高速的电子设计更需要小心谨慎地验证。

相比逻辑仿真，在编辑选定了 Testbench 文件之后，只要单击 assigments→setting 进入 setting 窗口后，单击选中 Run gate-level simulation automatically after compilation 即可，如图 7-42 所示。

最后在 Quartus II 中直接单击编译，编译完成后自动调用 Modelsim 进行时序仿真，调整波形图后如图 7-43 所示，可以注意到信号变化的过程。

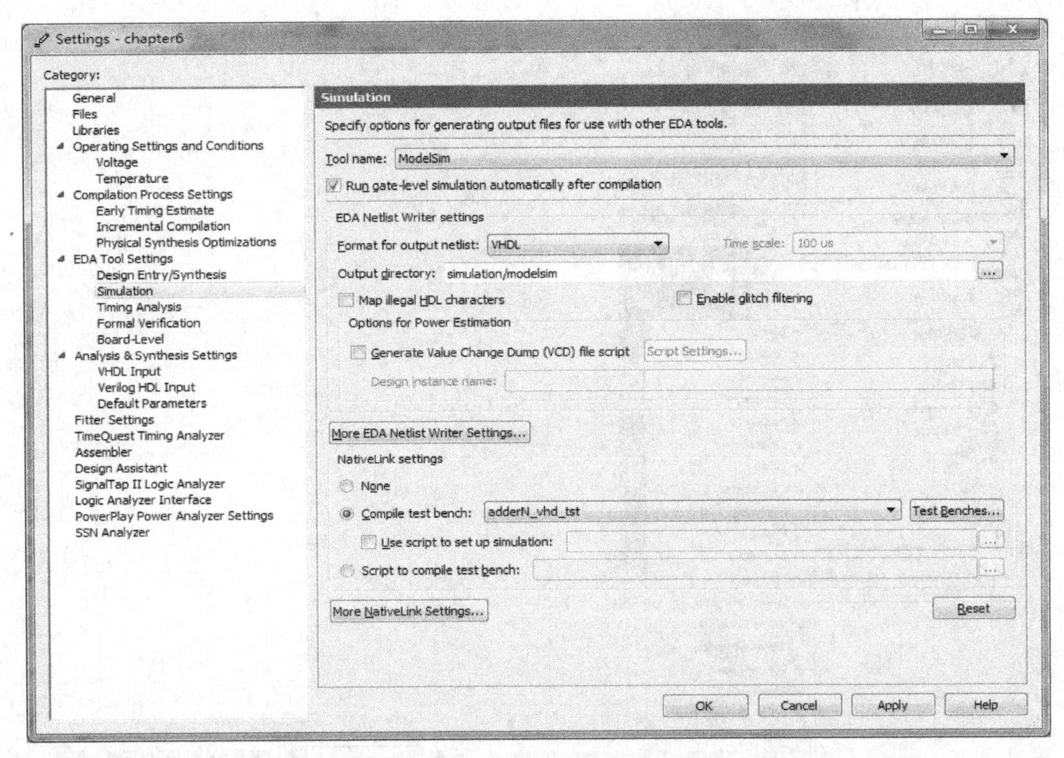

图 7-42　选中 Run gate-level simulation automatically after compilation

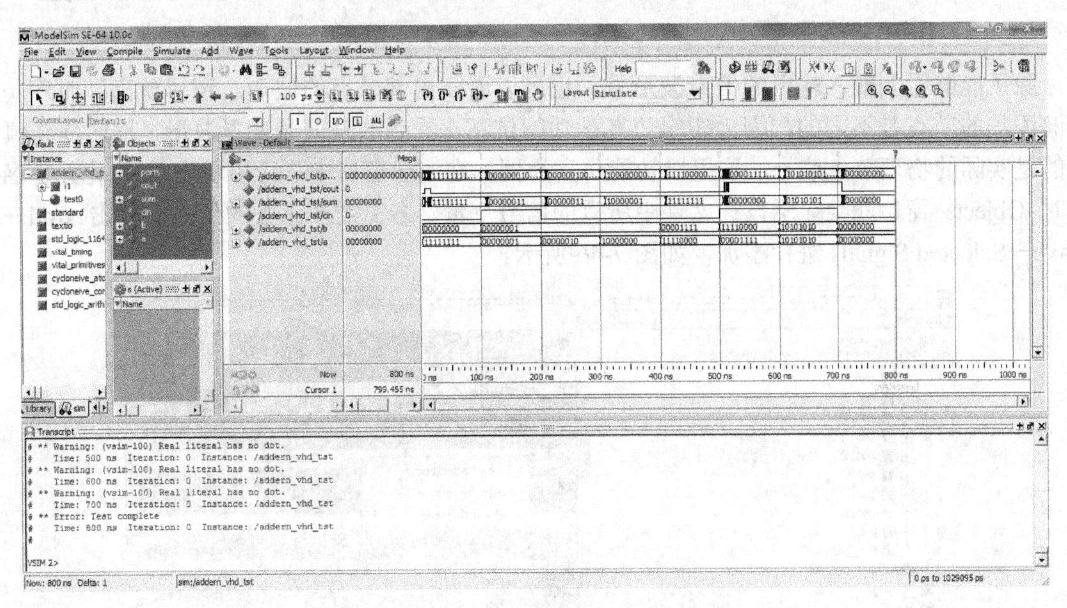

图 7-43　Modelsim 时序仿真波形界面

4．Modelsim 常用操作

Modelsim 的功能丰富强大，这里将介绍一些常用操作。单击 window→Toolbars 显示可以勾选的工具栏列表，如图 7-44 所示。把 Simulate 勾选上，就可以利用这个工具栏控制仿真过程。图 7-45 是比较常用的选项。各图标依次的功能为重启仿真、运行（前面文本框是仿真运行的时间，可以由设计者指定）、继续运行、运行全部、中断和停止。

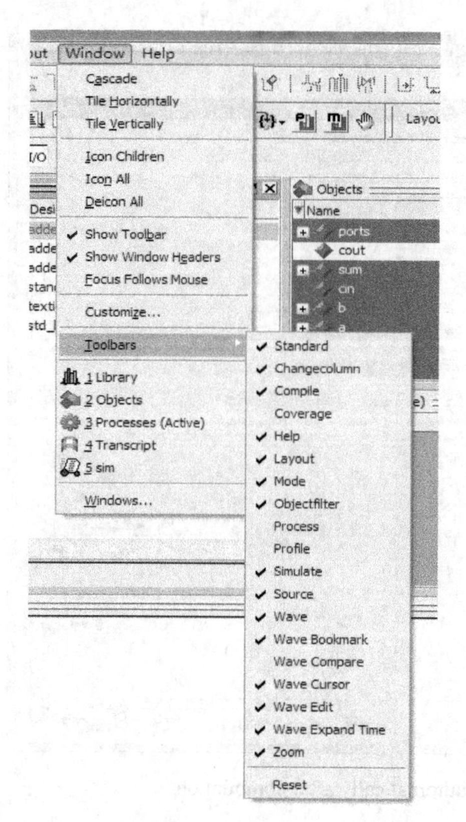

图 7-44 勾选工具栏

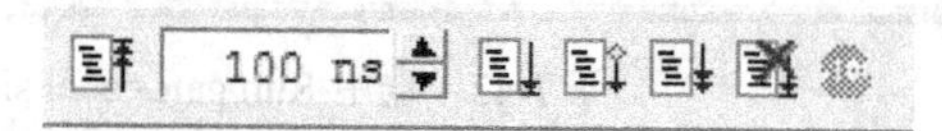

图 7-45 Simulate 工具栏

除了能够看到输入输出的信号波形外，也可以看到内部节点的波形。逻辑仿真和时序仿真能够添加的节点是不同的，因为逻辑仿真是功能仿真，看到的是信号变量波形，而时序仿真看到的是实际的物理节点信号，这里以功能仿真为例。在 sim 窗口中，可以单击 i1 例化元件名，此时 Objects 窗口就会显示设计文件中所有的信号变量。右击需要添加的信号，单击 Add→To Wave→Selected Signals 进行添加，如图 7-46 所示。

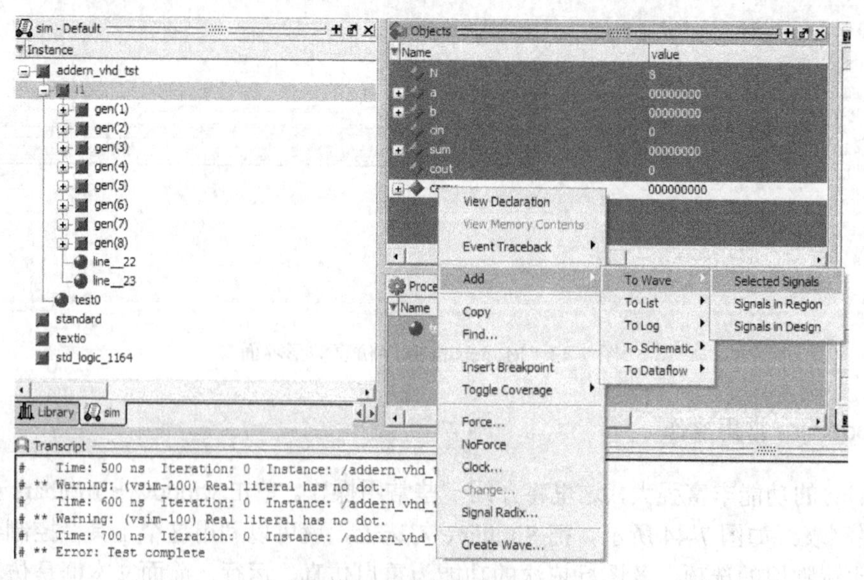

图 7-46 选择要添加的节点

当信号波形复杂，且查看单个信号的变化情况比较复杂时，需要通过信号查找功能快捷查询信号变化情况。先选中需要查询的信号，单击 Edit→Signal Search 就可以显示该窗口，查找信号变化、上升沿等对应的时间节点，如图 7-47 所示。

以上只是 Modelsim 一些简单功能的介绍，详细的功能需参考对应软件版本的 ModelSimSE User’s Manual。

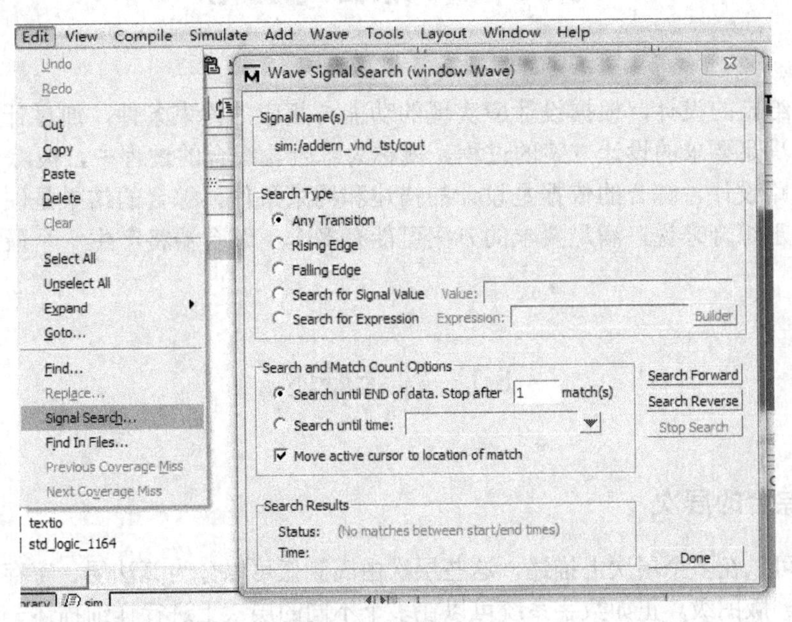

图 7-47　信号查找

第 8 章　综合与优化

针对一个给定的设计，根据设计应实现的功能与相应的约束条件，通过计算机的优化处理，获得一个满足要求的设计方案的过程，就称为综合。综合的过程中，被综合的是 VHDL 程序描述的电路设计，综合的依据是设计的描述和约束条件，综合的结果是硬件电路的具体实现方案。对于综合来说，满足要求的方案可能有多个，综合器将产生一个最优或接近最优的结果。

8.1　综合概述

8.1.1　综合的层次

数字系统可以在多个层次上描述，这些层次由高到低可以分为算法层、寄存器传输级、逻辑级、电路级、版图级。正如数字系统可以在多个不同的层次上进行详细描述一样，综合也可以在多个层次上进行。通常，综合分为 3 个层次：高层次综合→逻辑综合→版图综合，如图 8-1 所示。其中，高层次综合结果直接与开发人员的设计相关，而后面的两个层次综合更多的是依赖于综合工具的自动化，本章重点介绍高层次综合和逻辑综合。

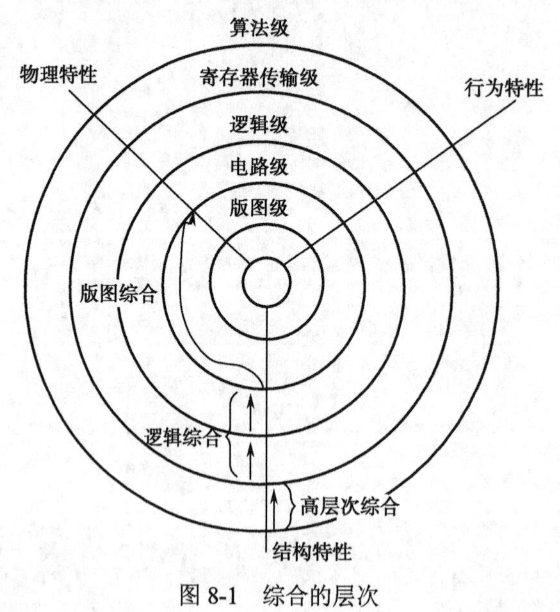

图 8-1　综合的层次

8.1.2　高层次综合

从算法级的行为描述转换到寄存器传输级描述的过程称为高层次综合。高层次综合系统的输入是硬件描述语言的源描述，对于一般的同步时序电路，综合结果通常包括一个数据处理器和一个控制器。

数据处理器由寄存器、功能单元、多路器和总线等模块构成的互联网络，用于实现数据的传输，数据通路中的功能单元可以是半导体厂商提供的已经设计好的单元，也可以是下一步将要设计的假定单元。

控制器通常由硬连逻辑（Hardwired Logic）或固件（Firmware）构成，用于控制数据通路中数据的传输，在寄存器传输级，控制器可以被表示为一个有限状态机。

高层次综合通常包括编译、转换、调度、分配、控制器综合、结果生成与反编译等几个部分，如图 8-2 所示。高级语言描述高层次综合的过程中，最重要的是调度与分配。调度为每个操作赋予一个控制步骤，控制步骤是同步系统中最基本的时间单元，它对应一个时钟周期，调度的目标使得器件完成所有功能所需时间最少，通俗地理解，调度的作用就是确定每个操作发生的时刻，常用的调度算法包括 ASAP（As Soon As Possible）、ALAP（As Late As Possible）以及考虑约束条件的调度。分配是指定义系统中的部件和部件之间互连的过程，包括分配寄存器或 RAM 来存放数据，分配功能部件执行特定的操作，以及分配互连路径在部件之间传输数据，不同时间单元的寄存器和功能部件可以复用，复用的方式会影响互连的复杂程度。调度和分配并不是相互独立的操作，它们之间有相互制约的关系。完成分配后，再分别进行数据处理器与控制器的综合。

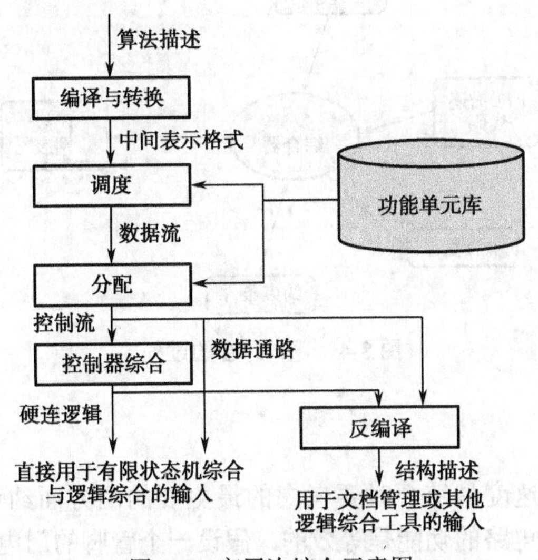

图 8-2 高层次综合示意图

数字电子系统经过高层次综合后就到达寄存器传输级。从上文可知，在寄存器传输级，硬件通常可以分为控制单元和数据处理器两类。控制单元通常为有限状态机，数据处理器为组合逻辑描述和寄存器操作。在当前的超大规模集成电路设计过程中，主导的设计方法仍然是寄存器传输级设计。寄存器传输级综合后的电路形式如图 8-3 所示，主要由寄存器与组合电路构成。本书第 3、4、5 章的 VHDL 例子都适合于寄存器传输级（RTL）综合。RTL 综合要知道系统的所有输入和输出，包括时钟等。同时 RTL 综合也会受到状态机的状态编码和物理约束（包括芯片大小、最大门数、最低时钟频率等）。

在本章 8.3 节部分将从综合的角度重点介绍寄存器引入的方法和组合逻辑电路的设计。

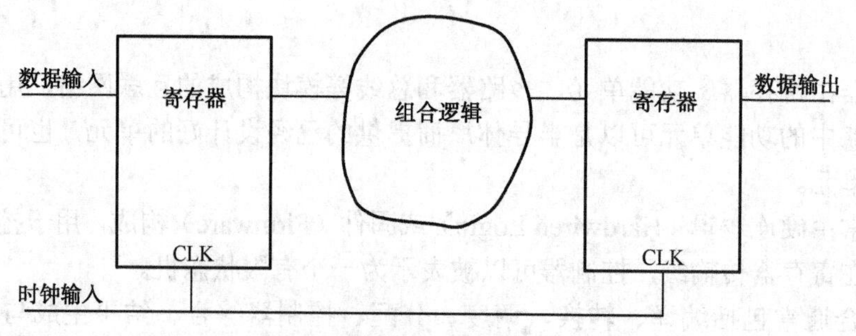

图 8-3 寄存器传输级综合后的电路形式

8.1.3 逻辑综合

逻辑综合就是将 RTL 级的描述转换成门级网表的过程。一般而言，设计人员只要正确地使用逻辑综合工具就可以得到系统的门级网络表。

如图 8-4 所示，在综合器进行自动综合前，设计者完成代码的设计，以及约束条件、属性、工艺库的设定，然后逻辑综合工具将 RTL 描述转换到门级描述。其中，工艺库、属性及约束条件的设定，可使用综合工具的默认值。

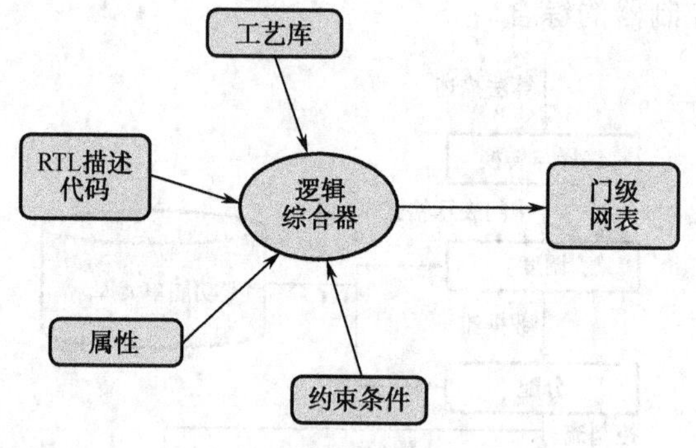

图 8-4 逻辑综合的过程

8.1.3.1 约束条件

芯片的面积和系统的速度是综合时要考虑的最主要的两方面约束。两者往往不能兼顾。图 8-5（a）、（b）所示两个电路的功能是等效的，假设一个管脚的门电路需要两个晶体管，则两个管脚的门电路需要 4 个晶体管，3 个管脚的门电路需要 6 个晶体管，并假定每个门的延迟相同。则图 8-5（a）需要 16 个晶体管，最大延时是 4 个单位的门延迟，图 8-5（b）需要 18 个晶体管，最大延时是 3 个单位的门延迟。所以，在设计中还需要在面积和速度之间做详细的考虑。

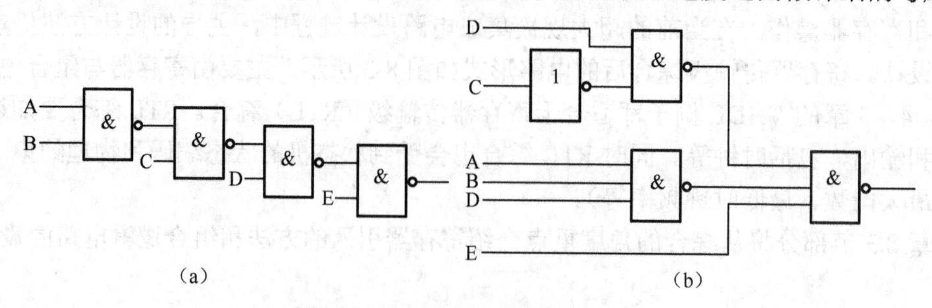

图 8-5 用于说明约束条件的例子

约束还包括状态机中的状态编码、芯片管脚的指定、芯片的资源情况、时钟约束等方面。

状态机编码如指定为二进制计数序列，指需要的状态寄存器最少，如指定为 One-hot 编码，则需要的状态寄存器最多，但相应的组合逻辑较简单，详情请参考第 5 章的相应内容。

【例 8-1】 一个有关资源约束的例子。

可以用两个半加器和一个二路选择器实现，也可以用一个半加器和两个二路选择器完成。综合的时候，就要考虑资源的情况，选择满足要求的硬件方案，这将影响到最后整个设计速度和占用的资源。其中用一个半加器和两个二路选择器的综合方案如图 8-6 所示。

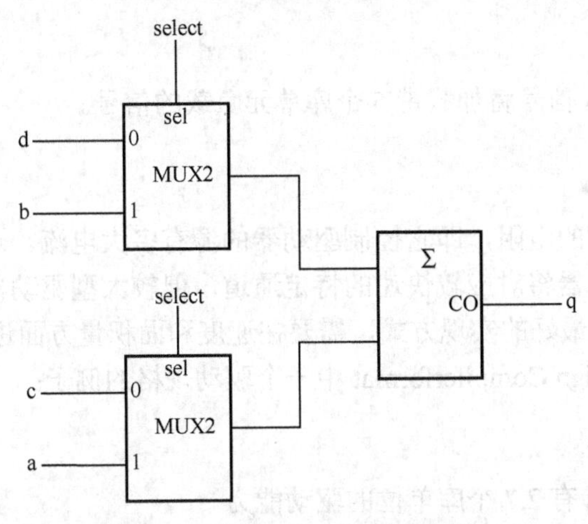

图 8-6 例 8-1 的一种综合方案

【例 8-2】 用于说明资源约束的例子。

```
LIBRARY IEEE;
USE IEEE.std_logic_1164.ALL;
USE IEEE.std_logic_unsigned.ALL;
ENTITY selector IS
    PORT(a, b, c, d, sel:IN std_logic;
        q:OUT std_logic);
END selector;
ARCHITECTURE behav OF selector IS
BEGIN
    PROCESS(sel)
    BEGIN
        IF sel='1' THEN
            q<=a XOR b;
        ELSE q<=c XOR d;
        END IF;
    END PROCESS;
END behav;
```

8.1.3.2 属性

属性用于规定设计所进行的环境，如用属性规定对输出器件必须驱动的负载、驱动设计时器件的驱动能力和输入信号的时序等。

1. 负载属性

负载属性规定了在一特定的输出信号上现有的负载能力，按工艺库的单位并以 pf 计算（或以标准负载计算等）同时规定负载值。例如定时分析器将对弱驱动和强的电容负载计算出一个长延时值，对强驱动和小负载算出一个短的延时值。

如 Synopsys Design Compilerformat 中负载规范的例子：

```
Set_load   5   xbus
```

该属性就规定了 xbus 信号将加载带 5 个库单元负载的信号。

2. 驱动属性

驱动属性规定驱动器的电阻，即它控制驱动器的源有多大电流。这个属性也按工艺库的单位来指定的，较大型驱动器将对应较快速的特定通道，但较大型驱动器花费的面积也更多些，因此设计者为了得到一种最好的实现方式，需要在速度和面积量方面进行折中优化。

下面是 Synopsys Design Compilerformat 中一个驱动规格的例子：

```
Set_drive   2.7   vbus
```

该属性规定信号 ybus 有 2.7 个库单位的驱动能力。

3. 到达时间

到达时间是综合期间某些综合工具（如 DC）用静态时间分析器检查时，正在建立的逻辑是否满足用户规定的时间限制条件。例如在节点上有特定信号发生时，在特定的节点上设置到达时间并指定静态定时分析。分析时，延后抵达的信号最关键。后到的信号激励是在较迟的时间输入到当前模块的，但是也必须保证在设定的时间要求下，当前模块可以产生正确的输出结果。

8.1.3.3 工艺库

工艺库持有综合工具所须的全部信息，它不仅仅含有 FPGA 单元的逻辑功能，而且还有该单元的面积、单元输入到输出的定时关系、有关单元的某种限制和对单元所需的时序检查。

多数综合工具都有计算 FPGA 单元的十分完整的复杂延时模型，它包括固有的上升和下降时间、输出负载与输入级波形斜度延时和估计的引线延时。

8.1.3.4 逻辑综合器

逻辑综合工具将 RTL 描述转换成门级描述，一般有三个步骤，即转换、布尔优化、映射到门级。

首先，逻辑综合器把 RTL 描述转换为未优化的门级布尔描述；接着执行布尔优化算法，产生一个优化的布尔方程描述；最后按目的工艺要求，采用相应的工艺库把优化的布尔等式描述映射到实际逻辑门，如图 8-7 所示。

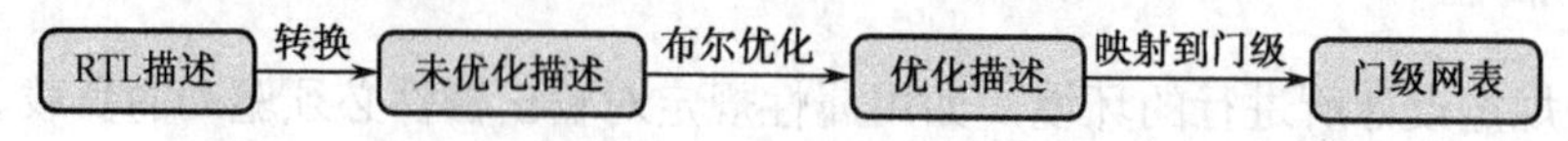

图 8-7 逻辑综合器将 RTL 描述转换到门级描述的三个步骤

1．转换

从 RTL 描述转换到布尔等式描述通常并不是由用户控制的，所产生的中介形式一般为特定优化工具的格式，甚至是不可视的。

按照这种中介描述，ALL　IF、CASE、LOOP 语句，条件信号赋值和选择信号赋值语句转换到它们的布尔表达式，或者由装配组成触发器和锁存器，或者由推论生成触发器和锁存器。而且，按照中介的描述，这两种情况都能产生同样的触发器和锁存器。

2．布尔优化

布尔优化过程通过运用大量的算法和规则，把一个非优化的布尔的描述转化到优化的布尔描述。一般做法是转换非优化布尔描述到最低级描述，然后优化该描述，并尝试用（引入中间变量）共享公共项去减少逻辑门。通常包括展平设计和提取公因数这两种方法。

其中，转换非优化布尔描述到一种 pla 格式的过程称为展平设计，即它将所有的逻辑关系都转换成简单的 AND 和 OR 的表达式，例如：

```
a = b and c ;
b = x or (y and z) ;
c = q or w ;
```

展平过程中将消掉这些中间节点，得到：

```
a=(x and q)or(q and y and z)or(w and x)or(w and y and z);
```

这种设计通常非常快。

而提取公因数是把附加的中间项加到结构描述中的一种过程。展平设计通常会使设计变得非常之大，展平过程可能比提取公因数的设计在速度上要慢得多。例如：

```
x = a and b or a and d;
y = z or b or d;
```

提取公因数之后，得到：

```
x = a and q;
y = z or q;
q = b or d;
```

提取公因数通常将产生一个“更好些”的设计，但也可能会产生一个输出之间依赖性特别强的设计，附加的结构将在输入与输出之间增加逻辑级数，增加逻辑级又会增加延时，导致设计较慢。

3．映射到门级

映射过程取出经过优化后的布尔描述结果，并利用从工艺库得到的逻辑和定时信息生成网表。

网表是对用户所需面积和速度目标的体现，它们在功能上相同但在速度和面积上都在一个很宽的范围上可变。如实现一四位加法器的两个网表，VHDL 描述如下：

```
ARCHITECTURE test OF adder IS
BEGIN
c <= a + b;
END test;
```

综合后的效果如下：

	逐位进位加法器	超前进位加法器
AND	12	17
INV	7	15
OR	10	13
特点	面积省	速度快

8.1.4 可编程器件综合

CPLD 分解组合逻辑的功能很强，一个宏单元就可以分解十几个甚至 20～30 个组合逻辑输入。而 FPGA 的一个 LUT 只能处理 4 输入的组合逻辑，因此，CPLD 适合用于设计译码等复杂组合逻辑。但 FPGA 的制造工艺确定了 FPGA 芯片中包含的 LUT 和触发器的数量非常多，往往都是成千上万，CPLD 一般只能做到 512 个逻辑单元，而且如果用芯片价格除以逻辑单元数量，FPGA 的平均逻辑单元成本大大低于 CPLD。所以如果设计中使用到大量触发器，例如设计一个复杂的时序逻辑，使用 FPGA 就是一个很好选择。同时 CPLD 拥有上电即可工作的特性，而大部分 FPGA 需要一个加载过程，所以，如果系统要可编程逻辑器件上电就要工作，那么就应该选择 CPLD。

下面以 Xilinx FPGA 为例，来简单说明一个设计综合到 FPGA 中的具体情况。Xilinx 系列的 FPGA 是基于 SRAM 工艺的。每片 FPGA 都由一排可配置的逻辑模块 CLB，CLB 结构如图 8-8 所示。一个 CLB 由两个触发器和一个 8 输入的组合逻辑块构成。除了 CLB 外，Xilinx FPGA 中还存在三态门。

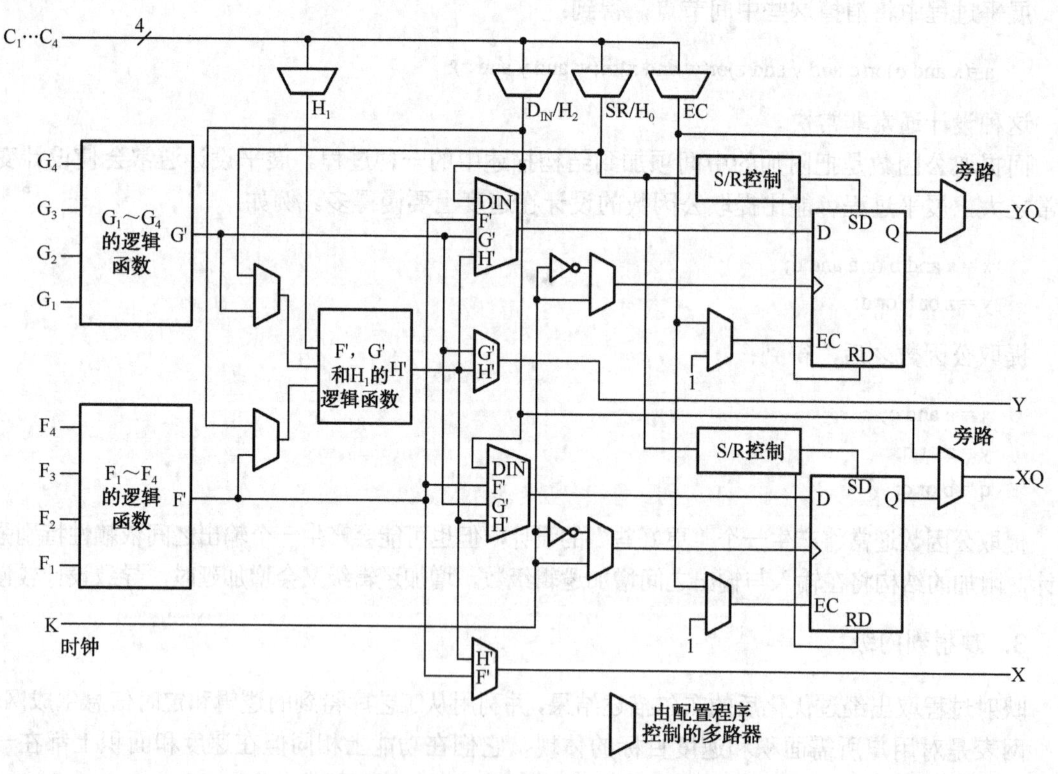

图 8-8 Xilinx FPGA 逆辑单元

【例 8-3】 5 路选择器。

```
LIBRARY IEEE;
USE IEEE.std_logic_1164.ALL;
```

```
ENTITY mux5 IS
      PORT(a, b, c, d, e:IN std_logic;
            s:IN std_logic_vector(4 DOWNTO 0);
            y:OUT std_logic);
END mux5;
ARCHITECTURE behav OF mux5 IS
BEGIN
      PROCESS(s, a, b, c, d, e)
      BEGIN
            CASE s IS
                  WHEN "00001"=> y <=a;
                  WHEN "00010"=> y <=b;
                  WHEN "00100"=> y <=c;
                  WHEN "01000"=> y <=d;
                  WHEN OTHERS=> y <=e;
            END CASE;
      END PROCESS;
END behav;
```

上面这个例子，若用 Xilinx 的 FPGA 进行综合，需要两个 CLB 块。因为一个 CLB 有 8 个输入，这里有 10 个输入。

8.2 VHDL 的可综合性

VHDL 语言在创立时，主要是为了满足仿真的需要。自从 VHDL 被用于综合以来，都是对 VHDL 的子集进行处理，这就是所谓的可综合的 VHDL 子集。不同综合工具支持的可综合子集不尽相同，通常有如下要求：

（1）延时描述（after 语句、 wait for 语句）等被忽略。

现在的所有综合工具都忽略源代码中的延时语句，有些工具干脆把这些语句处理为语法错误。大部分工具忽略延时语句后，给出警告提示。而综合时间约束则在综合过程中通过综合命令输入。

（2）支持有限类型

VHDL 具有丰富的类型定义，但是有些类型不具备硬件对应物，不可能被综合，如文件类型。通常可综合类型包括枚举类型、整数、数组等。其余像浮点数类型、记录类型等只能得到有限支持，而时间类型等完全不能被综合。

（3）进程的书写要服从一定的限制。

在仿真时，VHDL 进程可以任意书写。而在综合时，通常要求一个进程内只能有一个有效时钟，有的工具还有进一步的限制。

（4）可综合代码应该是同步式的设计。

现在的 EDA 综合工具普遍推荐使用同步设计风格，即整个芯片电路的状态只能在时钟信号有效时发生改变。当然设计师也可能尝试其他风格的设计，如异步设计，但这时综合工具产生的结果往往还需要设计师进一步优化或调整。

下面，将就 VHDL 的可综合性进行较为深入的介绍。

8.2.1 VHDL 可综合类型

VHDL 语言中的对象有常量（constant）、信号（signal）和变量（variable）三种，它们都必须定义为某种类型。类型定义说明了对象可以使用的数值，并隐含表示了可以对其进行的操作。VHDL 可综合类型包括可综合数据类型及可综合子集。

8.2.1.1 可综合数据类型

面向综合的建模都支持这样一些类型：枚举类型、整数、一维数组。比较先进的综合工具也可以处理二维数组和简单的记录类型。

（1）枚举类型

枚举类型通过列出所有可能的取值来定义，例如：

```
type   Boolean   is   (FALSE , TRUE);
type   State_type   is   (HALT,READY,RUN,ERROR);
type   Std_ulogic   is   ('U', 'X', '0', '1', 'Z', '-');
```

以上 Std_ulogic 的定义实际是对‘0’、‘1’等字符进行了重载，由于这个定义已经成为 IEEE 标准，因此综合时不会产生额外硬件。而对于抽象层次更高的 Boolean 和 State_type 则需要进行状态编码。

一般来说，状态编码是把状态值编码为位矢量（如 bit_vector），矢量长度是能够表示所有状态的最短位宽。

例如，State_type 的 4 个状态值可以分别编码为“00”，“01”，“10”和“11”。

（2）整数类型

可综合的整数类型定义总是有界的，例如：

```
type   My_integer   is   Integer   range 0 to 255;
subtype   Byte_int   is   Integer   range -128 to 127;
```

对整数类型进行综合时，综合工具首先将其翻译为位矢量，矢量长度仍取能够满足需要的最短位宽。

建议类型定义时明确指出整数的范围，以便于综合工具进行优化。否则大部分综合工具按 32 位处理。

综合后的电路中，整数以矢量形式出现，但通常只能以整个矢量为单位访问，即不能单独访问每一位。

（3）数组类型

现在的综合工具都能够处理一维数组，例如：

```
type   Word   is   arry   (31 downto 0)   of   Bit;
type   My_RAM   is   array   (1023 downto 0 )   of   Word;
```

对于 Word 类型，综合工具通常将其综合为总线。 My_RAM 类型实际是二维的，这种用两个一维数组代替一个两维数组是常用的综合建模技巧。现在先进的综合工具如 synospys DC 可以将其综合为 RAM，一般的综合工具至少可以把它综合为寄存器。

（4）记录类型

记录类型在定义复杂数据类型时非常方便，能够把不同数据类型的数据组织在一起统一访问。

但是，EDA 工业界对综合工具是否应该支持记录类型还没有统一意见，因此大多数综合工具不提供这种能力或只能把组合了简单数据类型的记录进行综合。

8.2.1.2 可综合子集

VHDL 在 1989 年首次公布时，就提供了两个程序包，即 Standard 和 TextIO，其中定义了各种预定义数据类型。

1992 年，IEEE 颁布了标准程序包 Std_logic_1164，其中定义了 9 值数据类型 Std_ulogic,即相应的决断类型 Std_logic。

2004 年，IEEE 批准了一种修订标准 IEEE 1076.6-2004，该标准提供了 VHDL 中 RTL 综合子集的重要扩展。新改进版包括 VHDL 的几乎每一个特性，能在 RTL 级进行建模并综合。此处还包括触发器和锁存器建模的扩展语义导引。

用户将能够以多种不同的风格编写 RTL 模型，每一种风格都符合标准。这项标准将最终帮助 RTL 确认。该项标准主要支持以下类型的综合：

（1）bit , boolean , bit_vector

（2）character , string

（3）integer

（4）std_logic , std_ulogic_vector , std_logic ,std_logic, std_logic_vector

（5）signed , unsignd

8.2.2 VHDL 对象综合

VHDL 语言中有三类对象：常量（constant），变量（variable），信号（signal），它们是 VHDL 代码中的数据的载体。

8.2.2.1 常量

常量仅被计算一次。在很多情况下，可以通过使用常量引导综合器获得优化的结果。在综合过程中，常量被处理的方式很多，主要有下述情况：

（1）用于描述真值表、ROM 等，或被用于信号赋值，常量在综合时会形成对应的硬件。

（2）作为算术运算的一个操作数出现时，综合工具常会对这一算术运算实施特定的优化措施。当然，这样一来常量与综合结果中的硬件就不是一一对应了，比如优化综合工具用左移一位实现乘 2 操作，右移一位实现除法操作。

（3）常量在作为条件表达式的一部分时综合工具会对整个语法结构进行布尔优化。

（4）常量传播。在下面的 VHDL 代码中，由于数组 ROM 和 ROM（5）的索引都是常量，因此 WORD4 实际上也成为常数，在进一步优化中，WORD4 将作为常量被处理，这就是常量传播。

```
constant ROM : ROM_TYPE := Read("Rom_file.dat");
signal WORD4 : Bit_vector (3 downto 0);
begin
    WORD4 <= ROM(5);
```

8.2.2.2 变量和信号

变量和信号有着不同的仿真行为，同样在综合过程中，它们也会产生不同的结果。

（1）一般来说，尽量使用变量能够获得比较好的综合结果，因为这样做使得优化的余地较大。但要注意，并不是所有的综合工具都支持变量的综合。

（2）使用信号可以较好地保持综合前后在 I/O 上的一致性（这时把进程内对信号的读写统称为 I/O），而且在需要锁存中间结果的时候，经常有必要使用信号。

下面用一个例子来说明变量与信号的不同综合结果：

【例 8-4】 说明变量与信号的不同综合结果的一个例子。

```
--结构体 A，用变量实现算法
  ENTITY  var_sig  is
  PORT(data : in  bit_vector (1  downto  0) ;  clk : in bit;    z : out bit);
     constant  k1 : bit_vector :=  "01";
     constant  k2 : bit_vector :=  "10";
   END var_sig;
   architecture A of var_sig is
   BEGIN
          var : process
               variable a1 , a2 :bit_vector (1  downto  0);
               variable a3 : bit;
          BEGIN
               wait until  clk = '1' and clk' event ;
               a1 := data and k1;
               a2 := data and k2;
               a3 := a1(0) or a2(1);
               z <= a3;
          END PROCESS var;
  END A;
```

最后，结构体 A 综合的结果如图 8-9 所示。

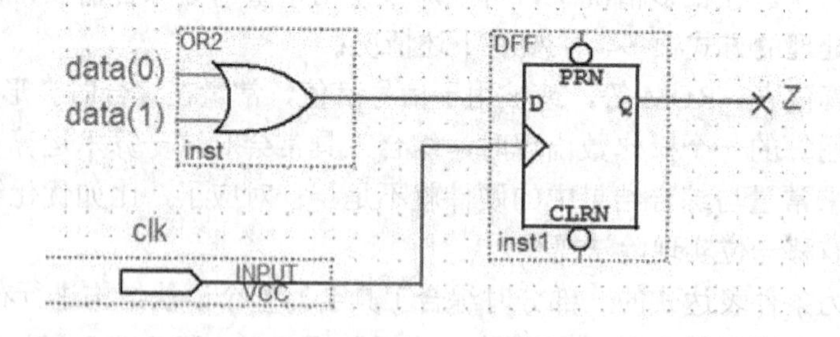

图 8-9 结构体 A 综合的结果

```
--结构体 B，用变量实现算法
architecture  B  of  var_sig  is
   SIGNAL  a1 , a2 : bit_vector (1  downto  0);
   SIGNAL  a3 : bit;
   BEGIN
        a1 := data and k1 ;
```

```
            a2 := data and k2;
    sig : process
        BEGIN
            wait   until   clk = '1'   and   clk' event;
            a3 <= a1(0) or a2(1);
            z<= a3;
        END PROCESS sig;
  END   B;
```

最后，结构体 B 综合的结果如图 8-10 所示。

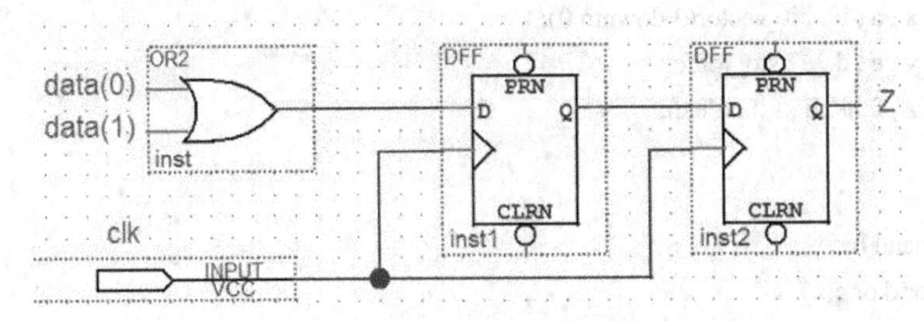

图 8-10　结构体 B 综合的结果

8.2.2.3　初值

VHDL 中有三种初值，包括由类型或子类型定义可以得到的默认初值、定义对象时明确指定的初值和进程入口处显式地赋予对象的初值。

以下通过一个例子说明设置对象的初值的三种情况及相应的综合结果。

【例 8-5】 用来说明设置对象初值的三种情况及相应的综合结果的例子。

```
--设置初值的三种情况
--type   states   is(rst , fi , id , ie);
SIGNAL state : states ;                          --信号 STATE 的默认初值是 RST;
SIGNAL   z : bit_vector (3 downto 0) := "0000";     --明确指定的初值
……
P1: PROCESS (A , B)
     variable v1 , v2 : std_logic ;
BEGIN
       v1 := '0'   ;   --赋初值
       v2 := '1';                                --赋初值
……
END   PROCESS P1;
```

以上三种初值的前两种只在仿真时有意义，在综合时将被忽略。第三种形式将被综合器处理，形成对应电路。

在集成电路设计中，复位时赋予各个信号初值是很有必要的，否则很有可能出现在不定态。因此无论在仿真还是在综合时，都建议使用系统化的方式给信号和变量赋初值，即上述的在进程入口处显式地赋予对象的初值。

8.2.3 运算符综合

1. 逻辑运算符

逻辑运算符包括二元逻辑运算符以及 NOT 运算，操作数可以是 bit 和 std_logic 等类型的标量或同长度的矢量对象，也可以是 boolean 类型的对象。这些运算符综合时直接调用逻辑门单元实现即可，但经过优化后，这些运算符可能被合并或改变。

【例 8-6】 逻辑运算符的综合示例。

```
SIGNAL   x , a , b : bit_vector(3 downto 0);
SIGNAL   y , c , d , e : std_logic;
SIGNAL   z , f, g , h , I :boolean;
......
BEGIN
    x <= a nand b;
    y <= c or d or e;
    z <= (f xnor g) xor (h xnor i);
......
```

这段 VHDL 代码中逻辑运算符综合的结果如图 8-11 所示。

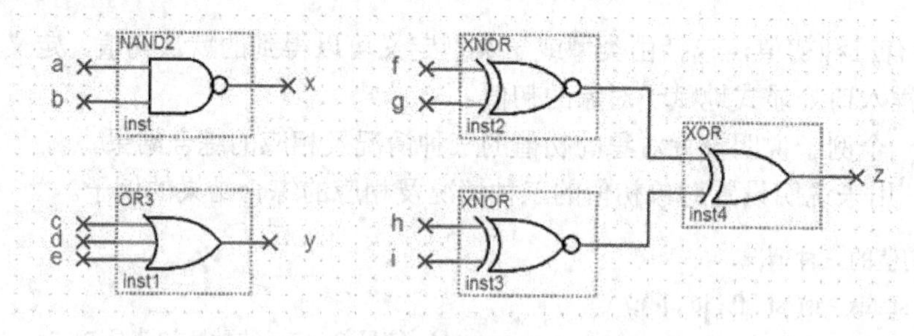

图 8-11 逻辑运算符综合的结果

2. 关系运算符

关系运算符的综合没有统一的方法，综合工具常利用被比较数的特点进行特定的优化。如下是对三位位宽的数据的“>”运算符的程序：

```
IF   a>b then
        q <= '1';
ELSE
        q <= '0';
END IF ;
```

其产生的综合结果如图 8-12 所示。

3. 一元算术运算符

一元算术运算符有三个，即+（正），-（负）和 abs（取绝对值）。对前两个运算符，综合工具大都可以用组合逻辑线路实现，例如对“R<= -A ”的综合，结果如图 8-13 所示。而 abs 运

算符的处理比较复杂，大部分综合工具尚不能提供支持。

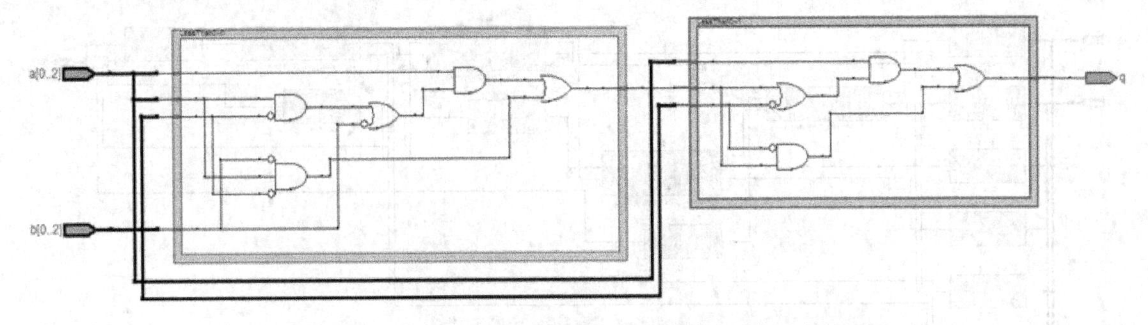

图 8-12　对三位位宽的数据的“>”运算符程序综合结果

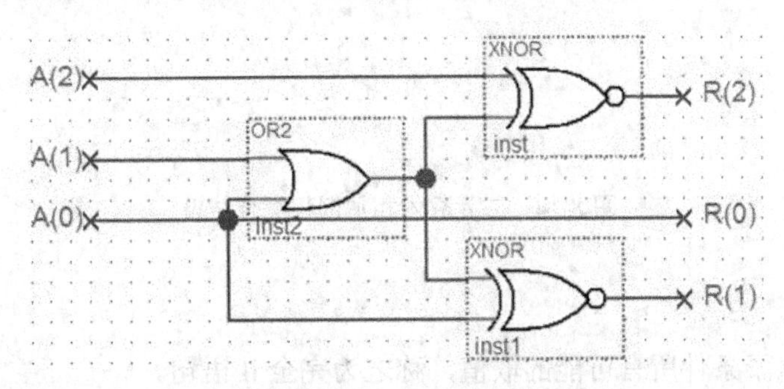

图 8-13　对“R<=-A”综合的结果

4．二元算术运算符

现在的综合工具，特别是高层次综合工具，都能直接把加、减、乘运算综合为相应的电路，部分工具也支持除法运算。mod 和 rem 运算符通常不被综合工具支持。

如果使用 IEEE 颁布的标准算术运算包 std_logic_arith，那么还可以直接描述对 bit 或 std_logic 类型的标量和矢量对象进行算术运算的电路，并综合。

在综合过程中，综合器先把运算符映射为相应的加法器等综合库提供的专用运算部件，然后进行优化，如果运算可以用简单线路实现，综合器则用简单线路取代专用运算部件。

例如以下二元算术相加的程序：

```
ENTITY adder is
PORT ( a , b : in integer range 0 to 15 ; c : out integer range 0 to 15);
END adder;
ARCHITECTURE alg of adder is
BEGIN
      c <= a + b;
END alg;
```

综合结果如图 8-14 所示。

8.2.4　语句综合

8.2.4.1　顺序语句

顺序语句只能在进程中出现，而且其出现顺序直接影响到硬件行为。VHDL 能够描述非常复杂的数字电路，很大程度上是由于具有丰富的顺序语句。

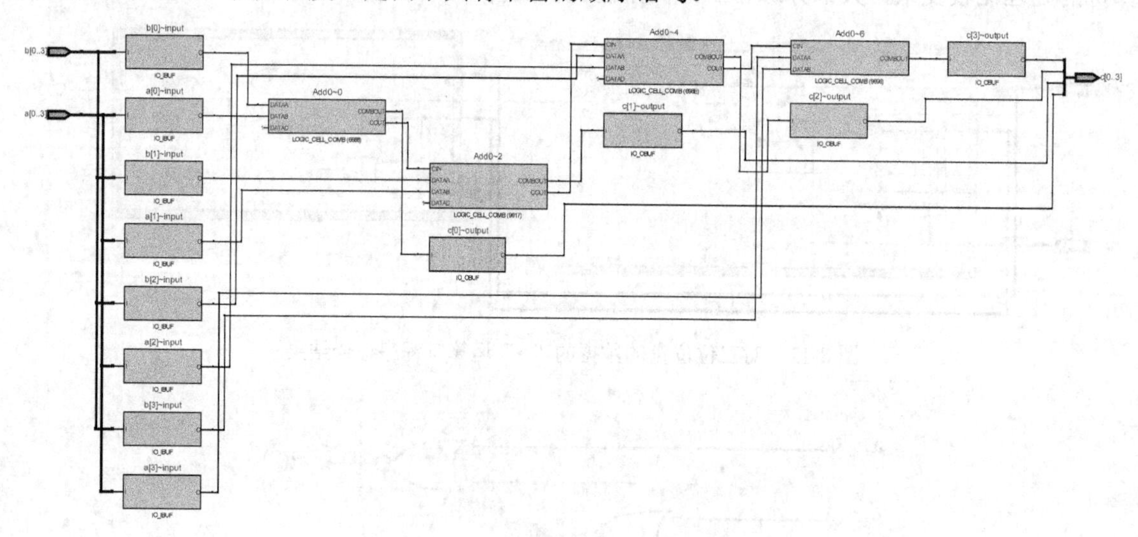

图 8-14　二元算术相加例程综合结果

1．if 语句

（1）if 语句包含了条件所有可能的取值，称之为完全 if 语句。

这时综合器用多路选择器或基本逻辑门的组合来实现电路。用多路选择器实现电路时，if…elsif…else 中隐含的优先关系会被消去，这是设计师应该注意的问题。

【例 8-7】 if…elsif…else 语句综合的例子。

```
P1: process(s1,s2,s3,r1,r2,r3,r4)
BEGIN
   IF s1 = '1' then      result <= r1;
   ELSIF    s2='1' then    result <= r2;
   ELSIF    s3/='1' then result <= r3;
   ELSE    result <= r4;
 END IF;
END PROCESS P1;
P2 : PROCESS(op,x,y)
BEGIN
  IF    op='0' then
      result <= x    or    y;
  ELSE
      result <= x    and    y;
   END IF;
 END PROCESS P2;
```

P1 和 P2 综合得到的结果分别如图 8-15、图 8-16 所示。

（2）if 语句条件未包含所有可能出现的情况，称之为不完全 if 语句。

此时有效条件是对某信号的跳变进行检测，并且在条件满足时对信号进行赋值操作，那么会生成触发器。如果赋值号右边为一复杂表达式，则综合器先用组合逻辑电路计算表达式，计算结果送入触发器的数据输入。

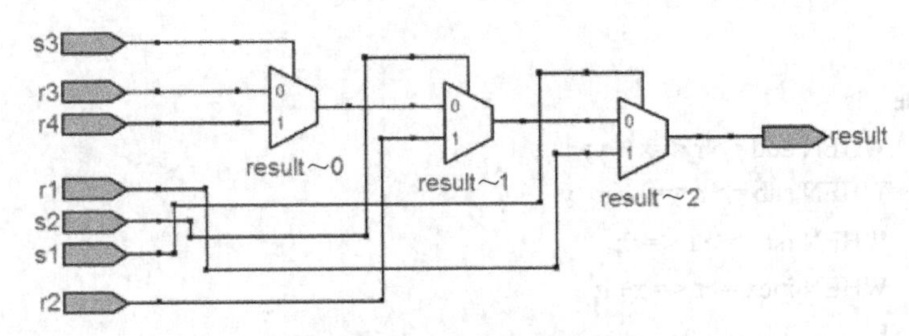

图 8-15　P1 综合得到的结果

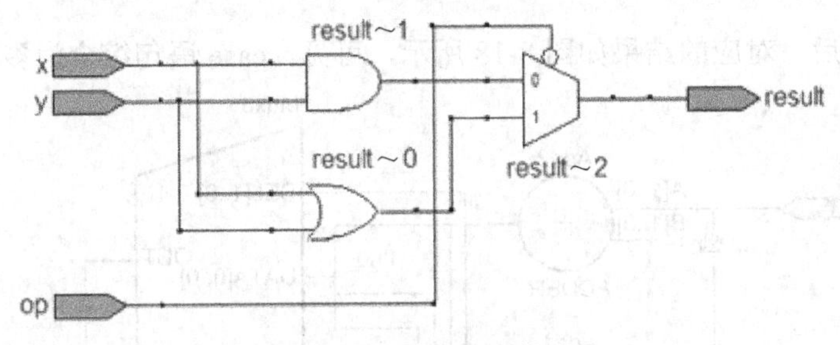

图 8-16　P2 综合得到的结果

如下是对进程 FF 进行寄存器推断的例子：

```
FF:PROCESS (clk,a,b,c,d)
  BEGIN
      IF (clk = '1' and clk' event )then
          q <=(a and b) nor (c xor d);
      END IF;
  END PROCESS FF;
```

其综合结果如图 8-17 所示。

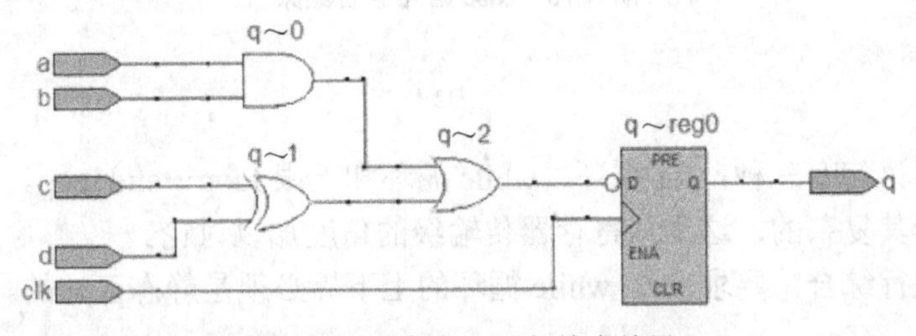

图 8-17　不完全 if 语句综合结果

2．case 语句

case 语句与多路选择器电路的对应关系是显而易见的，但是，建模时要注意合理使用无关态和 others 语句，否则会造成电路的复杂化，甚至导致形成时序电路。

【例 8-8】 case 语句综合的例子。

```
type code_type is (add,sub,rst,incx);
subtype word is interger range 0 to 3;
SIGNAL code : code_type;
SIGNAL x,y,r : word;
……
p1: PROCESS (code,x,y)
```

```
BEGIN
  case code   is
            WHEN add => r <=x + y;
            WHEN sub => r <= x  -  y;
            WHEN rst   => r <= 0;
            WHEN incx =>r <= x+1;
  ENDCASE;
END PROCESS p1;
```

上述代码综合后，对应的结果如图 8-18 所示，可见，case 语句综合为多路选择器电路。

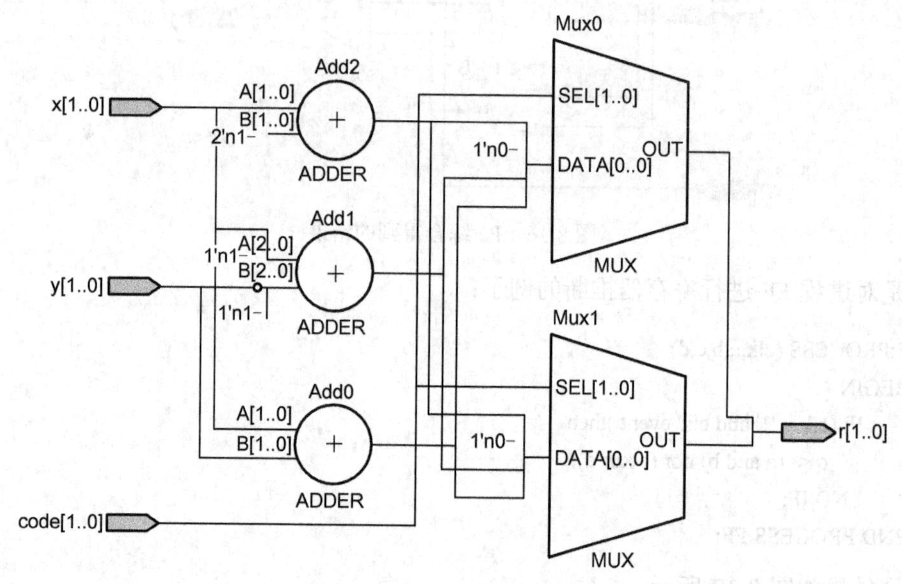

图 8-18 case 语句综合结果

3．循环语句

VHDL 的循环语句有三种：for 循环、while 循环和无限 loop…end loop。在行为综合中，循环语句的处理是极其复杂的，这里从寄存器传输级的角度加以讨论。

在寄存器级进行综合，要求 for，while 循环的上下界必须是静态已知的。如下面两段代码：

```
CONSTANT n :natural := 31;
SIGNAL rg,sum :natural range 0 to n;
SIGNAL clk : clk;
SIGNAL   a     : bit_vector(0 to n);
…
p1:process
 variable cpt : natural range 0 to n;
BEGIN
    WAIT until clk = '1' and clk'event;
    for   j in 1 to rg loop
            if a(j) = '0' then
                    cpt := cpt + 1;
            end if;
```

```
    END loop;
     sum <= cpt;
END PROCESS p1;
```

上面这段代码由于上界不确定而不可综合；再看下面这一段：

```
constant cond : bit_vector(1 to 5) :="01101";
SIGNAL s, a :bit_vector (1 to 5);
...
for i in   cond'range   loop
      next when cond(i) = '0';
      s(i) <= a(i);
END loop;
...
```

第二段代码通过使用 next 语句，形成了一个选择性的连线网络，所以该循环语句可综合。

VHDL 定义了 next 和 exit 语句来中断循环的正常执行，现在的综合工具都可以处理这两种电路结构。如下例中，对这个电路信号中的“1”进行计数，代码中使用了 next 语句。

【例 8-9】 在循环中使用 next 语句的例子及其综合结果。

```
LIBRARY IEEE;
USE IEEE.std_logic_1164.ALL;
USE IEEE.std_logic_arith.ALL;
ENTITY adder is
PORT ( v: in std_logic_vector(3 downto 0);
            clk : in std_logic;
            sum: out integer range 0 to 15);
END adder;
ARCHITECTURE alg of adder is
BEGIN
p1: PROCESS(clk)
variable count : natural range 0 to 3;
BEGIN
IF clk ='1' and clk'event then
            for   j in 0 to 3 loop
                  next when v(j)='0';
                  count:= count + 1;
            END loop;
      END IF;
      sum<=count;
 END PROCESS p1;
 END alg;
```

上述代码综合的结果如图 8-19 所示。

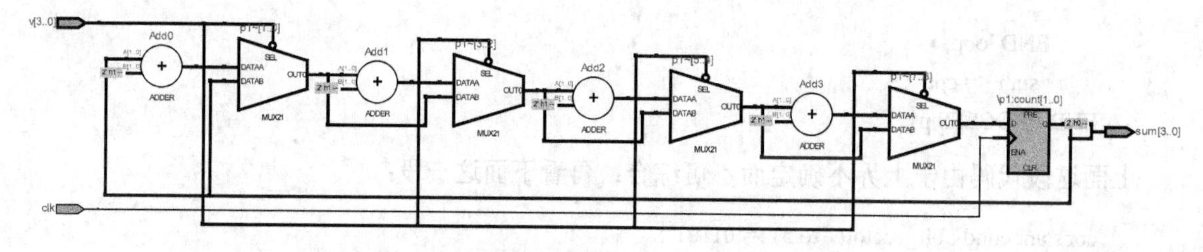

图 8-19　循环中使用 next 语句的综合结果

8.2.4.2　并行语句

VHDL 的并行语句出现在结构体内，可综合的并行语言结构包括进程、并行赋值语句、块语句、生成语句等。

1．进程

进程是 VHDL 中描述硬件行为最为有力的方式。进程内的语句属于顺序语句，而进程本身则属于并行语句。进程的综合是比较复杂的。综合后的进程有可能用组合逻辑电路实现，也可能用时序逻辑电路实现。进程中的对象视情况也有可能会用到存储器部件。一般而言，如果进程综合后的电路含有寄存器，那么自然就是时序电路。此外，在以下两种情况下，进程被综合为时序电路：

（1）进程中所有被读访问的信号不在敏感列表中，进程中出现信号延触发，如下面代码中的进程 P1；

（2）进程中至少有一个信号没有在 if 或 case 语句的所有条件下赋值，即条件覆盖不完全，如下面代码中的进程 P2 的信号。

```
SIGNAL state : t_state;
……
p1 : PROCESS
BEGIN
    WAIT until clk='1' and clk'event;
    CASE   state   is     --state 在被赋值之前先被读访问
        when stop => state <= go;
        when go    => state <= stop;
    END CASE ;
END PROCESS p1;
P2: process (d,g)
BEGIN
  IF   g = '1' then      --条件覆盖不完全
            q <= d;
  END IF;
 END PROCESS p2;
```

2．信号赋值语句

信号赋值语句的处理是直截了当的，视情况综合成相应的电路结构。例如：

（1）S <= A;

（2）R<= '1';

（3）T <= (B xor C) or (D and E) or (F xnor G);

语句 1 被综合成一根硬连线；对于语句 2，R 将被当作常数处理；语句 3 被综合为组合逻辑电路。当然语句 1 和语句 3 经过逻辑优化后，可能改变形式或者被消去。

3．条件和选择赋值语句

VHDL 的并行语句有两种方式进行有条件的赋值，即条件赋值 WHEN…ELSE 和选择赋值 WITH…SELECT…WHEN。实际上，这两种语法结构都可以改写为等价的顺序语句。例如：

```
s <= a WHEN x = '1' else
     b WHEN y = '1' else
     c;
```

可以改写为下面语句：

```
if   x= '1' THEN s<=a;
ELSIF   y='1' THEN s<=b;
ELSE s<=c;
END if;
```

上述两种条件赋值语句是完全等份的。在综合后会用多选一网络实现，如图 8-20 所示。

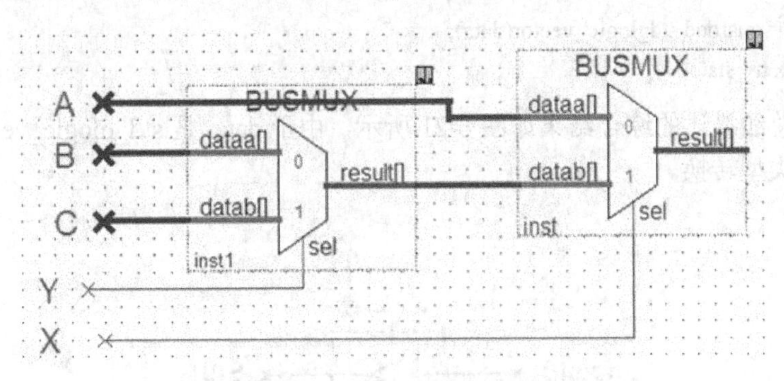

图 8-20　条件赋值语句综合后用多选一网络实现

4．元件例化语句

元件例化语句提供了使用以前建立的模块的手段。在综合过程中，提供综合命令的控制。例化语句调用的元件可以用如下一些方式处理：

（1）展平，即取消层次。把元件本身的描述代入上一级描述，然后整体进行综合和优化。

（2）只把被例化元件综合一次，然后遇到例化这一元件的语句均使用这一综合结果，也就是说，在综合结果中加入一个相同的模块。

（3）只把被例化元件综合一次，但是在每次处理例化元件语句时，根据上下文的代码对元件的接口逻辑重新综合。

元件例化语句常与配置语句联合使用，可以通过配置语句引导综合工具选择适当的设计版本。

5．块语句

块语句有把相关并行语句组织到一起和进行保护赋值两种作用。

第一种块语句在综合处理上与一般的并行语句没有区别，只是有些综合工具可以把一个块结构当作模块来处理，也就是提供了一种层次化的手段。第二种块语句一般用来描述寄存器和三态器件。

下面两个例子描述了一个下降沿触发的触发器和三态总线连接。

【例 8-10】 块语句描述的触发器。

```
block2 : block(clk='0' and clk'event)
SIGNAL r :bit;
BEGIN
      r <= guarded data;
      s <= guarded r;
END block block2;
```

【例 8-11】三态总线连接的描述。

```
SIGNAL en : std_ulogic;
SIGNAL data : std_ulogic_vector(1 downto 0);
SIGNAL s : std_logic_vector(1 downto 0) ;
...
tri_state : block(en = '1')
  BEGIN
        s <= guarded std_logic_vector(data);
END block tri_state;
```

其中，三态总线描述的综合结果如图 8-21 所示，由于 data 是 std_ulogic_vector 类型，所以在赋值时进行了类型转换。

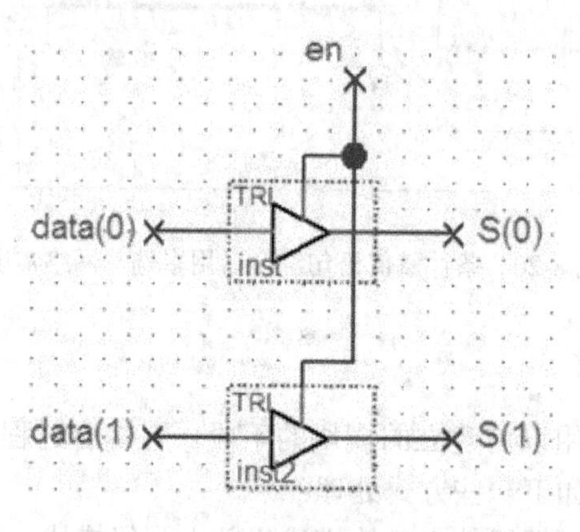

图 8-21 三态总线描述的综合结果

8.3 寄存器和锁存器可综合描述

对于数字系统而言，设计与优化的重要思想是先设计模块电路后设计代码。设计者须明确每一段代码生成的电路，否则优化无从谈起。

严格地说，VHDL 代码不是程序。VHDL 既称为硬件描述语言，则 VHDL 主要用于设计描述硬线电路以及对设计的抽象仿真。那么，对于一个数字系统设计者来说，能够将所设计的代码映射为相应的硬线电路是必须具备的能力。下面以寄存器的引入为例详细阐述。

8.3.1 寄存器的引入方法

高效可综合电路的设计要求是，在没有必要时，应尽量避免在电路中引入寄存器，否则既影响电路的工作速度，又将占用不必要的硬件资源；如果在电路中必须引入寄存器以存储信息时，应尽可能少地引入寄存器。寄存器是最简单的一位存储部件，它可以是一个边沿触发的触发器，也可以是一个电平敏感的锁存器。对于一般的可编程器件，硬件锁存器由触发器加组合电路构成，因此锁存器的产生比触发器要占用更多的资源。

触发器的引入通常通过使用 WAIT 和 IF 语句测试敏感信号的边沿来实现。相对而言，IF 语句的使用较 WAIT 语句容易控制，因此在触发器的引入中，使用最多的是 IF 语句。一般情况下，一个讲程中只能有一个边沿测试语句，而且不要将用于产生寄存器的赋值语句放在 IF 语句的 ELSE 分支，但可以放在 ELSIF 子句上。另外，要注意的是边沿描述表达式不能作为操作数来对待，也不能作为一个函数的变量。下面介绍一些具体的例子。

8.3.1.1 触发器引入方法一

【例 8-12】 触发器引入方法一。

```
LIBRARY IEEE;
USE IEEE.std_logic_1164.ALL;
ENTITY D_FF IS
    PORT(a, clk:IN std_logic;
            y:OUT std_logic);
END D_FF;
ARCHITECTURE behav1 OF D_FF IS
BEGIN
    PROCESS(clk)
    BEGIN
        IF(clk'event AND clk='1')THEN
            y<=a;
        END IF;
    END PROCESS;
END behav1;
```

【例 8-13】 触发器引入方法二。

```
LIBRARY IEEE;
USE IEEE.std_logic_1164.ALL;
ENTITY D_FF IS
    PORT(a, clk:IN std_logic;
            y:OUT std_logic);
END D_FF;
ARCHITECTURE behav2 OF D_FF IS
BEGIN
    PROCESS(clk)
    BEGIN
```

```
            IF(rising_edge(clk))THEN
                y<=a;
            END IF;
        END PROCESS;
END behav2;
```

【例 8-14】 触发器引入方法三。

```
LIBRARY IEEE;
USE IEEE.std_logic_1164.ALL;
ENTITY D_FF IS
    PORT(a, clk:IN std_logic;
            y:OUT std_logic);
END D_FF;
ARCHITECTURE behav3 OF D_FF IS
BEGIN
    PROCESS
    BEGIN
        WAIT UNTIL clk'event AND clk='1';
            y<=a;
    END PROCESS;
END behav3;
```

上面 3 个例子都是由边沿检测语句引入触发器的，逻辑示意图如图 8-22 所示。注意用 rising_edge(clk)时，clk 必须是 std_logic 类型。另外在例 8-14 中，VHDL 综合器要求 WAIT 语句必须放在进程的首部或尾部，并且一个进程中的 WAIT 语句不能超过一个。

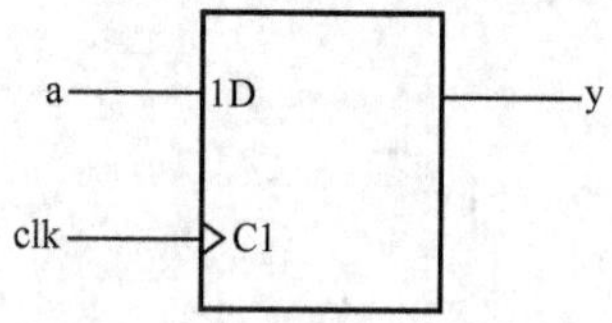

a, 1D, y, clk, C1

图 8-22　生成的触发器示意

下面介绍一种特殊的引入 D 触发器的方法，见例 8-15，是由进程启动与 IF 条件涵盖不完整引入的触发器例子。

【例 8-15】 触发器引入方法四。

```
LIBRARY IEEE;
USE IEEE.std_logic_1164.ALL;
ENTITY D_FF IS
    PORT(a, clk:IN std_logic;
            y:OUT std_logic);
END D_FF;
ARCHITECTURE behav4 OF D_FF IS
BEGIN
    PROCESS(clk)
    BEGIN
        IF clk='1' THEN
            y<=a;
        END IF;
    END PROCESS;
END behav4;
```

在这个例子中，进程要启动，一定要 clk 信号发生变化，而由 IF 语句发现，一定要 clk 信号发生变化，且变化为'1'，y<=a 的赋值才生效，由此看出例 8-15 综合后是一个 D 触发器。

并行条件赋值语句也可以用来引入触发器，如例 8-16 所示，要注意的是，ELSE 子句必须隐去。

【例 8-16】 触发器引入方法五。

```
LIBRARY IEEE;
USE IEEE.std_logic_1164.ALL;
ENTITY my_register IS
    PORT(a, b, clk:IN std_logic;
         y:OUT std_logic);
END my_register;
ARCHITECTURE concurrent OF my_register IS
BEGIN
    y<=a AND b WHEN clk'event AND clk='1';
END concurrent;
```

8.3.1.2 锁存器的引入

下面介绍引入锁存器的方法。

【例 8-17】 高电平锁存器引入方法一。

```
LIBRARY IEEE;
USE IEEE.std_logic_1164.ALL;
ENTITY D_latch IS
    PORT(a, clk:IN std_logic;
         y:OUT std_logic);
END D_latch;
ARCHITECTURE behav OF D_latch IS
BEGIN
    PROCESS(clk, a)
    BEGIN
        IF clk='1' THEN
            y<=a;
        ELSE
        --VHDL 综合器默认保持先前的值，故引入高电平锁存器
        END IF;
    END PROCESS;
END behav;
```

例 8-17 的逻辑示意图如图 8-23 所示。

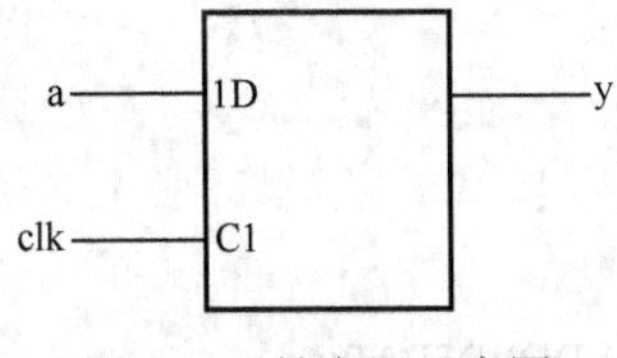

图 8-23 锁存器示意图

【例 8-18】 高电平锁存器引入方法二。

```
LIBRARY IEEE;
USE IEEE.std_logic_1164.ALL;
ENTITY D_latch IS
    PORT(a, clk:IN std_logic;
            y:OUT std_logic);
END D_latch;
ARCHITECTURE behav OF D_latch IS
BEGIN
    PROCESS(clk, a)
    BEGIN
        IF clk='1' THEN
            y<=a;
        END IF;
    END PROCESS;
END behav;
```

例 8-18 省去了例 8-17 中的 ELSE 分支，表示在 ELSE 分支 y 值不发生跳变，所以同样也会引入高电平锁存器。

【例 8-19】 低电平锁存器。

```
LIBRARY IEEE;
USE IEEE.std_logic_1164.ALL;
ENTITY D_latch IS
    PORT(a, clk:IN std_logic;
            y:OUT std_logic);
END D_latch;
ARCHITECTURE behav OF D_latch IS
BEGIN
    PROCESS(clk, a)
    BEGIN
        IF clk='0' THEN
            y<=a;
        END IF;
    END PROCESS;
END behav;
```

例 8-19 引入了零电平锁存器。一般地，如果 IF 语句中条件的不完全覆盖，即暗指引入触发器或锁存器。同样 CASE 语句中的条件不完全覆盖也将导致寄存器的引入，如例 8-20 所示。

【例 8-20】 CASE 语句引入锁存器的例子。

```
LIBRARY IEEE;
USE IEEE.std_logic_1164.ALL;
ENTITY selector IS
    PORT(a, b:IN std_logic;
        sel:IN std_logic_vector(1 DOWNTO 0);
        y:OUT std_logic);
```

```
END selector;
ARCHITECTURE behav OF selector IS
BEGIN
    PROCESS(sel, a, b)
    BEGIN
        CASE sel IS
            WHEN "00"=>y<=a;
            WHEN "01"=>y<=b;
            WHEN OTHERS=>NULL;
        END CASE;
    END PROCESS;
END behav;
```

在这个例子中，CASE 语句的 WHEN OTHERS 分支涵盖了 sel 的其他取值的可能性，而且在这个分支，y 的值保持不变。综合器综合后，会引入寄存器（锁存器）。

【例 8-21】 并行条件赋值语句引入锁存器的例子。

```
LIBRARY IEEE;
USE IEEE.std_logic_1164.ALL;
ENTITY D_latch IS
    PORT(a, b, clk:IN std_logic;
         y:BUFFER std_logic);
END D_latch;
ARCHITECTURE dataflow OF D_latch IS
BEGIN
    y<=a AND b WHEN clk='1' ELSE y;
END dataflow;
```

使用并行条件赋值语句也可引入锁存器。这里 y 被用作条件语句的输入，同时又被用作内部输出，所以 y 的端口类型为 BUFFER。

以上介绍的例子都假设了时钟是直接进入寄存器的。但在实际情况中对具有时钟门控结构的寄存器的应用是比较普遍的事。为了保证这类电路工作的可靠性，设计中需要注意一个原则，即尽可能使用简单的逻辑。

8.3.1.3 具有时钟门控结构的触发器引入

【例 8-22】 具有时钟门控结构的触发器引入方法一。

```
LIBRARY IEEE;
USE IEEE.std_logic_1164.ALL;
ENTITY D_FF IS
PORT(d, clk, ena:IN std_logic;
         q:OUT std_logic);
END D_FF;
ARCHITECTURE behav OF D_FF IS
BEGIN
    PROCESS(clk, ena)
```

```
    BEGIN
        IF clk'event AND clk='1' AND ena='1' THEN
            q<=d;
        END IF;
    END PROCESS;
END behav;
```

例 8-22 在硬件结构上相当于在时钟的输入通道上加了一个与门，这有可能导致不可靠的工作情况，不宜采用。

【例 8-23】 具有时钟门控结构的触发器引入方法二。

```
LIBRARY IEEE;
USE IEEE.std_logic_1164.ALL;
ENTITY D_FF IS
PORT(d, clk, ena:IN std_logic;
        q:OUT std_logic);
END D_FF;
ARCHITECTURE behav OF D_FF IS
BEGIN
    PROCESS(clk, ena)
    BEGIN
        IF clk'event AND clk='1' THEN
            IF ena='1' THEN
                q<=d;
            END IF;
        END IF;
    END PROCESS;
END behav;
```

这种描述方式较好，这种嵌套式逻辑方式将导致在目标器件结构中特意指定了寄存器中现成的时钟使能结构，当然具有较好的可靠性，而且也节省资源。

8.3.1.4 同步复位/置位功能引入

下面介绍同步复位/置位功能的引入。

【例 8-24】 带同步置位功能的触发器。

```
USE IEEE.std_logic_1164.ALL;
ENTITY SET IS
    PORT(a, b, set, clk:IN std_logic;
        y:OUT std_logic);
END SET;
ARCHITECTURE behav OF SET IS
BEGIN
    PROCESS(clk)
    BEGIN
        IF clk'event AND clk='1' THEN
            IF SET='1' THEN
```

```
                y<='1';--注意，注入'1'（或 true）才能引入硬件置位功能
            ELSE
                y<=a AND b;
            END IF;
        END IF;
    END PROCESS;
END behav;
```

若测得一个时钟上升沿，之后又测得 set 为高电平时，则将 y 置为高电平，从而可引入硬件同步置位功能结构。同样的做法可引入同步复位功能，需要注意的是复位一般是低电平有效，即 reset='0'时有效。

8.3.1.5 异步复位/置位的引入

下面介绍异步复位的引入。

【例 8-25】 带异步复位功能的触发器。

```
LIBRARY IEEE;
USE IEEE.std_logic_1164.ALL;
ENTITY reset IS
    PORT(a, b, reset, clk:IN std_logic;
         y:OUT std_logic);
END reset;
ARCHITECTURE behav OF reset IS
BEGIN
    PROCESS(clk, reset)
    BEGIN
        IF reset='1' THEN
            y<='0';
        ELSIF clk'event AND clk='1' THEN
            y<=a AND b;
        END IF;
    END PROCESS;
END behav;
```

异步复位在实际系统中用的最多，VHDL 综合器要求通过复位和置位条件所赋的值必须是一个常数表达式。如第 5 章状态机的 VHDL 实现中，时序进程为了确定系统的初始状态，也通常采用异步复位的做法，如：

```
Seq:PROCESS( reset,clk)
BEGIN
  IF reset= '0' THEN
    Present state<=S0;
  ELSIF clk' event AND clk= '1' THEN
    Present state<=next_state;
  END IF;
END PROCESS;
```

【例 8-26】 带异步置位/置位功能的触发器。

```
LIBRARY IEEE;
USE IEEE.std_logic_1164.ALL;
ENTITY reset IS
    PORT(a, b, reset, set, clk:IN std_logic;
        y:OUT std_logic);
END reset;
ARCHITECTURE behav OF reset IS
BEGIN
    PROCESS(clk, reset, set)
    BEGIN
        IF reset='1' THEN
            y<='0';
        ELSIF set='1' THEN
            y<='1';
        ELSIF clk'event AND clk='1' THEN
            y<=a AND b;
        END IF;
    END PROCESS;
END behav;
```

一般而言，复位的优先级要比置位高，所以例 8-26 是符合常规硬件电路结构的。

8.3.2 避免引入不必要的寄存器

下面首先看一个由 3 位二进制计数器的计数结果决定了 3 个逻辑输出 and_count、or_count、xor_count 的例子。

【例 8-27】 用于说明程序中引入了多余寄存器的例子。

```
LIBRARY IEEE;
USE IEEE.std_logic_1164.ALL;
USE IEEE.std_logic_unsigned.ALL;
ENTITY exmp IS
    PORT(clock, reset:IN std_logic;
        and_count, or_count, xor_count:OUT std_logic);
END exmp;
ARCHITECTURE rtl OF exmp IS
BEGIN
    PROCESS
    VARIABLE count:std_logic_vector(2 DOWNTO 0);
    BEGIN
        WAIT UNTIL clock'event AND clock='1';
        IF reset='1' THEN
            count:="000";
        ELSE count:=count+1;
        END IF;
```

```
            and_count<=count(2)AND count(1)AND count(0);
            or_count<=count(2)OR count(1)OR count(0);
            xor_count<=count(2)XOR count(1)XOR count(0);
        END PROCESS;
    END rtl;
```

例 8-27 综合后的电路结构如图 8-24 所示。

由图 8-24 知，引入了 6 个 D 触发器。其实三个输出只依赖于 count 的计数值，由于 count 作为累加器，已具有存储功能，3 个输出变量没有必要利用别的寄存器另加存储。例 8-27 的问题在于将 3 个输出赋值语句放在了同一个具有 WAIT 语句的进中。为了解决这些问题，以免引入过多的寄存器，可将这 3 个输出赋值语句放在另外一个没有 WAIT 或 IF 语句的进程中。如下面的例 8-28，有两个进程，一个进程具有 WAIT 语句，用于产生具有寄存器性质的计数器，另一个只做输出赋值用。

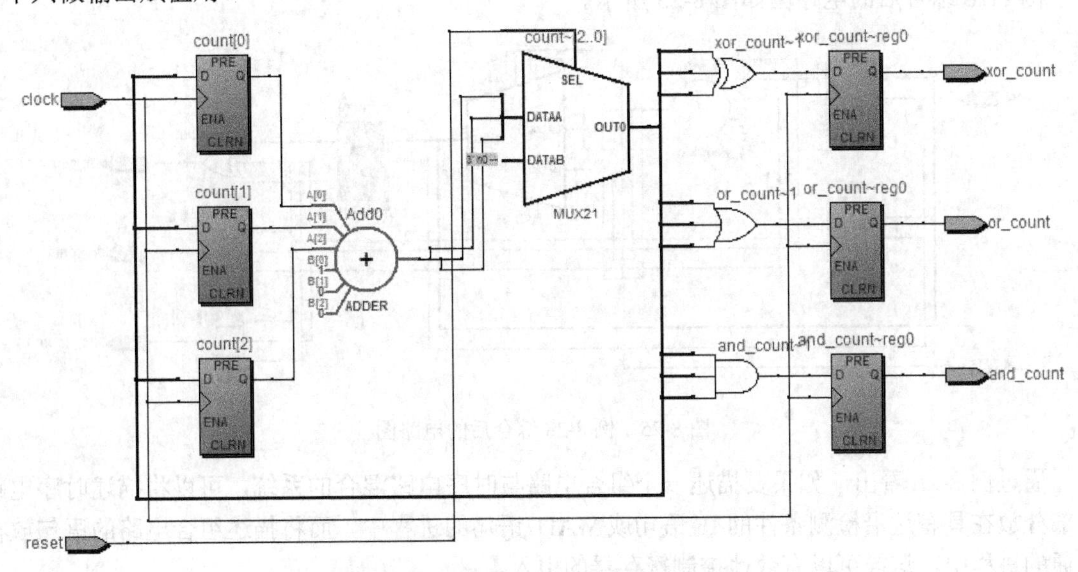

图 8-24　例 8-27 综合后的电路结构

【例 8-28】 例 8-27 的重新描述。

```
    LIBRARY IEEE;
    USE IEEE.std_logic_1164.ALL;
    USE IEEE.std_logic_unsigned.ALL;
    ENTITY exmp IS
        PORT(clock, reset:IN std_logic;
            and_count, or_count, xor_count:OUT std_logic);
    END exmp;
    ARCHITECTURE rtl OF exmp IS
    SIGNAL count:std_logic_vector(2 DOWNTO 0);
        --count 用于在两个进程间传递信息，故定义为信号类型
    BEGIN
        PROCESS
        BEGIN
            WAIT UNTIL clock'event AND clock='1';
```

```
        IF reset='1' THEN
            count<="000";
        ELSE count<=count+1;
        END IF;
    END PROCESS;
    PROCESS(count)
    BEGIN
        and_count<=count(2)AND count(1)AND count(0);
        or_count<=count(2)OR count(1)OR count(0);
        xor_count<=count(2)XOR count(1)XOR count(0);
    END PROCESS;
END rtl;
```

例 8-28 综合后的电路图如图 8-25 所示。

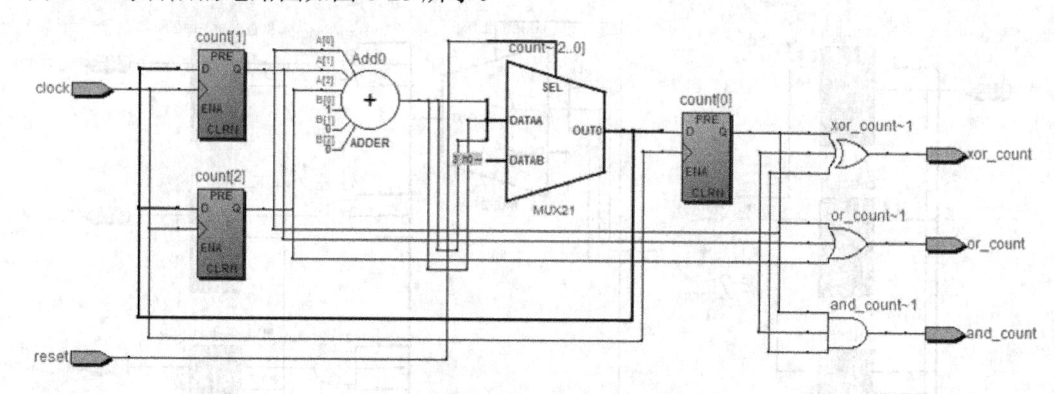

图 8-25　例 8-28 综合后的电路图

通过例 8-28 看出，如果要描述一个组合电路与时序电路混合的系统，可以将描述时序电路的部分放在具有边沿检测条件的 IF 语句或 WAIT 语句的进程中，而将描述组合电路的语句放在普通的进程中，这样可以有效地控制寄存器的引入。

一般地，如果希望将进程中的某些计算结果存储在触发器中，而另一些值可以不随时钟的控制而独立发生改变，最有效的办法是将这种类型的算法或逻辑行为分别放在两个进程中完成。把需要寄存器赋值，即随时钟同步赋值的算法功能放在有边沿检测的 IF 或 WAIT 语句的进程中。而将其余的，希望异步赋值的语句放在另一进程中，然后利用信号来完成两个进程间的通信。

在进行组合逻辑设计时，应尽量避免引入不必要的寄存器，要注意以下几点：

（1）组合逻辑进程中不能存在边沿触发状态。

（2）IF 语句、CASE 语句涵盖要完整。

（3）如果信号或变量在一个 CASE 分支有赋值，就必须在每个分支都有赋值操作（或在 CASE 语句前面有赋值）。

例 8-28 说明了上面的（1），下面举例进行说明上面的（2）、（3）两点，要求输出 outA 和 outB 不要引入多余的寄存器。

【例 8-29】 使用单进程法描述的状态机 FSM。

```
LIBRARY IEEE;
USE IEEE.std_logic_1164.ALL;
ENTITY FSM IS
```

```
    PORT(clk, inA, inB:IN std_logic;
         outA, outB:OUT std_logic);
END FSM;
ARCHITECTURE try1 OF FSM IS
BEGIN
    P0:PROCESS
    TYPE state IS(s0, s1, s2);
    VARIABLE present_state:state;
    BEGIN
        WAIT UNTIL rising_edge(clk);
        CASE present_state IS
            WHEN s0=> outA<='1';
                IF inA='1' THEN present_state:=s1;
                END IF;
            WHEN s1=>outA<=inB;outB<='1';
                IF inA<='1' THEN present_state:=s2;
                END IF;
            WHEN s2=>outB<=inA;
                present_state:=s0;
        END CASE;
    END PROCESS P0;
END try1;
```

因为 outA，outB，present_state 在时钟上升沿语句中有赋值，所以都会引入寄存器，所以单进程的设计不符合要求。

【例 8-30】 改用双进程法描述的状态机 FSM。

```
LIBRARY IEEE;
USE IEEE.std_logic_1164.ALL;
ENTITY FSM IS
    PORT(clk, inA, inB:IN std_logic;
         outA, outB:OUT std_logic);
END FSM;
ARCHITECTURE try2 OF FSM IS
TYPE state IS(s0, s1, s2);
SIGNAL present_state, next_state:state;
BEGIN
    seq:PROCESS
    BEGIN
        WAIT UNTIL rising_edge(clk);
        present_state<=next_state;
    END PROCESS seq;
    com:PROCESS(present_state, inA, inB)
    BEGIN
        CASE present_state IS
            WHEN s0=>
```

```
                outA<='1';
                IF inA='1' THEN
                    next_state<=s1;
                ELSE next_state<=s0;
                END IF;
            WHEN s1=>
                outA<=inB;
                outB<='1';
                IF inA<='1' THEN
                    next_state<=s2;
                ELSE next_state<=s1;
                END IF;
            WHEN s2=>
                outB<=inA;    --没有对 outA 赋值，所以 outA 保持原值
                next_state<=s0;
        END CASE;
    END PROCESS com;
END try2;
```

因为没有在 CASE 的每一个分支都对 outA 和 outB 赋值，所以 outA 和 outB 会引入锁存器，不符合设计要求。为使 outA 和 outB 不要引入多余的寄存器，有下面两种解决方法。

【例 8-31】 解决方法一。

```
LIBRARY IEEE;
USE IEEE.std_logic_1164.ALL;
ENTITY FSM IS
    PORT(clk, inA, inB:IN std_logic;
        outA, outB:OUT std_logic);
END FSM;
ARCHITECTURE try2 OF FSM IS
TYPE state IS(s0, s1, s2);
SIGNAL present_state, next_state:state;
BEGIN
    seq:PROCESS
    BEGIN
        WAIT UNTIL rising_edge(clk);
        present_state<=next_state;
    END PROCESS seq;
    com:PROCESS(present_state, inA, inB)
    BEGIN
        CASE present_state IS
            WHEN s0=>
                outA<='1';
                outB<='0';    --给 outB 一个赋值；
                IF inA='1' THEN
                    next_state<=s1;
```

```
                ELSE next_state<=s0;
                END IF;
            WHEN s1=>
                outA<=inB;
                outB<='1';
                IF inA<='1' THEN
                    next_state<=s2;
                ELSE next_state<=s1;
                END IF;
            WHEN s2=>
                outB<=inA;
                outA<='0';      --给 outA 一个赋值；
                next_state<=s0;
        END CASE;
    END PROCESS com;
END try2;
```

【例 8-32】 解决方法二。

```
LIBRARY IEEE;
USE IEEE.std_logic_1164.ALL;
ENTITY FSM IS
    PORT(clk, inA, inB:IN std_logic;
        outA, outB:OUT std_logic);
END FSM;
ARCHITECTURE try2 OF FSM IS
TYPE state IS(s0, s1, s2);
SIGNAL present_state, next_state:state;
BEGIN
    seq:PROCESS
    BEGIN
        WAIT UNTIL rising_edge(clk);
        present_state<=next_state;
    END PROCESS seq;
    com:PROCESS(present_state, inA, inB)
    BEGIN
        outA<='0';      --在 case 语句前面对 outA 和 outB 赋初值
        outB<='0';
        CASE present_state IS
            WHEN s0=>
                outA<='1';
                IF inA='1' THEN
                    next_state<=s1;
                ELSE next_state<=s0;
                END IF;
            WHEN s1=>
```

```
                outA<=inB;
                outB<='1';
                IF inA<='1' THEN
                      next_state<=s2;
                ELSE next_state<=s1;
                END IF;
          WHEN s2=>
                outB<=inA;
                next_state<=s0;
      END CASE;
   END PROCESS com;
END try2;
```

第9章　数字系统设计方法

随着大规模集成电路和电子设计自动化技术（EDA）的发展，数字系统的设计方法也随之不断地发展。传统的设计方法已逐步被基于EDA技术的可编程器件设计方法取代。过去传统搭积木式的自底向上的设计方法也逐步演变成今天的自顶向下的设计思想。

9.1　数字系统自顶向下的设计层次

9.1.1　数字系统层次化结构

数字系统设计过程可以分为4个层次：性能级、功能级、结构级和物理级，如图9-1所示。其中，系统设计是将性能级的说明映射为功能级的设计过程；逻辑设计是将功能级的描述转换为结构（逻辑）的过程；物理设计是将逻辑结构转换为物理级（电路）的实现。

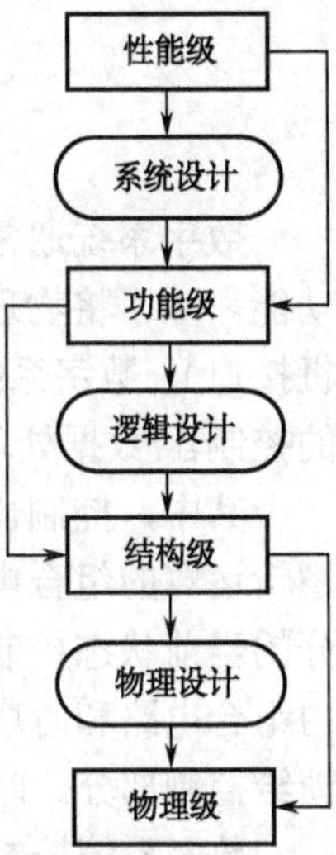

性能级
系统设计
功能级
逻辑设计
结构级
物理设计
物理级

图9-1　数字系统层次化结构

1．性能级

性能级要解决的是，要求开发系统“做什么”这个问题。以系统说明书的形式作为设计者和用户之间的合同，避免设计过程中不必要的反复，保证设计顺利进行，从而为进一步的系统设计、逻辑设计、物理设计以及最后测试、验收提供依据。对系统性能的要求，可以用多种描述形式来正确说明，如文字、图形、符号、表达式以及类似于程序设计的形式语言等。为了精确地、无二义性地描述用户要求，系统说明书力求简明易懂。

2．功能级

功能级也称为系统结构级。设计者从系统的功能出发，把系统划分为若干子系统（或模块），每个子系统又可以分解为着干个子模块。模块间通过数据流和控制流建立起相互之间的联系。随着系统结构的逐步分解，每个模块的功能越来越专一，越来越明确，总体结构越来越清晰。在结构设计中，采用合适的手段（如硬件描述语言等）对模块之间的逻辑关系加以描述和定义。

3．结构级

结构级又称为逻辑级，是将模块的功能描述转化为实现模块功能的具体硬件和软件的描述。对模块的功能首先进行算法设计，把功能进一步分解，细化为一系列的运算和操作，然后采用多种描述方式如算法流程图、ASM图、寄存器传送语言、HDL语言、逻辑表达式和逻辑图等来描述其运算和操作，进行逻辑设计。

4．物理级

物理级也称为电路级。它把上一步描述功能的算法转换成逻辑电路或基本逻辑构件的物理实现，包括元器件、芯片的选择；电路布线、布局和优化；电路测试等。随着 VLSI 和电子设计自动化 EDA 的发展，越来越多的系统采用 LSI 和 VLSI 芯片作为电路设计的基本构件，并且利用 EDA 技术，使系统设计大大简化，系统实现变得容易，降低设计周期和成本，改变了物理设计的设计思想和设计方法。

9.1.2 自顶向下设计方法

自顶向下（Top-down）的设计方法采用系统层次结构，将系统的设计分成几个层次进行描述。由系统的性能级描述导出实现系统功能的算法，即系统设计。由功能级描述设计出系统结构框图，然后进行逻辑设计，详细给出实现系统的硬件和软件描述。

自顶向下设计方法是一种由抽象的定义到具体的实现、由高层次到低层次的转换逐步求精的设计方法。其设计过程并非是一个线性过程，在下一级的定义和描述中往往会发现上一级定义和描述中的缺陪或错误，因此必须对上一级中的缺陷和错误进行修正。

9.2 数字系统的一般划分结构

数字系统通常由若干数字电路和逻辑部件构成，能够实现数字信息的处理、传送、存储等功能。除了将物理量转化为数字量或将数字量转化为物理量的系统接口外（例如键盘或者打印机接口），数字系统一般可以划分为主要的两个部分，即数据处理器和控制器。这就是数字系统的控制器/数据处理器模型，如图 9-2 所示。

其中，控制器部分是数字电子系统的核心部分。它由记录当前逻辑状态的时序电路和进行逻辑运算的组合电路组成。根据控制器的外部输入信号、执行部分送回的反馈信号以及控制部分的当前状态控制逻辑运算的进程，并向执行部分和系统外部发送控制命令。数据处理器部分由组合电路和时序电路组成，它接受控制命令，执行相应的动作，同时，还要将自身的状态反馈给控制部分。时钟则为整个系统提供时钟、同步信号。

数字系统控制器/数据处理器模型如图 9-2 所示。

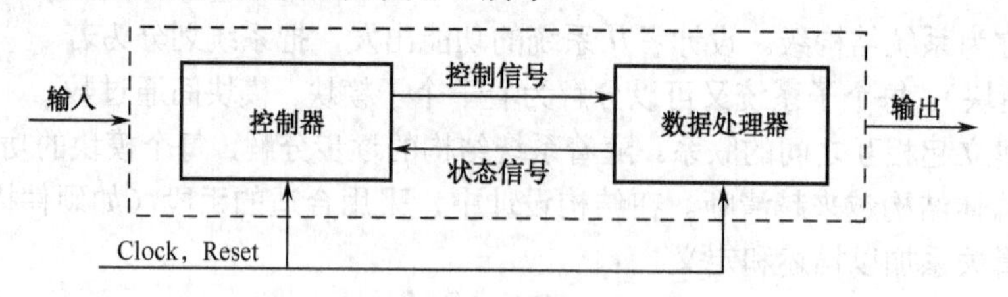

图 9-2　数字系统控制器/数据处理器模型

另外，区别功能部件（数字单元电路）和数字系统的标志是有没有控制器。没有控制器一般不称为数字系统。数据处理器的功能通常由寄存器操作完成，而系统的处理功能通常由数据处理器完成，所以我们也可以从寄存器传送操作的观点来描述一个系统。

9.3 模块划分技术

模块技术是系统设计中的主要技术。模块化技术就是将系统总的功能分解成若干个子功能模块，通过准确定义和描述的子系统来实现相应的子功能。

一个系统的实现可以有多种方案，划分功能模块也有多种模块结构。结构决定系统的品质，一个结构合理的系统可望通过参数的调整获得最佳的性能。在划分系统的模块结构时，应考虑以下几个方面：

（1）如何将系统划分为一组相对独立又相互联系的模块。

（2）模块之间有哪些数据流和控制流信息。

（3）如何有规则地控制各模块交互作用。

（4）如何评价模块结构的质量。

在一定的限制条件下（如技术的先进性和可行性、经费、开发时间、可获得的资料等）使期望的目标（功能、易理解性、可靠性、易维护性等）得到较大限度的满足。描述系统模块结构的方法主要有以下两种：

（1）模块结构框图。以框图的形式表示系统由哪些模块组成以及模块之间的相互关系。

（2）模块功能说明。采用自然语言或专用语言，以算法形式描述模块的输入/输出信号和模块的功能、作用和限制。

下面通过一个串行数据接收器的实例来进一步说明数字系统自顶向下的设计流程和模块划分技术的具体应用。

串行数据接收过程与数据传输格式如图 9-3 所示，串行数据 8 位，奇校验，按 RS232C 格式传输，TTL 电平，传输速率=100 kbit/s。要求并行输出接收数据并且指出所收数据是否有奇偶误差。

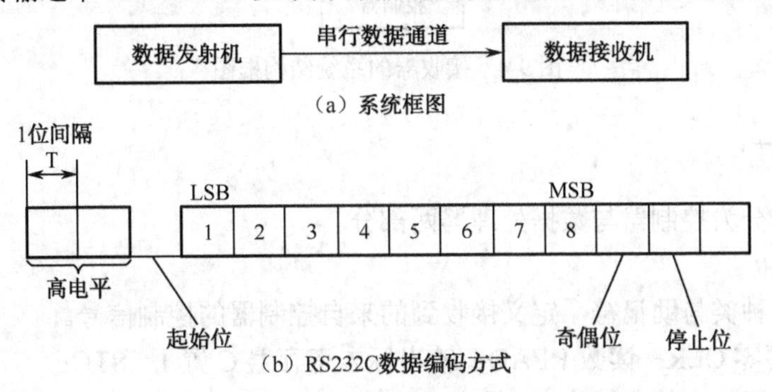

图 9-3　串行数据接收器的示意图与数据传送格式

1. 性能级设计

在性能级设计要明确数据多少位、传输格式、传输速率等问题。其中数据的位数与传送格式与设计过程密切相关，而传输速率等则与物理设计有关。在下面的设计过程中，将接收机按照数字系统“控制器/数据处理器”模型划分为两个大模块。

2. 系统结构级设计

1）设定输入输出变量

外部输入数据为 X，输出分别为 Z（8 位数据），C（输出标志），P（奇偶误差指示）。其中，

C=1 表示输出数据有效，C=0 表示输出数据无效，P=1 表示有奇偶误差，P=0 表示无奇偶误差。

2）构思数据处理器功能部件

下面是数据处理器按照功能划分出的几个子部件：用于存放 8 位数据的移位寄存器（R）；计算接收到的数据位数的计数器（CNT），用于判断是否接收到一个完整的数据串；以及触发器（C）、触发器（P）和相关组合逻辑等。

3）列出控制器应输出的控制信号

控制器给数据处理器的控制信号包括清零信号、移位信号、计数控制信号、触发器 P 和触发器 C 置 1 置 0 信号等。

4）列出数据处理器应输出的状态信号

数据处理器反馈给控制器的状态信号包括起始信号、已收到 8 位数据、有奇偶误差。注意，在一般的设计过程中，3）与 4）中的控制信号与状态信号并不是很容易清晰地表示出来，在这一步，无法很清楚地描述也没有关系，可以随着后面的设计逐步清晰起来。

5）系统的结构框图

根据上面的分析，可以画出如图 9-4 所示的系统结构框图，其中，虚线框内对应的是数据处理器。

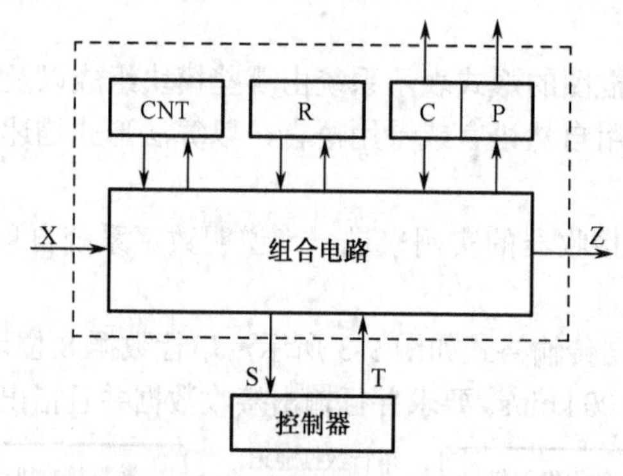

图 9-4 接收器的系统结构框图

3. 逻辑级设计

逻辑级的设计分为控制器与数据处理器两部分。

1）处理器设计

（1）定义操作种类与助记符　定义接收到的来自控制器的控制信号。

等待 NOP；清零 CLR；读数 READ；输出标志寄存器 C 置 1　STC；

奇偶误差寄存器 P 和输出标志寄存器 C 置 1　STCP；

（2）列出操作表　列出控制信号对应的数据处理器的操作，操作表见表 9-1。

表 9-1 操作表

控制信号	操　作	控制信号	操　作
CLR	CNT←0，c←0，P←0	STR	C←1，P←1
READ	R←SR(X, R)，CNT←CNT+1	NOP	不操作
STC	C←1		

（3）设计和选择各功能部件　根据 RS232 的数据格式，传送数据的时候是低位在前，高位

在后，所以用于存放 8 位数据的移位寄存器需要选择右移移位寄存器。下面芯片的具体功能表可参考数字电路课本。

右移移位寄存器 74194

计数器 74163

触发器 741109

奇偶校验电路 743280

（4）定义处理器状态信号，列出状态变量表　设处理器的输出状态信息为 S_1（起始位），S_2（已收到 8 位），S_3（有奇偶误差），如表 9-2 所示。

表 9-2　状态变量表

状 态 变 量	定　义
S_1	S_1=（X=0）
S_2	S_2=（CNT=8）
S_3	$S_3=\overline{X_1 \oplus X_2 \oplus \cdots \oplus X_9}$
C=1 时，输出 Z=R	

（5）画出数据处理器逻辑图　数据处理器逻辑图如图 9-5 所示。

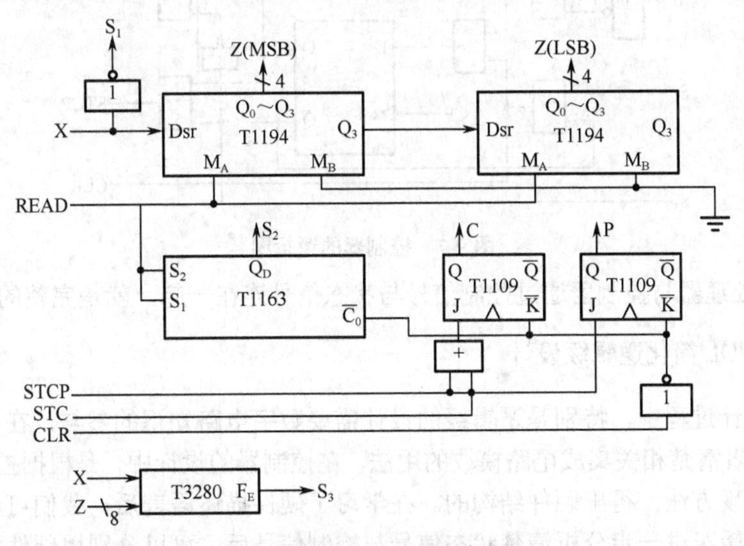

图 9-5　数据处理器逻辑图

2）控制器设计

（1）根据系统功能画控制器的 ASM 图　串行数据接收器的控制器 ASM 图如图 9-6 所示。

（2）ASM 图的硬件实现　根据 ASM 图的硬件实现方法，首先求出次态逻辑方程与输出方程如下：

$$Q(n+1)=\overline{Q}S_1+Q\overline{S_2}$$

$$CLR=\overline{Q}S_1$$

$$READ=Q\overline{S_2}$$

$$STCP=QS_2S_3$$

$$STC=QS_2\overline{S_3}$$

根据次态逻辑方程与输出方程与时序系统的模型（状态寄存器/组合逻辑结构），画出控制器的逻辑图，如图 9-7 所示。

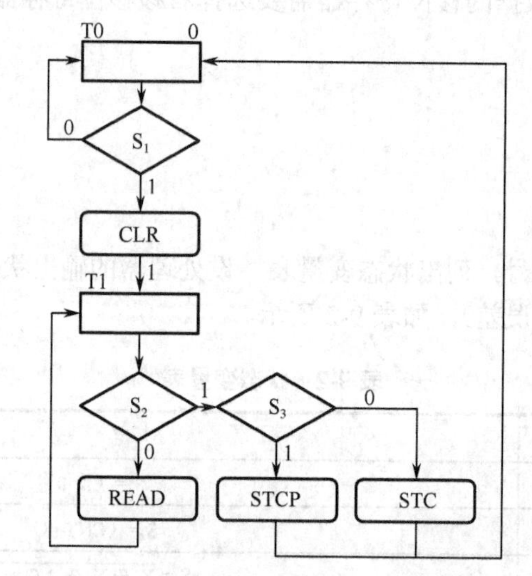

图 9-6　串行数据接收器的控制器 ASM 图

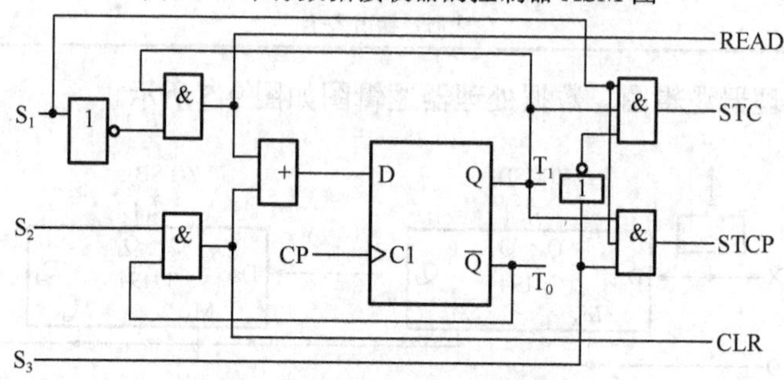

图 9-7　控制器的逻辑图

3）将数据处理器与控制器通过控制信号与状态信号连在一起，就是完整的接收器。

4．利用 VHDL 简化逻辑级设计

在上面的设计过程中，特别是逻辑级的设计需要数字电路知识的参与，在数据处理器的设计中，需要设计者清楚相关集成电路模块的用法，在控制器的设计中，是根据控制器的 ASM 图和相应的硬件实现方法，得出硬件结构的。在学习了硬件描述语言后，我们可以大大简化逻辑级的设计，在逻辑级进一步分析清楚状态信号与控制信号后，可以分别用硬件描述语言写出控制器与数据处理器的程序，综合后就得到了所设计的具体硬件电路。具体程序见例 9-1。

【例 9-1】 串行数据接收器。

```
--控制器的设计，根据控制器的 ASM 图，进行状态机的 VHDL 实现
LIBRARY IEEE;
USE IEEE.std_logic_1164.ALL;
ENTITY RS232_controller IS
PORT (clk: IN std_logic;
     S1, S2, S3: IN std_logic;
clr, read, stc, stcp: OUT std_logic
        );
END RS232_controller;
ARCHITECTURE behav OF RS232_controller IS
```

```
TYPE state IS(T0, T1);
SIGNAL present_state, next_state:state;
BEGIN
    seq:PROCESS(clk)
    BEGIN
        IF clk'event AND clk='1' THEN
        present_state<=next_state;
        END IF;
    END PROCESS seq;
    com:PROCESS(present_state, S1, S2, S3)
    BEGIN
        clr<='0';
        read<='0';
        stc<='0';
        stcp<='0';
        CASEpresent_state IS
            WHEN T0=>
            IF S1='1' THEN
                next_state<=T1;
                clr<='1';
            ELSE next_state<=T0;
            END IF;
            WHEN T1=>
            IF S2='1' THEN
                IF S3='1' THEN stcp<='1';
                ELSE stc<='1';
                END IF;
                next_state<=T0;
            ELSE
                read<='1';
                next_state<=T1;
                END IF;
        END CASE;
    END PROCESS com;
END behav;
--数据处理器的设计
LIBRARY IEEE;
USE IEEE.std_logic_1164.ALL;
ENTITY RS232_datapath IS
PORT (clk: IN std_logic;
    X: IN std_logic;
    clr, read, stc, stcp: IN std_logic;
    S1, S2, S3: OUT std_logic;
    Z: OUT std_logic_vector(7 DOWNTO 0);
    C, P: OUT std_logic
```

```
    );
END RS232_datapath;
ARCHITECTURE behav OF RS232_datapath IS
SIGNAL R: std_logic_vector(7 DOWNTO 0);
SIGNAL cnt:integer RANGE 0 TO 8;
BEGIN
    S1<=NOT X;                                  --产生状态信号 S1
    Z<=R;
    PROCESS(clk, clr, read, stc, stcp, cnt)
    BEGIN
        IF rising_edge(clk) THEN
            IF clr='1' THEN
                cnt<=0;
                R<=(OTHERS=>'0');
            ELSIF read='1' THEN
                R<=X & R(7 DOWNTO 1);           --右移操作
                cnt<= cnt+1;                    --计数器
            END IF;
            C<=stc OR stcp;                     --触发器 C
            P<=stcp;                            --触发器 P
        END IF;
    END PROCESS;
    PROCESS(cnt, X, R)
    BEGIN
        IF cnt=8 THEN
            S2<='1';                                          --产生状态信号 S2
            S3<=NOT(X XOR R(0) XOR R(1) XOR R(2) XOR R(3)
                    XOR R(4) XOR R(5) XOR R(6) XOR R(7));     --产生状态信号 S3
        ELSE
            S2<='0';
            S3<='0';
        END IF;
    END PROCESS;
END behav;
```

注意，为了避免不必要的寄存器，Z<=R; S1, S2, S3 的赋值不要放在含有时钟上升沿语句的进程中。

```
--控制器+数据处理器（采用结构描述方法）
LIBRARY IEEE;
USE IEEE.std_logic_1164.ALL;
ENTITY RS232_receiver IS
PORT (clk: IN std_logic;
    X: IN std_logic;
    Z: OUT std_logic_vector(7 DOWNTO 0);
    C, P: OUT std_logic
```

```
    );
END RS232_receiver;
ARCHITECTURE rtl OF RS232_receiver IS
SIGNAL clr, read, stc, stcp:std_logic;
SIGNAL S1, S2, S3:std_logic;
COMPONENT RS232_controller IS
PORT(clk: IN std_logic;
     S1, S2, S3: IN std_logic;
     clr, read, stc, stcp: OUT std_logic);
END COMPONENT;
COMPONENT RS232_datapath IS
PORT(clk: IN std_logic;
     X: IN std_logic;
     clr, read, stc, stcp: IN std_logic;
     S1, S2, S3: OUT std_logic;
     Z: OUT std_logic_vector(7 DOWNTO 0);
     C, P: OUT std_logic);
END COMPONENT;
BEGIN
     U1: RS232_controller PORT MAP(clk, S1, S2, S3, clr, read, stc, stcp);
     U2: RS232_datapath PORT MAP(clk, X, clr, read, stc, stcp, S1, S2, S3, Z, C, P);
END rtl;
```

例 9-1 的仿真波形如图 9-8 所示。

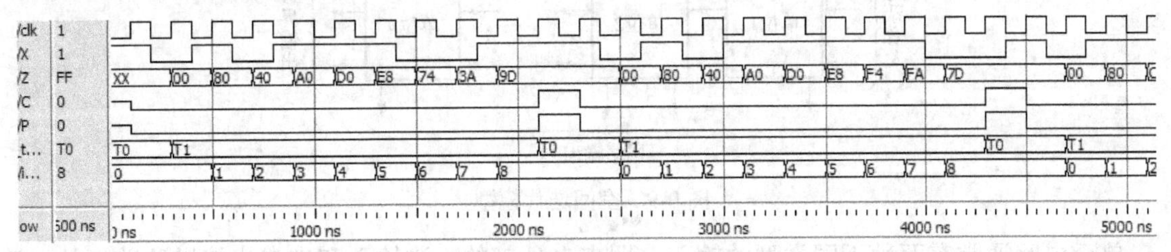

图 9-8 接收器的仿真波形

注意，这个接收器的例子，用划分成控制器/数据处理器模型来设计是为了说明这种设计的思路，对于这个相对简单的例子，不用划分也是可以的，而且设计的时候更容易。

5. 物理级设计

物理级设计主要完成系统布局、布线、PCB 布板、组装、调试等工作。

9.4 迭代技术

从逻辑设计转换成电路实现的物理设计过程当中，迭代是一种很有用的技术。

迭代的思想是利用问题本身包含的结构特性，用简单的逻辑子网络代替复杂的组合逻辑网络，实现要求的处理功能。从而最大限度降低逻辑网络的设计难度，简化设计过程，提高系统的性能和价格比。

迭代可以是时间意义上的迭代，即由简单的逻辑子网络，在时钟控制下对被处理的信息重复执行基本的运算，最终以串行处理的方式完成复杂网络所要完成的功能。

迭代也可以是空间意义上的迭代，即由简单的逻辑子网络重复组合，以并行处理方式完成复杂网络的功能

当然，也可以是时间迭代和空间迭代的组合。

9.4.1 空间迭代

由于空间迭代网络是结构高度重复的组合逻辑网络，所以有可能利用结构相同的子网络作为单元电路，通过适当的连接来形成所要求的结构，以达到空间意义上的迭代。图 9-9 显示了单元电路的一般形式。

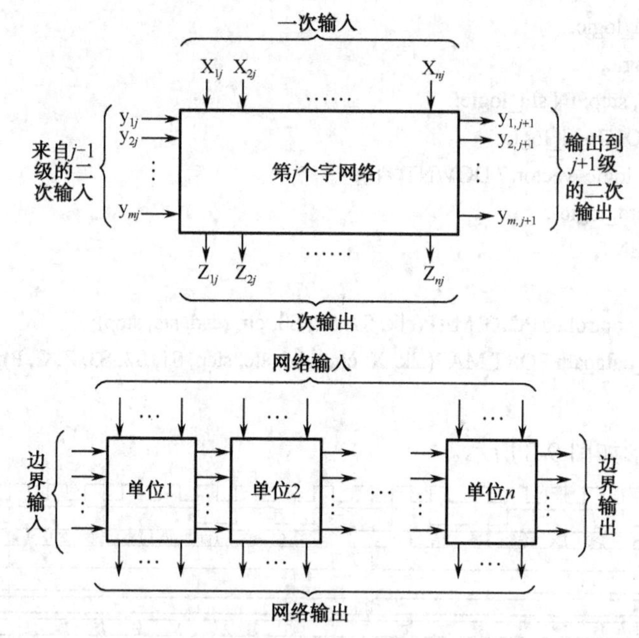

图 9-9 空间迭代模型

单元电路通常有两种不同类型的输入，即来自外部的一次输入和来自串接链路前级的二次输入。同样，输出也有两类，即直接输出到外部的一次输出和输出到串接链路次级的二次输出。二次输入和二次输出是建立子网络之间联系的纽带。

【例 9-2】 用空间迭代方法设计 4 位二进制加法器。

由二进制数相加的运算规则可知，任意一位的和 S_i 等于被加数 A_i、B_i 及来自低位的进位 C_{i-1}，而其进位 C_i 则为相加后的溢出值。根据这个结构特性，选用一位全加器 FA 作为子网络的单元电路，以低位向高位的进位值作为子网络的二次输入/输出，通过空间迭代法构成的 4 位加法器如图 9-10 所示。通常最低位的进位输入 C_{in} 置为 0，而最高位的 C_{out} 作为溢出标志。

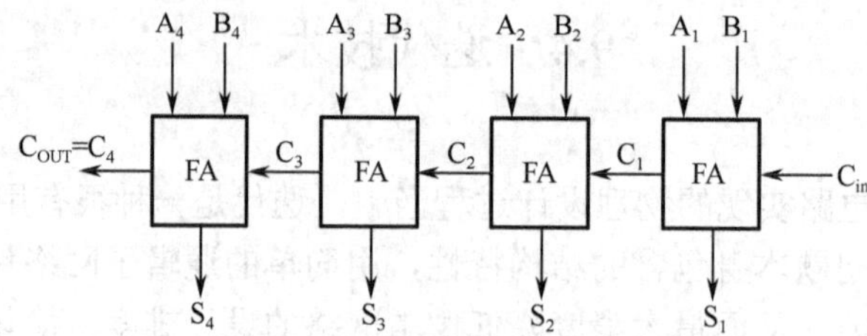

图 9-10 4 位二进制加法器的空间迭代方案

9.4.2 时间迭代

时间迭代模型，指子网络在时钟控制下，接收来自信息寄存器移位的串行输入，在子网络内做串行处理后，串行输出到结果寄存器。如图 9-11 所示，暂存单元 C 用于寄存子网络的二次输出，以便在时钟的下一个节拍作为子网络的二次输入参加运算和操作。暂存单元 C 对应空间迭代方式中的边界输入。

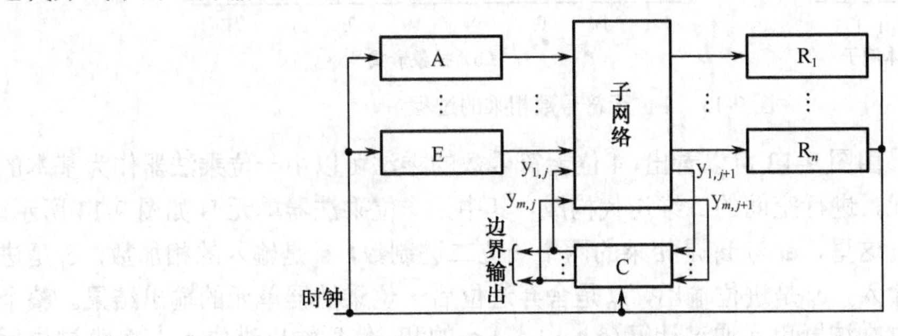

图 9-11 时间迭代模型

【例 9-3】 用时间迭代方法设计 4 位二进制加法器。

与例 9-2 的空间迭代方法类似，仍然以 1 位全加器 FA 作为迭代单元，该单元在时钟控制下，从两个移位寄存器 A 和 B 的低位端串行输出一位加数和被加数，在全加器 FA 中生成相应的和及进位，和作为结果存入 S 寄存器，进位则由 D 触发器寄存作为高一位的二次输入。D 触发器的初置值为 0，其终值表示了溢出标志，时间迭代方案如图 9-12 所示。

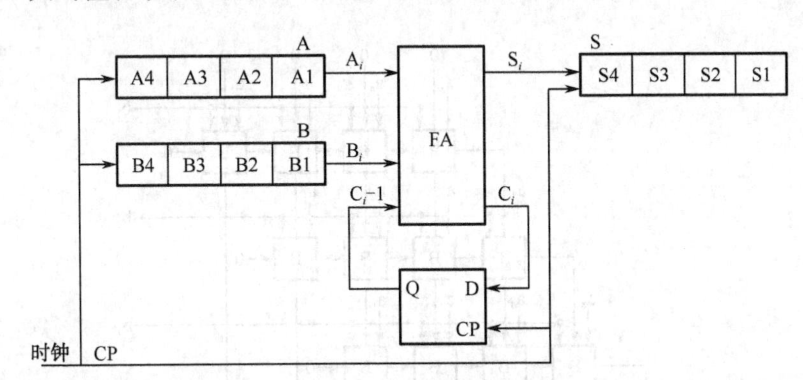

图 9-12 4 位二进制加法器的时间迭代方案

9.4.3 二维迭代

前面介绍的都是利用子网络作为基本单元，在时间或空间意义上重复构成的一维迭代网络。也可以利用基本单元构成二维或多维网络。二维迭代网络可以用多种方法构成：

◆ 完全空间意义上的迭代；
◆ 完全时间意义上的迭代；
◆ 水平方向为空间迭代，垂直方向为时间迭代；
◆ 水平方向为时间迭代，垂直方向为空间迭代。

【例 9-4】 4 位无符号数乘法器设计。

方案 1：空间迭代

设计 4 位无符号数的乘法器，如果要求运算速度快，可以在设计中采用并行处理结构。4

位无符号数相乘的过程如图 9-13 所示。

```
     1 0 1 1
   × 1 1 0 1
   ---------
     1 0 1 1
   0 0 0 0
 1 0 1 1
1 0 1 1
---------------
1 0 0 0 1 1 1 1
```

（a）具体例子

				a_3	a_2	a_1	a_0
				b_3	b_2	b_1	b_0
				a_3b_0	a_2b_0	a_1b_0	a_0b_0
			a_3b_1	a_2b_1	a_1b_1	a_0b_1	
		a_3b_2	a_2b_2	a_1b_2	a_0b_2		
	a_3b_3	a_2b_3	a_1b_3	a_0b_3			
p_7	p_6	p_5	p_4	p_3	p_2	p_1	p_0

（b）抽象形式

图 9-13　4 位无符号数相乘的过程

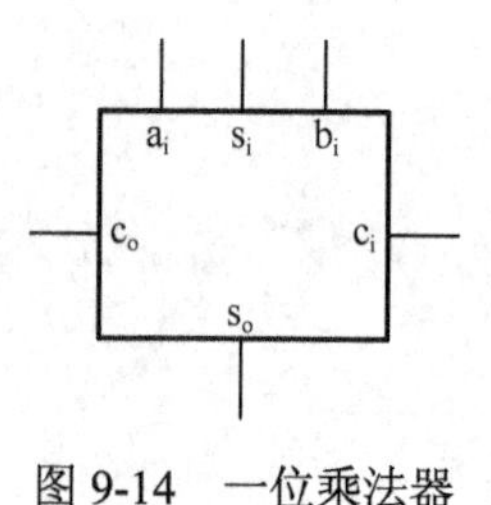

图 9-14　一位乘法器单元 B

由图 9-13 可以看出，4 位无符号数的乘法可以由一位乘法器作为基本的单元，进行空间的二维迭代构成。其中，一位乘法器单元 B 如图 9-14 所示。

这里，a_i 与 b_i 是相乘的两个一位二进制数，s_i 是输入的相加数，c_i 是进位输入，c_o 是进位输出，s_o 是舍弃进位后一位乘法器单元的输出结果。整个一位乘法器单元通过计算 $(a_ib_i)+s_i+c_i$ 的和，然后输出进位 c_o 与舍弃进位后的结果 s_o，其内部逻辑关系满足：

$$s_o = b_i(a_i \oplus c_i \oplus s_i) + \overline{b}_i s_i$$

$$c_o = b_i(a_i s_i + a_i s_i + s_i c_i)$$

两个 4 位无符号乘法器的二维空间迭代方案如图 9-15 所示。该方案将 $a_8a_4a_2a_1$ 与 $b_8b_4b_2b_1$ 相乘，得到相乘结果 $p_{128}p_{64}p_{32}p_{16}p_8p_4p_2p_1$，其中字母下面的数值代表该字母为 1 时所在位置的十进制数值大小。

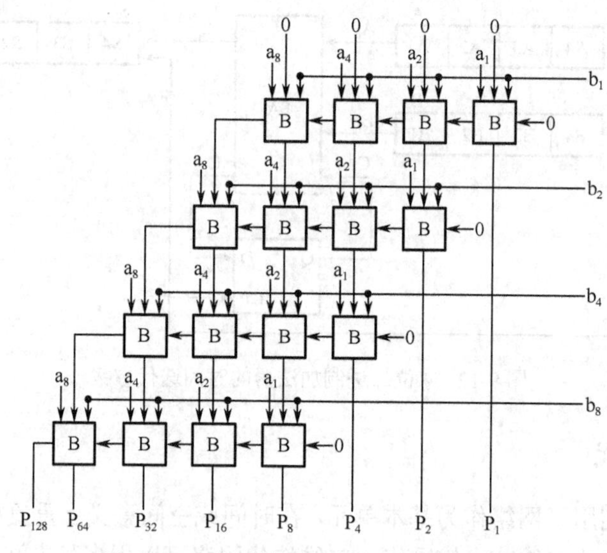

图 9-15　4 位乘法器的空间二维迭代方案

可见，方案 1 实现的 4 位二进制数相乘的迭代，是完全空间意义上的迭代，该网络运算速度快，但是硬件实现复杂。

方案 2：时间迭代——部分积左移累加算法

对于例 9-4 设计的 4 位乘法器也可以采用一维时间迭代方案设计。如图 9-16 所示，我们通过观察这个具体的例子，可以发现两个 4 位无符号数相乘的结果，等于乘数的每一位与被乘数相乘的积右移相应位数后相加得到的和。上述这种计算两个 4 位无符号数相乘的结果的方法称为部分积右移累加算法，该方法实施步骤如下：

	1010
	×1011
累加器清零	00000 0000
第一个部分积	1010
	00101 0000
第二个部分积	1010
	00111 1000
第三个部分积	0000
	00011 1100
第四个部分积	1010
第四个部分和，即最终积	01101 1100

图 9-16　采用部分积右移累加算法方法计算 1010×1011 的例子

首先，将寄存器清 0，将 4 位二进制被乘数左边补 0 拓展成 9 位，然后用乘数第 1 位与被乘数相乘，结果存入寄存器，同时，将被乘数右移 1 位，左侧补 1 位 0。接着取出乘数第 2 位与被乘数相乘，将所得的积与寄存器的现有的结果相加，然后按照这种方法，取出乘数第 r 位与被乘数相乘，将所得的积与寄存器的现有的结果相加，并且将被乘数右移 1 位（右侧补 1 位 0），直到已经取出乘数最高位为止。

这里，为了提高效率，可以对取出的某 1 位乘数进行判断，如果是 1，则进行后续的操作，如果为零，则跳过该位，直接取出原乘数更高一位进行后续的处理。

同时，在电路具体实现时，为了判断乘数所有位是否都已经取出，这里采用一个变量进行辨识，一开始设置为 4，每进行一次乘法将这个变量减 1，直到变为 0 为止。具体实现流程如图 9-17 所示。

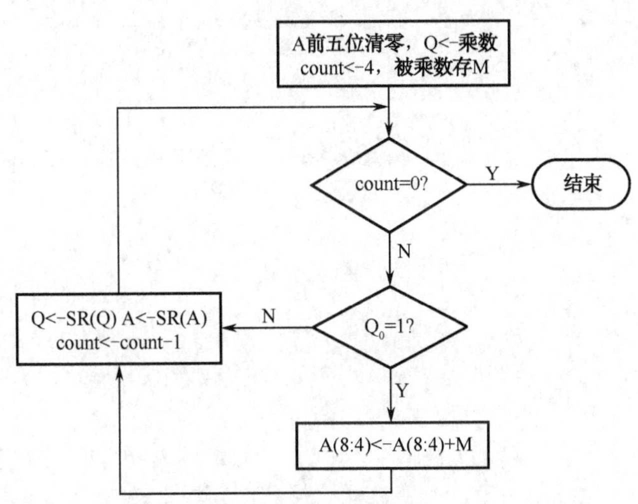

图 9-17　部分积右移累加算法的具体实现流程

其中，A 代表 9 位累加寄存器，Q 代表 4 位乘数，M 代表 4 位被乘数。基于该算法，用一维时间迭代设计出的 4 位乘法器如图 9-18 所示。图中字母下面的数值代表该字母为 1 时所在位置的十进制数值大小。在前面的描述中，把 Q 并入 A 寄存器的前四位，这样可以节约寄存器资源。

该迭代方案采用部分积右移累加算法，设计结果比较直观，容易理解，但缺点是寄存器的利用率低。具体代码可以参考 4.6 节无符号数乘法器。

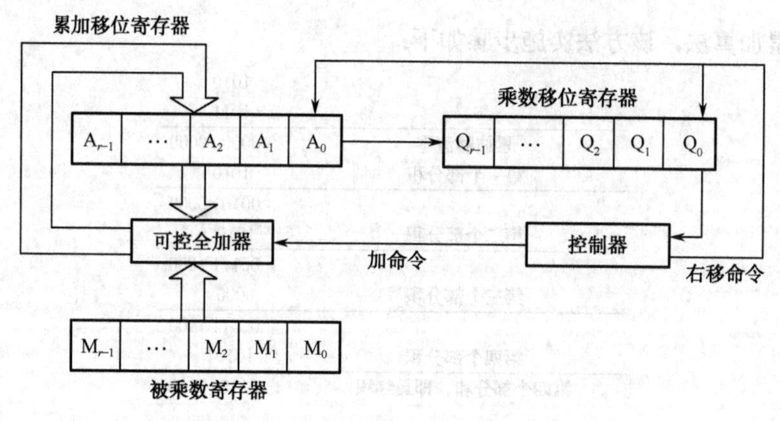

图 9-18　4 位乘法器的一维时间迭代方案

第三篇

实践篇

第10章 综合实例

10.1 出租车计费实验

10.1.1 设计要求

设计一个模拟出租车计费系统，具有以下功能：

（1）能实现计费功能，计费标准为：按行驶路程收费，起步费为7元，并在车行3公里（3 km）后按两元每公里收费。当总费用达到或超过40元时，每公里收费4元。当遇到红绿灯或客户有事需要停车等待时，则按时间计费，计费单价为每20 s收费1元。

（2）实验预置功能：能预置起步费、每公里收费、车行加费里程、计时收费。

（3）实现模拟功能：能模拟汽车行驶、停止、暂停等状态。

（4）将路程与车费显示出来，以十进制BCD码方式输出信号。

10.1.2 设计分析与设计思路

1．系统结构

整个系统的设计既可以用划分模块的方法，也可以采用单实体多模块的方法，由于前面已详细介绍了模块划分方法，下面介绍单实体多模块的方法，将系统按功能分为speed、kilometers、kmmoney和time模块（这一点跟模块划分类似）。系统结构图如图10-1所示。

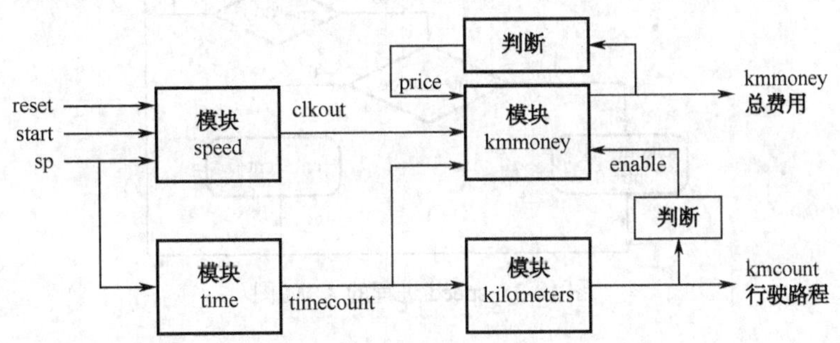

图10-1 系统结构框图

- 系统接收到reset信号后，总费用变为7元，同时其他计数器，寄存器等全部清0。
- 系统接收到start的信号后，首先把部分寄存器赋值，总费用不变，单价price寄存器通过对总费用判断后赋为2元。其他寄存器和计数器等继续保持为0。
- speed速度控制模块：通过对速度信号sp的判断，决定变量kinside的值，kinside即行进100 m所需要的时钟周期数，然后每行进100 m，则产生一个脉冲clkout。
- kilometers里程累计模块：由于一个clkout信号代表行进100 m，故通过对clkout计数，可以获得共行进的距离 kmcount。

- time 计时器模块：在汽车启动后，当遇到顾客等人或红灯时，出租车采用计时收费的方式。通过对速度信号 sp 的判断决定是否开始记录时间。当 sp=0 时，开始记录时间。当时间达到足够长时产生则产生 timecount 脉冲，并重新计时。一个 timecount 脉冲相当于等待的时间达到了时间计费的长度。这里选择系统时钟频率为 500 Hz，20 s 即计数值为 1000。
- kmmoney 又可细分为 kmmoney1 和 kmmoney2 模块。
- kmmoney1 模块：根据条件对 enable 和 price 赋值。当记录的距离达到 3 km 后 enable 变为‘1’，开始进行每公里收费，当总费用大于 40 元后，则单价 price 由原来的 2 元每公里变为 4 元每公里。
- kmmoney2 模块：在每个时钟周期判断 timecount 和 clkout 的值。当其为“1”时，则在总费用上加上相应的费用。

2. speed 速度控制模块

speed 进程首先根据 start 信号判断是否开始计费（实际状况即是否有顾客上车），然后根据输入的速度信号 sp 确定出行驶 100 m 所需要的时钟 clk 个数 kin-side（车速越快则行驶 100 m 所需要的时间越少，即所需要的 clk 个数越少，kinside 越小）。同时由 cnt 对 clk 进行计数，当 cnt=kinside 时，把 clkout 信号置“1”，cnt 清 0。speed 进程的 ASM 图如图 10-2 所示。

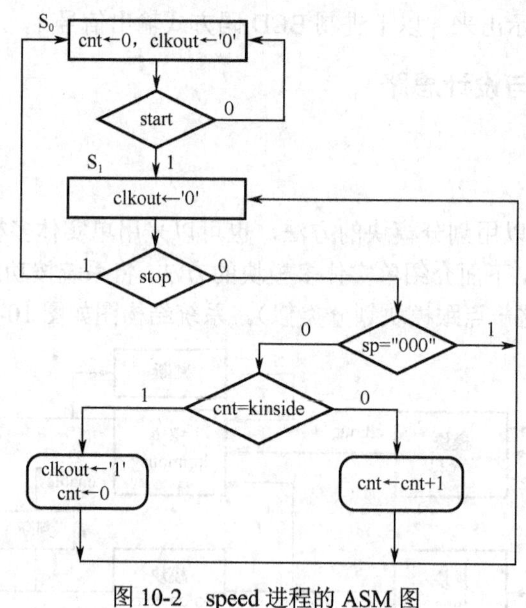

图 10-2　speed 进程的 ASM 图

3. Kilometers 里程累计模块

此硬件电路模块主要是用于记录行进的距离。根据 speed 进程输出的信号 clkout 确定行进的距离。一个 clkout 脉冲相当于行进 100 m，所以只要记录 clkout 的脉冲数目即可确定共行进的距离。

4. time 计时器模块

time 进程主要用于记录计程车速度为 0 的时间（如等待红灯），ASM 图如图 10-3 所示。

T0 状态　初始化状态，当 suut 信号为‘1’时，则跳到 T1 状态。

T1 状态　当速度不为 0 时，始终停留在这个状态，速度为 0 时，则跳转到 T2。

T2 状态　用 waittime 计数速度为 0 的 clk（500 Hz）个数，当 waittime=1000（即 2 s）时，输出 timecount 的高电平脉冲，重新回到 T1 状态。在计数过程中，当 stop 信号为“1”，则回到 T0 状态，当 sp 速度信号不为 0 时，则回到 Tl 状态。

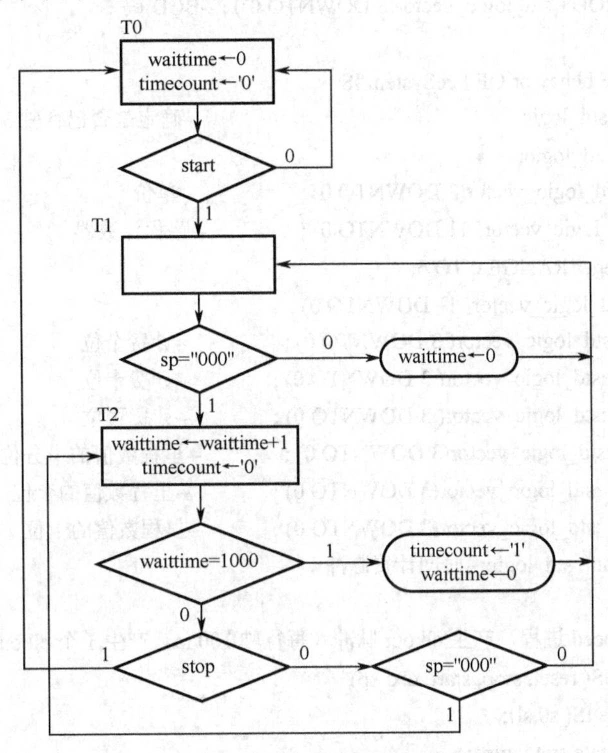

图 10-3　time 进程的 ASM 图

5．Kmmoney 计价电路模块

Kmmoney 计价电路模块又可细分为两个进程，一个进程用来根据条件确定 enable 和 price 值，另一个主要用于确定最后的总价格。

start 为启动信号。当行驶距离到达 3 公里后，enable 信号变为“1”，此时若路程计费信号 clkout 输出一个脉冲，则进行行程计费（注意，价格 price 由每次计费后的总金额决定，当总费用超过 40 元后，price 变为 4 元/公里）。在 enable 信号为“1”过程中，若 timecount 输出一个脉冲，则在总费用上加 1 元。

10.1.3　系统的设计与实现

1．核心源程序

```
LIBRARY IEEE;
USE IEEE.std_logic_1164. ALL;
USE IEEE.std_logic_unsigned. ALL;
ENTITY FeeSystem IS
    PORT( clk:IN std_logic;--时钟 500Hz
```

```
        reset:IN std_logic;                          --复位信号
        start:IN std_logic;                          --启动信号
        stop:IN std_logic ;                          ---结束信号
        sp:IN std_logic_vector(2 DOWNTO 0) ;         --车速选择，一共 7 档
        lsd:OUT std_logic_vector(5 DOWNTO 0) ;
        BCD:OUT std_logic_vector(3 DOWNTO 0)) ; --BCD 码
END FeeSystem;
ARCHITECTURE behavior OF FeeSystem IS
 SIGNAL enable:std_logic;                                      --确定是否已行驶 3 公里
 SIGNAL clkout:std_logic;
 SIGNAL price:std_logic_vector(3 DOWNTO 0) ;                   --单价
 SIGNAL km:std_logic_vector( 11 DOWNTO 0) ;                    --路程计数器
 SIGNAL cnt:Integer RANGE 0 TO 6;
 SIGNAL cash:std_logic_vector( 11 DOWNTO 0) ;
 SIGNAL countl:std_logic_vector( 3 DOWNTO 0) ;                 --计费个位
 SIGNAL count2 :std_logic_vector( 3 DOWNTO 0) ;                --计费十位
 SIGNAL count3 :std_logic_vector( 3 DOWNTO 0) ;                --计费百位
 SIGNAL kmcntl:std_logic_vector(3 DOWNTO 0) ;                  --里程数值的十分位（百米位）
 SIGNAL kmcnt2 :std_logic_vector(3 DOWNTO 0) ;                 --里程数值的个位（千米位）
 SIGNAL kmcnt3 :std_logic_vector(3 DOWNTO 0) ;                 --里程数值的十位
 SIGNAL timecount: std_logic;--时间计费脉冲
BEGIN
  --速度模块，speed 进程，产生 clkout 脉冲（每行驶 100 m，产生 1 个 clkout 脉冲）
  speed: PROCESS( reset, stop, start, clk, sp)
  TYPE state_type IS( s0,sl);
  VARIABLE s_state:state_type;
  VARIABLE cnt:Integer RANGE 0 TO 28;
  VARIABLE kinside:Integer RANGE 0 TO 30;
  BEGIN
  CASE sp IS             --7 档速度选择，具体每档 kinside 的值可根据实际情况设定
    WHEN "000"=> kinside:=0;       --停止状态或空档
    WHEN "001"=>kinside:=28;       --第一档，慢速行驶状态，行驶 100 m 需要 28 个时
                                   --钟周期
    WHEN "010"=> kinside:=24;      --第二档
    WHEN "011"=> kinside:=20;      --第三档
    WHEN "100"=> kinside:=16;    --第四档
    WHEN "101"=> kinside:=12;    --第五档
    WHEN "110"=> kinside:= 8;      --第六档
    WHEN "111"=> kinside:=4;     --第七档，也是速度最大的档
  END CASE;
    IF reset= '1' THEN s_state:=s0;
    ELSIF clk'event AND clk= '1' THEN
      CASE s_state IS
      WHEN s0=>
        cnt:=0;   clkout<='0';
```

```
        IF start= '1' THEN s_state:=sl;
        ELSE s_state:=s0;
        END IF;
      WHEN sl=>
        clkout<='0';
        IF stop= '1' THEN s_state:=s0;
        ELSIF sp= "000" THEN s_state:=sl;
        ELSIF cnt= kinside THEN cnt:=0; clkout<='1'; s_state:=sl;
        --当行驶了 100 m 后产生一个 clkout 脉冲
        ELSE cnt:=cnt +1; s_state:=sl;
        END IF;
      END CASE;
    END IF;
  END PROCESS speed;
--计程模块，根据 speed 进程产生的 clkout．确定行进的距离
--本设计中设定的距离上限为 99.9 公里，一旦超过，会出现十位显示超过 9 的现象
  kilometers:   PROCESS( clkout, reset)
  VARIABLE km_reg: std_logic_vector(11 DOWNTO 0);
  BEGIN
    IF reset= '1' THEN km_reg:="000000000000";
    ELSIF clkout'event AND clkout= '1' THEN
      --km_reg(3 DOWNTO 0)对应里程数值的十分位
      IF km_reg(3 DOWNTO 0)="1001" THEN
        km_reg:=km_reg+ "0111";        --十分位向个位的进位处理
      ELSE km_reg(3 DOWNTO 0):=km_reg(3 DOWNTO 0)+"0001";
    END IF;
    IF km_reg(7 DOWNTO 4)="1010" THEN
      km_reg:=km_reg +"01100000";     --个位向十位的进位处理
    END IF;
  END IF;
  kmcntl<=km_reg(3 DOWNTO 0);
  kmcnt2<=km_reg(7 DOWNTO 4);
  kmcnt3<=km_reg(11 DOWNTO 8);
  END PROCESS kilometers;
--计时模块，time 进程，产生时间计费脉冲 timecount，单位计费时间可设定，这里选为 20 s
  time: PROCESS( reset, clk, sp, stop, start)
  TYPE state_type IS(t0,t1,t2);
  VARIABLE t_state:state_type;
  VARIABLE waittime: Integer RANGE 0 TO 1000;
  BEGIN
    IF reset= '1' THEN t_state:=t0;
    ELSIF( clk'event AND clk= '1') THEN
      CASE t_state IS
        WHEN t0 =>
          waittime:=0; timecount<='0';
```

```
        IF start= '1' THEN t_state:=t1;
        ELSE t_state:=t0;
        END IF;
        WHEN t1=>
        IF sp = "000" THEN t_state:=t2;
        ELSE waittime:=0; t_state:=t1;
        END IF;
      WHEN t2=>
        waittime:= waittime +1;
        timecount<='0';
        IF waittime =1000 THEN
            timecount<='1';       --20s，即 1000 个 clk，产生一个时间计费脉冲
            waittime:= 0;
        ELSIF stop= '1' THEN t_state:=t0;
        ELSIF sp= "000"    THEN t_state:=t2;
        ELSE    timecount<='0'; t_state:=t1;
        END IF;
      END CASE;
    END IF;
  END PROCESS time;
--计费模块，计费采用两个进程 kmmoneyl 和 kmmoney2 实现
--总费用上限为 999 元，一旦超过上限，显示会出现不正常现象
  kmmoneyl:PROCESS( cash,kmcnt2)
  BEGIN
    IF cash >= "000001000000" THEN price <= "0100";
    ELSE price <= "0010";
    END IF;
    IF ( kmcnt2 >= "0011") or( kmcnt3>= "0001") THEN enable <= '1' ;
    ELSE enable <= '0';
    END IF;
  END PROCESS kmmoneyl;
  kmmoney2 : PROCESS ( reset , clkout , clk , enable , price , kmcnt2 )
      VARIABLE reg2 : std_logic_vector( 11 DOWNTO 0) ;
      VARIABLE clkout_cnt: integer    RANGE 0 TO 10;
  BEGIN
      IF reset = '1' THEN cash<= "000000000111";    --起费用设为 7 元
      ELSIF clk'event AND clk = '1' THEN
        IF timecount = '1' THEN                        --判断是否需要时间计费,每 20 s 加 1 元
          reg2 := cash ;
          IF reg2 ( 3 DOWNTO 0) +"0001">"1001" THEN
            reg2 ( 7 DOWNTO 0) := reg2 ( 7 DOWNTO 0) + "00000111";
            IF reg2(7 DOWNTO 4)>"1001" THEN
              cash <= reg2 +"000001100000";
            ELSE cash <= reg2 ;
            END IF;
```

```
            ELSE cash <= reg2 +"0001";
            END IF;
        ELSIF clkout = '1'AND enable = '1'THEN        --里程计费
          IF clkout_cnt =9 THEN
            clkout_cnt:= 0;
            reg2:= cash ;
            IF "0000"& reg2 (3 DOWNTO 0) +price(3 DOWNTO 0) >"00001001"    THEN
               reg2 (7 DOWNTO 0):= reg2 (7DOWNTO 0)+"0000110" +price;
               IF reg2(7 DOWNTO 4)>"1001" THEN
                  cash <= reg2 + "000001100000";
               ELSE cash <= reg2 ;
               END IF;
            ELSE cash <= reg2 +price;
            END IF;
          ELSE clkout_cnt:=clkout_cnt +1;
          END IF;
        END IF;
    END IF;
END PROCESS kmmoney2;
countl<=cash(3 DOWNTO 0);      --总费用的个位
count2<=cash(7 DOWNTO 4);      --总费用的十位
count3<=cash(11 DOWNTO 8);    --总费用的百位
--动态显示控制模块
--共 6 个数码管动态显示，时钟频率至少为 150 Hz，本题中系统时钟为 500 Hz 满足要求
display:PROCESS(clk)
BEGIN
    IF rising_edge(clk) THEN
      IF cnt =0 THEN
        BCD<=countl;
        lsd<="100000";
        cnt<=cnt +1;
      ELSIF cnt =1 THEN
        BCD<=count2;
        lsd<="010000";
        cnt<=cnt +1;
      ELSIF cnt =2 THEN
        BCD<=count3;
        lsd<="001000";
        cnt<=cnt +1;
      ELSIF cnt=3 THEN
        BCD<=kmcntl;
        lsd<="000100";
        cnt<=cnt +1;
      ELSIF cnt=4 THEN
        BCD<=kmcnt2;
```

```
            lsd<="000010";
            cnt<=cnt +1;
          ELSIF cnt =5 THEN
            BCD<=kmcnt3;
            lsd<="000001";
            cnt <=0;
            END IF;
            END IF;
      END PROCESS display;
  END behavior;
```

2．电路内部各模块的连接关系

各电路模块的连接关系如图 10-4 所示。

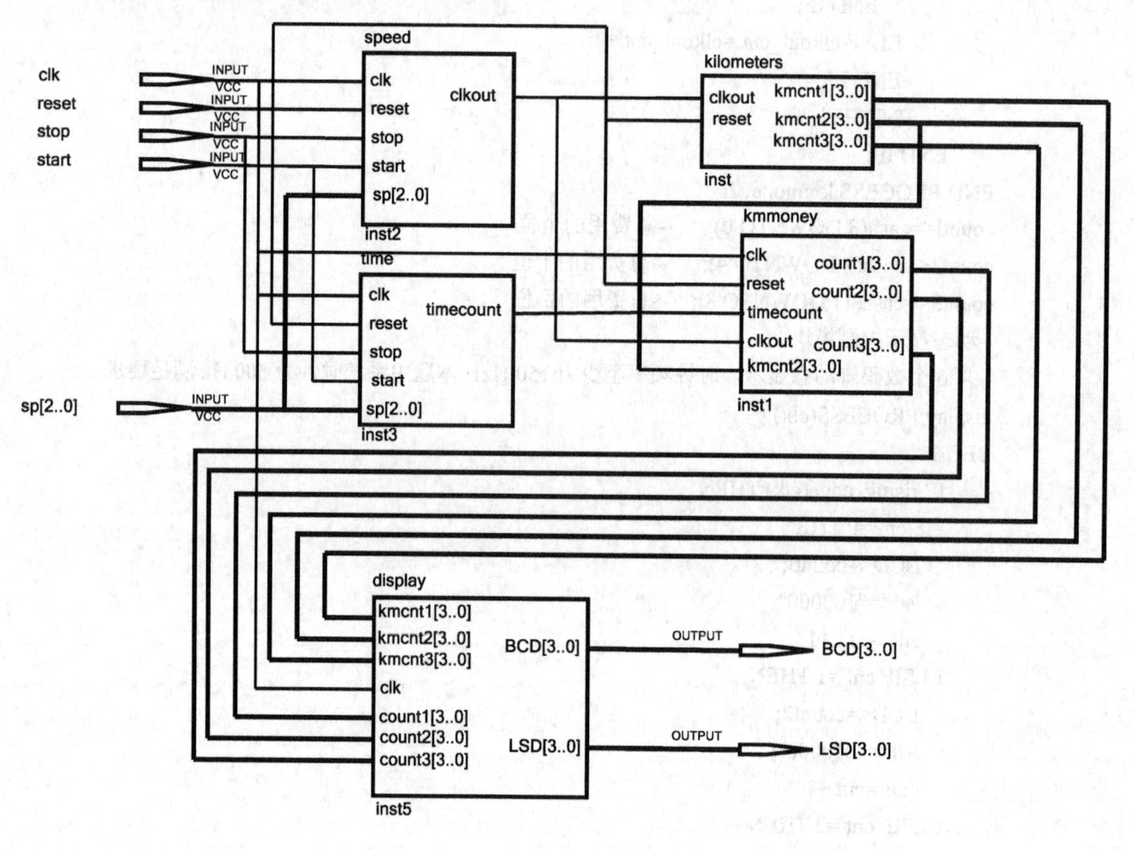

图 10-4　各电路模块的连接关系

3．电路综合结果

经过综合，可以得到 RTL 级的综合结果如图 10-5 所示。

图 10-5　电子版

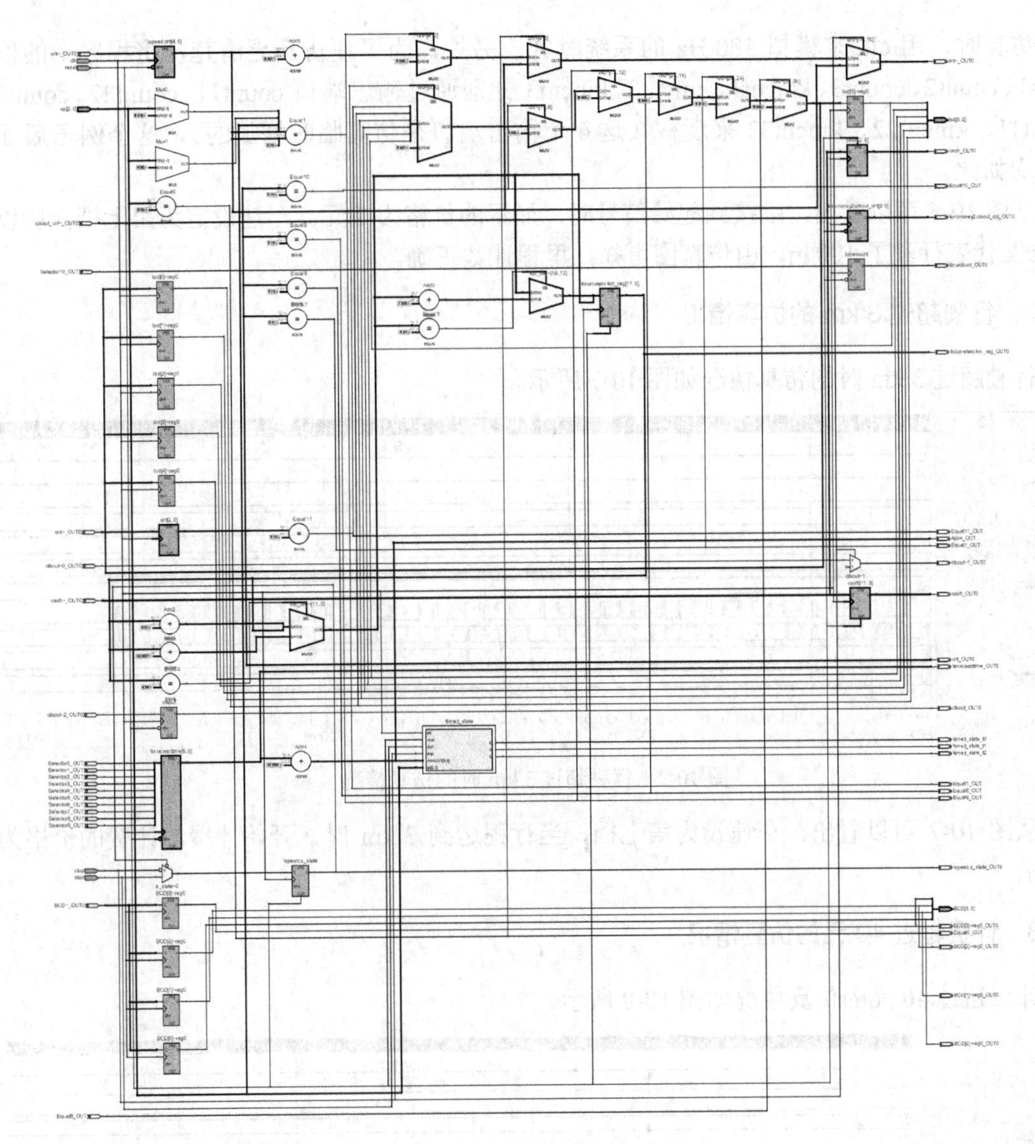

图 10-5　电路综合结果

10.1.4　波形仿真与分析

1．刚接到启动信号

刚接到启动信号，行程未达到 3 km 的情况，如图 10-6 所示。

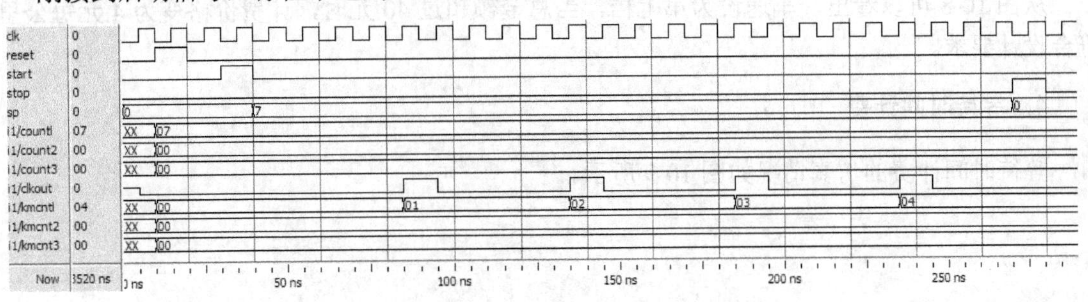

图 10-6　刚启动的情况

仿真时，用 clk 来模拟 500 Hz 的系统时钟。另外，为了使仿真更清楚，将程序中的信号 count1、count2、count3、kmcnt1、kmcnt2、kmcnt3 分别通过输出端口 count11、count22、count33、kmcnt11、kmcnt22、kmcnt33 来观察（这 6 个输出端口是仿真临时增加的）。这个例子后面的仿真均如此。

从图 10-6 可以看出，刚接到起始信号时，显示的价格为 7 元。车速设定为第七档，所以每 4 个 clk 代表行驶了 100 m，由仿真图可知，里程计数正确。

2．行驶超过 3 km 的仿真情况

行驶超过 3 km 时的仿真情况如图 10-7 所示。

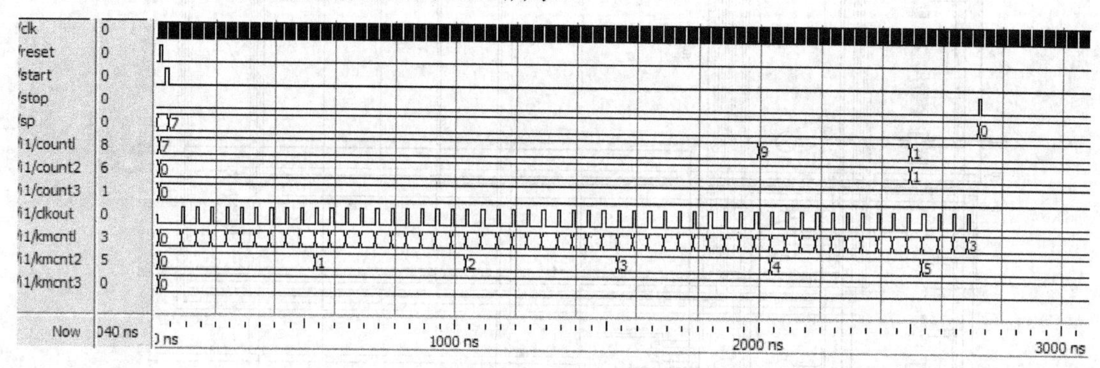

图 10-7　行驶超过 3 km 时的仿真情况

从图 10-7 可以看出，车速设为第七档，当行程达到 3 km 时，开始计费，计费的价格为 2 元/km。

3．计费超过 40 元的仿真情况

计费超过 40 元的仿真情况如图 10-8 所示。

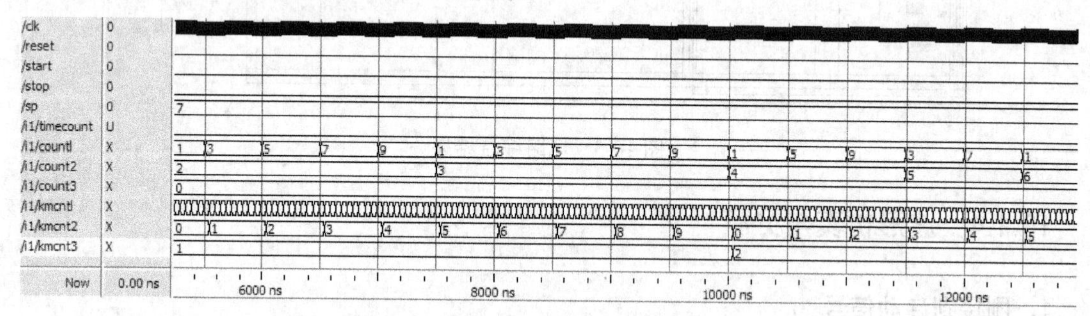

图 10-8　计费超过 40 元时的仿真情况

从图 10-8 可以看出，车速设为第七档，当总金额超过 40 元时，计费价格变为 4 元每公里，符合设计要求。

4．等待时间计费

等待时间计费的仿真情况如图 10-9 所示。

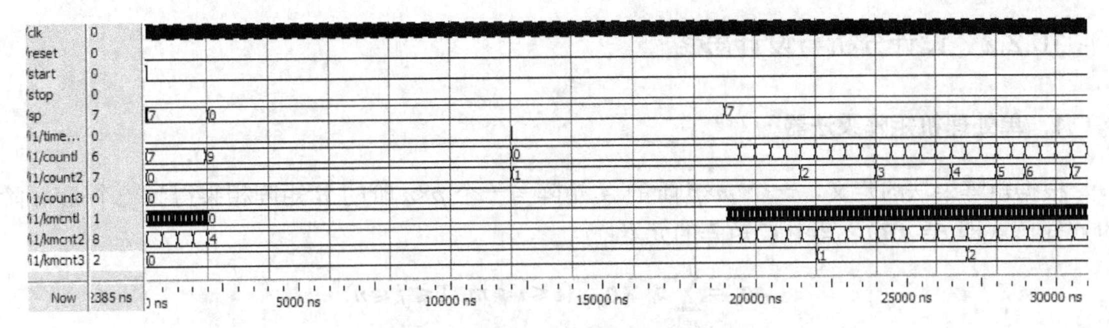

图 10-9 等待时间计费的仿真情况

从图 10-9 可以看出，车速为 0 时（空档），即处于等待状态，等待 20 s（1000 个 clk）后，timecount 输出一个脉冲，总费用加 1 元。

5．整体仿真情况

整体仿真如图 10-10 所示。

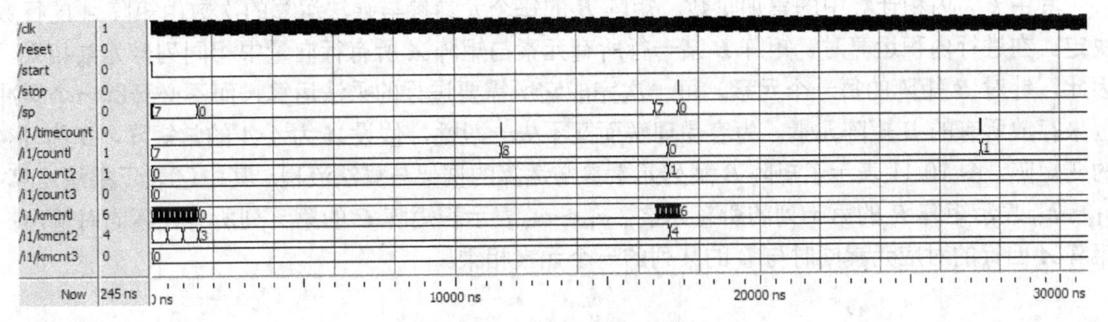

图 10-10 整体仿真情况

10.1.5 思考题

设计中计价表的跳动并不连续，比如在行程计费时，是按照单价跳动的，若要实现连续计价，该如何实现呢？

10.2 矩阵乘法

10.2.1 设计要求

在许多实际工程问题的计算中，经常会遇到矩阵相乘的计算，如数字信号处理中常用的卷积、滤波运算等，其中以常矩阵和变矩阵相乘的特殊矩阵乘法运算最为常见。这类运算一般都有实时响应的要求，使用专用集成芯片来实现这种快速运算最为有效，并且使用并行处理技术。

这里要求以一个常矩阵和变矩阵相乘为例，设计一个基于二维正方形心动阵列结构的矩阵乘法器并用 FPGA 硬件实现。

10.2.2 设计分析与设计思路

1. 单处理机矩阵乘法器

根据矩阵乘法的定义，一个 $m\times p$ 阶的 $\boldsymbol{A}$ 矩阵与一个 $p\times n$ 阶的 $\boldsymbol{B}$ 矩阵相乘得到一个 $m\times n$ 阶的 $\boldsymbol{C}$ 矩阵（即 $\boldsymbol{C}=\boldsymbol{AB}$），其中 $\boldsymbol{C}$ 矩阵的元素：

$$c_{ij}=\sum_{s=1}^{p}a_{is}\times b_{sj},\ (1\leqslant i\leqslant m,\ 1\leqslant j\leqslant n) \tag{1}$$

积矩阵 $\boldsymbol{C}$ 的第 i 行第 j 列元素等于矩阵 $\boldsymbol{A}$ 的第 i 行向量与矩阵 $\boldsymbol{B}$ 的第 j 列向量的内积。为叙述方便，该式也可用类似于多项式 Horner 递推形式表示为

$$\begin{aligned} &c_{ij}^{(1)}=0 && (i=1,2,3,\cdots,m)\\ &c_{ij}^{(k+1)}=c_{ij}^{(k)}+a_{ik}b_{kj} && (j=1,2,3,\cdots,n)\\ &c_{ij}=c_{ij}^{p+1} && (k=1,2,3,\cdots,p)\end{aligned} \tag{2}$$

其中 k 为内积计算中的累加阶数。矩阵 $\boldsymbol{B}$ 的每个元素参与乘法运算的次数由矩阵 $\boldsymbol{A}$ 的行数决定。在进行内积运算时，矩阵 $\boldsymbol{B}$ 某一行所有元素与矩阵 $\boldsymbol{A}$ 所有行向量中相同列号元素相乘。因此，针对 $\boldsymbol{B}$ 矩阵的每一个元素，可一次完成它所需要进行的乘法运算，而不必开辟一个缓冲区来存放所有的 $\boldsymbol{B}$ 矩阵元素。为容易理解而又不失一般性，假设 $\boldsymbol{A}$ 为 4×4 的常矩阵，$\boldsymbol{B}$ 为 4×4 的变矩阵。图 10-11 表示了矩阵 $\boldsymbol{B}$ 某列元素参与运算的框架与算法流程。其中⊗表示乘法运算；b_{1x}～b_{4x} 表示矩阵 $\boldsymbol{B}$ 的第 x 列的所有元素；c_{1x}～c_{4x} 表示积矩阵 $\boldsymbol{C}$ 的第 x 列所有元素同时输出；矩阵 $\boldsymbol{A}$ 四行的对应元素同时与 $\boldsymbol{B}$ 的某列的一个元素相乘。

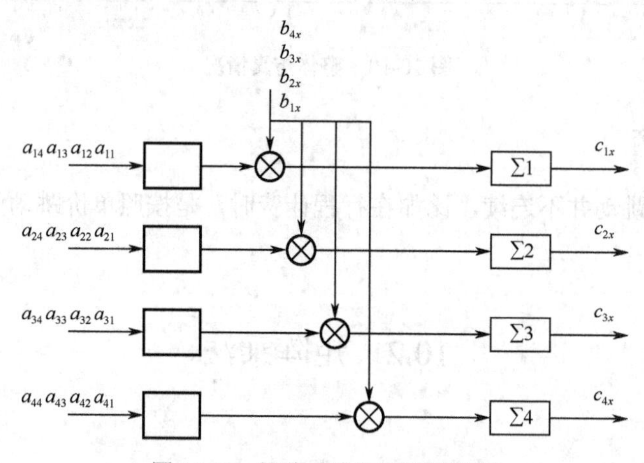

图 10-11 矩阵乘法串行算法流程

用单处理机可实现如图 10-11 所示的这种算法：每个 clk 输入 $\boldsymbol{B}$ 矩阵某列的一个元素，下一个 clk 则进行此元素与 $\boldsymbol{A}$ 的所有行对应元素的乘积，其结果存入 4 个累加器：Σ1～Σ4。在 $\boldsymbol{B}$ 的一列元素全部输入进来并参与计算完，则输出这 4 个累加器的结果作为积矩阵的某一列元素。以此类推，完成 $\boldsymbol{A}$ 与 $\boldsymbol{B}$ 的相乘。显然，这种串行的矩阵乘法实际上是由多个矩阵向量乘法组合而成的，其时间复杂度为 $n\times p\times 2+n$ 个内积步（所谓内积步，指公式（2）中第二式乘法与累加的计算步），与 $\boldsymbol{A}$ 的行数无关。

2．二维方阵结构矩阵乘法器

为进一步提高矩阵乘法的运算速度，可采用并行处理结构及其对应的并行算法。

并行结构属于阵列式结构（array structure），它以大量的同样的处理单元（Processing Element，PE）按规则的几何形状排列成阵列而构成。其中心动（systolic）阵列简单重复的 PE 构成和 PE 局部连接性质使它特别适合于具有局部相关关系的线性递推运算的实现，矩阵乘法就是其中一种。

在执行矩阵相乘时，数据间相关关系具有局部性、一致性，映射到阵列结构上时，仅需局部、规则的 PE 间的通信，特别适合于用心动阵列实现；同时算法中基本运算大都是内积步，这样就使得阵列中绝大部分或全部 PE 都是实现基本内积步的功能单元，或称之为内积器。在矩阵相乘的二维阵列中，矩阵 ***A***、***B***、***C*** 元素的流动方式决定着阵列的连接方式与处理器的个数和计算时间。如果将某一矩阵的元素存入各 PE 中，而另两个矩阵的元素在阵列中沿不同方向移动，则在阵列中就有两个不同的数据流动方向，每一 PE 就有两对输入/输出口，这就构成了正方形表示的内积器，这样的阵列称为正方形阵列，简称方阵。一种二维方阵结构的矩阵乘法器如图 10-12 所示，图中每个小方块代表一个内积器 PE。

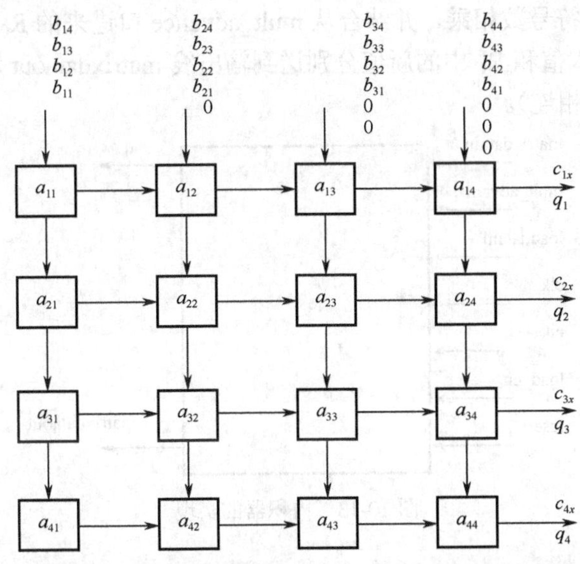

图 10-12 矩阵相乘的二维方阵（存入矩阵 ***A*** 的元素）

由于二维方阵上的数据只能沿水平、垂直两个方向移动，在矩阵 ***A***、***B***、***C*** 中，只能有两个矩阵的元素在流动，至少需存入某一矩阵的元素至 PE 的寄存器中，对于常矩阵与变矩阵相乘的运算可将常矩阵的元素存入到 PE 中。因此，在执行矩阵相乘时，***B*** 和 ***C*** 的元素将分别沿垂直与水平方向自上而下和自左至右有节奏地流动，***A*** 的元素则按它们的原行列顺序存入阵列的相应行列位置上的 PE 中，每一 PE 存入矩阵 ***A*** 的一个元素。这样的数据分布可以使 a_{ik} 与 b_{kj} 恰好在 PE_{ij} 相遇，在这里相乘后累加至 c_{ij} 的值上，即完成递推式中 $c_{ij}^{(k+1)}=c_{ij}^{(k)}+a_{ik}b_{kj}$ 的内积步操作。由于 ***A***、***B***、***C*** 分别为 $m\times p$、$p\times n$、$m\times n$ 矩阵，所以阵列中有 $m\times p$ 个 PE，所用时间为 $n+m+p-2$ 个内积步，效率为

$$E=\frac{n}{m+n+p-2} \tag{3}$$

10.2.3　系统的设计与实现

二维方阵结构的矩阵乘法器主要有以下几个关键技术：

1．有符号数乘法的实现

矩阵相乘主要包括乘法运算和加法运算，因此将有符号数的乘法定义成一个函数。其实现原理是：乘法通过逐项移位相加原理来实现，首先将乘数和被乘数扩展成相同的位数，从乘数的最低位开始，若为 1，将被乘数与上次的和相加后，再将被乘数左移一位；若为 0，则只将被乘数左移。循环运算直至被乘数的最高位。

2．内积器的实现

实现矩阵乘法主要用的一种操作就是内积步，即 $c \leftarrow c+a \times b$。内积器 PE 主要完成这种操作，PE 的端口如图 10-13 所示，clk 和 clk1 是同频率时钟。PE 内部有三个寄存器 R_A、R_B 和 R_C。每个寄存器有两个接头，分别用于输入和输出。在 clk 的上升沿和 load_en 的有效信号作用下，将矩阵 ***A*** 的元素从 loaddatain 装入到 PE 的 R_A 中存放；并在 clk1 的下降沿，将存放在 R_B 中的矩阵 ***B*** 元素与 ***A*** 元素进行有符号数相乘，并结合从 mult_advance 口进来的 R_C 完成操作 $R_C \leftarrow R_C + R_A \times R_B$。然后将 R_B 中的输入值和 R_C 中的新值分别送到输出线 matrixdataout 和 q 上（这些输出线与其他处理单元的输入线相连）。

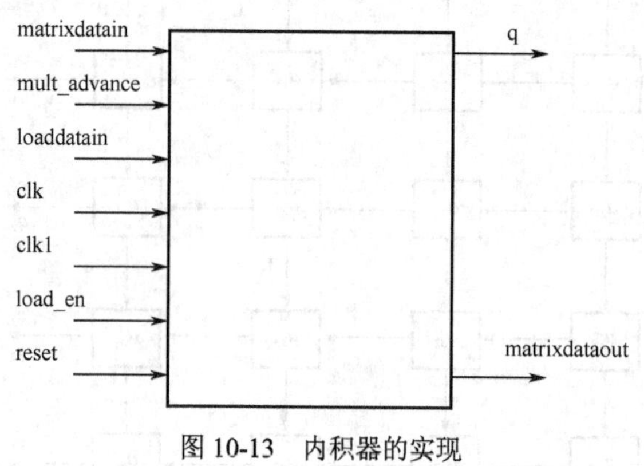

图 10-13　内积器的实现

3．系统的总体实现

分析图 12-12 所示系统框图：从横向连接看，将 PE 的 q 口连到下一个 PE 的 mult_advance 口；从纵向连接看，将 PE 的 matrixdataout 口连到下一个 PE 的 matrixdatain 口。内积器的 clk,clk1,reset,load_en 口为全局信号。

在 clk 的上升沿和 load_en 的作用下，将矩阵 ***A*** 的元素同时加载到此 16 个 PE 处理器中。下一个 clk 开始输入矩阵 ***B*** 元素，并在 clk1 下降沿作用下，进行内积步运算。因为矩阵运算是元素乘积的累加和，所以 ***B*** 矩阵第 i 行元素的输入要比第 i-1 行元素延迟一个 clk。

整个设计采用 VHDL 语言描述，在 ACTIVE-HDL 中编译，在 FPGA_EXPRESS 中综合，最后在 MAXPLUSII 中用 ALTERA 公司的 FLEX10KA 实现。反复进行功能仿真、综合和后仿真，以保证硬件电路达到设计要求。

其主要源代码如下：

```
LIBRARY    IEEE;
USE IEEE.std_logic_1164.all;
USEIEEE.std_logic_arith.all;
USEIEEE.std_logic_unsigned.all;
PACKAGE    BODY signfunction is
    function max(l,r:integer)return integer is
    BEGIN
        IF l<r then
            return r;
        ELSE
            return l;
        END IF;
    END ;
    --加法器的函数
    function signadd(added,adder:std_logic_vector)return std_logic_vector is
        variable carrybit:std_logic;
        variable    ja,sum:std_logic_vector(added'length-1 downto 0);
    BEGIN
        IF (added(added'left)='X'or adder(adder'left)='X') then
            sum:=(others=>'X');
            return sum;
        END IF;
        carrybit:='0';
        ja:=adder;
        fori in 0 to adder'left loop
            sum(i):=added(i)xorja(i)xorcarrybit;
            carrybit:=(added(i)and ja(i))or(added(i)and carrybit)or(carrybit and ja(i));
        END loop;
        return sum;
    END ;

    --减法器的函数
    function signded (bjs,js:std_logic_vector)return std_logic_vector is
        variable carrybit:std_logic;
        variable jsa,sum:std_logic_vector(js'length-1 downto 0);
    BEGIN
        IF(bjs(bjs'left)='X'orjs(js'left)='X')then
            sum:=(others=>'X');
            return sum;
        END IF;
        carrybit:='1';
        jsa:=not(js);
        fori in 0 to bjs'left loop
            sum(i):=bjs(i)xorjsa(i)xorcarrybit;
            carrybit:=(bjs(i)and jsa(i))or(bjs(i)and carrybit)or(carrybit and jsa(i));
```

```
        END loop;
        return sum;
    END ;

    --乘法器的函数
    function signmult (bcs,cs:std_logic_vector)return std_logic_vector is
        variable bca,pa:std_logic_vector(bcs'length+cs'length-1 downto 0);
        -- bca is the absolute of bcs
        variable ca:std_logic_vector(cs'length downto 0);
        variable neg:std_logic;
    BEGIN

        IF(bcs(bcs'left)='X' or cs(cs'left)='X')then
            pa:=(others=>'X');
            return pa;
        END IF;
        pa:=(others=>'0');
        neg:=bcs(bcs'left)xor cs(cs'left);

        IF(bcs(bcs'left)='1')then
            bca:="00000000"&not(bcs-1);
        ELSE
            bca:="00000000"&bcs;
        END IF;
        IF(cs(cs'left)='1')then
            ca:='0'&not(cs-1);
        ELSE
            ca:='0'&cs;
        END IF;
        fori in 0 to bcs'length-1 loop
            IF ca(i)='1' then
                pa:=pa+bca;
            END IF;
            bca(bcs'left downto 1):=bca(bcs'left-1 downto 0);
            bca(0):='0';
        END loop;
        IF(neg='1')then
            return (not(pa)+1);
        ELSE
            return (pa);
        END IF;
    END ;
END signfunction;

LIBRARY     IEEE;
```

```
USE IEEE.std_logic_1164.all;
USE IEEE.std_logic_arith.all;
USE IEEE.std_logic_unsigned.all;
USE WORK.ram_cons.all;
USE WORK.signfunction.all;
ENTITY pe is
    port(matrixdatain:in   signed(datawidth-1 downto 0);
    loaddatain:in signed(datawidth-1 downto 0);
    mult_advance:instd_logic_vector(2*datawidth-1 downto 0);
    clk,reset,load_en,clk1:in std_logic;
    matrixdataout:out signed(datawidth-1 downto 0);
    q:out std_logic_vector(2*datawidth-1 downto 0));
END pe;

ARCHITECTURE pe of pe is
SIGNAL matrixdatabuf:std_logic_vector(datawidth-1 downto 0);
SIGNAL constantbuf:std_logic_vector(datawidth-1 downto 0);
--constantbuf 用于存储其中一个元素值（有符号的）
SIGNAL qbuf:std_logic_vector(2*datawidth-1 downto 0);
SIGNAL flag:std_logic;
BEGIN
--这个进程用于装载元素
PROCESS(clk,reset)
BEGIN
ifclk'event and clk='1'then
    IF reset='1'then
        constantbuf<=(others=>'0');
        matrixdatabuf<=(others=>'0');
        flag<='0';
    ELSE
    IF load_en='1'then
        constantbuf<=conv_std_logic_vector(loaddatain,datawidth);
    ELSE
        matrixdatabuf<=conv_std_logic_vector(matrixdatain,datawidth);
        matrixdataout<=matrixdatain;
        flag<='1';
    END IF;
    END IF;
END if;
END PROCESS;

PROCESS(clk1)
BEGIN
    IF clk1'event and clk1='0'then
        IF load_en='1' then
```

```
                qbuf<=(others=>'0');
            elsif flag='1' then
                qbuf<=mult_advance+signmult(matrixdatabuf,constantbuf);
        END IF;
            END IF;
    END PROCESS;
    q<=qbuf;
    END pe;
```

10.2.4 波形仿真与分析

为便于比较单处理机矩阵乘法器和二维方阵结构矩阵乘法器，以下述两个 4×4 矩阵相乘为例说明：

$$AB=\begin{bmatrix}1&2&3&4\\0&1&0&0\\0&0&1&0\\0&0&0&1\end{bmatrix}\begin{bmatrix}1&1&0&0\\2&0&1&0\\3&0&0&1\\4&0&0&0\end{bmatrix}$$

其仿真结果如图 10-14、图 10-15 所示。图 10-14 是单处理机矩阵乘法器的仿真结果：

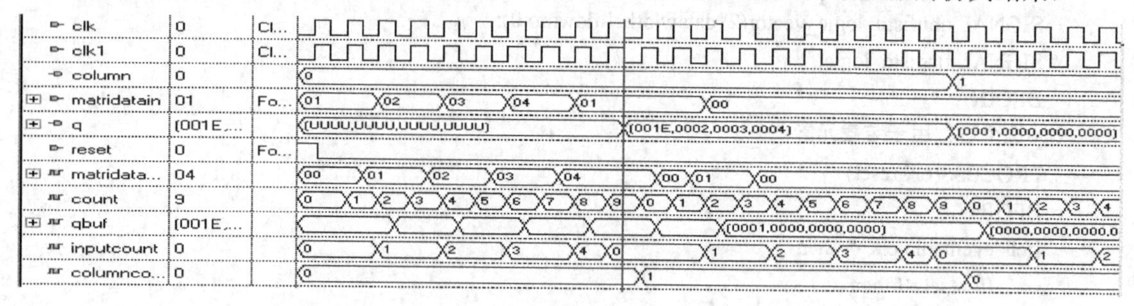

图 10-14　单处理机实现的 4×4 的常矩阵 ***A*** 与 4×4 的变矩阵 ***B*** 乘法器的仿真

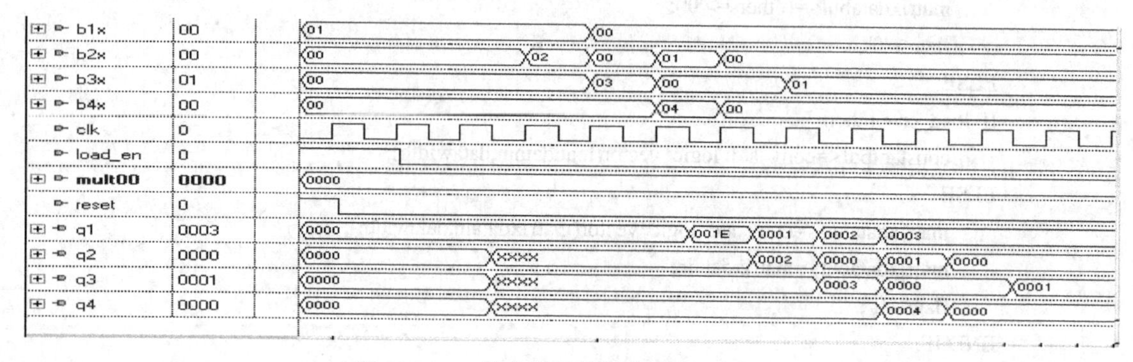

图 10-15　二维方阵结构矩阵乘法器的仿真

其中 clk，clk1 是系统同频率的时钟；count 是状态计数器；inputcount 是列元素计数器；matridatain 是 ***B*** 矩阵元素输入口；q 是积矩阵元素输出口。可以看出，用此算法实现的矩阵乘法，要经过 9 个 clk 才能输出积矩阵的一列元素，***B*** 的列数每增加一列，运算时间就要增加 9 个 clk，且运算资源随着 ***B*** 的列数的增加而成倍地增加。因此整个运算时间 $n\times p\times 2+n=n\times(p\times 2+1)=4\times(4\times 2+1)=36$ 个 clk。

图 10-15 是采用二维方阵结构实现矩阵乘法的仿真结果。其中，b_{1x}～b_{4x}是矩阵 **B** 第 1 行元素到第 4 行元素的输入口；load_en 是矩阵 ***A*** 元素加载信号；q_1～q_4是积矩阵元素第 1 行到第 4 行的输出。由仿真结果可知，只要经过第一次运算循环（4 个 clk）后，每个 clk 周期都可输出一个积矩阵元素，实现了流水线意义上的矩阵乘法。且 **B** 的列数增加时，运算阵列的结构不变，器件资源也不需增加。因此整个运算只要 m+n+p−2=10 个 clk。

参考文献

[1] Mark Zwolinski. Digital System Design with VHDL[M]. 北京：电子工业出版社，2004.

[2] 边计年，薛宏熙. VHDL 设计电子线路[M]. 北京：清华大学出版社，1999.

[3] 王毅平，张振荣. VHDL 编程与仿真[M]. 北京：人民邮电出版社，2000.

[4] 应振澎. 数字系统设计[M]. 大连：大连理工大学出版社，1989.

[5] 潘松，等. VHDL 实用教程[M]. 成都：电子科学大学出版社，2000.

[6] 曾繁泰，陈美金，等. EDA 工程方法学[M]. 北京：清华大学出版社，2003.

[7] 曾繁泰，王强，等. EDA 工程的理论与实践　SOC 系统芯片设计[M]. 北京：电子工业出版社，2004.

[8] 任晓东，文博. CPLD/FPGA 高级应用开发指南[M]. 北京：电子工业出版社，2003.

[9] 林敏，方颖立. VHDL 数字系统设计与高层次综合[M]. 北京：电子工业出版社，2002.

[10] 包明，赵明富. EDA 技术与数字系统设计[M]. 北京：北京航空航天大学出版社，2002.

[11] 韩振振. 数字系统设计方法[M]. 大连：大连理工大学出版社，1992.

[12] 薛宏照，边十年，等. 数字系统设计自动化[M]. 北京：清华大学出版社，1999.

[13] 金西. VHDL 与复杂数字系统设计[M]. 西安：西安电子科技大学出版社，2003.

[14] 任晓东，文博. CPLD/FPGA 高级应用开发指南[M]. 北京：电子工业出版社，2003.

[15] 黄正瑾，徐坚，等. CPLD 系统设计技术入门与应用[M]. 北京：电子工业出版社，2003.

[16] 潘松，黄继业. EDA 技术与 VHDL[M]. 北京：清华大学出版社，2013.

[17] 邢建平，曾繁泰. VHDL 程序设计教程. 北京：清华大学出版社，2005.

[18] Volnei A. Pedroni. Circuit Design with VHDL. US: Massachusetts Institute of Technology, 2004.